基于利益视角下的环境治理研究

钟明春◎著

吉林大学出版社
·长春·

图书在版编目（CIP）数据

基于利益视角下的环境治理研究 / 钟明春著 .—长春 : 吉林大学出版社 , 2020.7
ISBN 978-7-5692-5972-8

Ⅰ . ①基… Ⅱ . ①钟… Ⅲ . ①环境综合整治 - 研究 - 中国 Ⅳ . ① X321.2

中国版本图书馆 CIP 数据核字 (2019) 第 277088 号

书　　名　基于利益视角下的环境治理研究
JIYU LIYI SHIJIAO XIA DE HUANJING ZHILI YANJIU

作　　者　钟明春　著
策划编辑　李承章
责任编辑　安　斌
责任校对　代红梅
装帧设计　云思博雅

出版发行　吉林大学出版社
社　　址　长春市人民大街 4059 号
邮政编码　130021
发行电话　0431-89580028/29/21
网　　址　http://www.jlup.com.cn
电子邮箱　jdcbs@jlu.edu.cn
印　　刷　长沙市宏发印刷有限公司
开　　本　787 mm × 1093 mm　　1/16
印　　张　14.75
字　　数　250 千字
版　　次　2020 年 7 月第 1 版
印　　次　2020 年 7 月第 1 次
书　　号　ISBN 978-7-5692-5972-8
定　　价　88.00 元

序　言

利益理论是经济学的核心理论，一切社会矛盾和根源都可以从利益方面来求得解释。特别是在当今社会，社会利益不断发生分化，各利益主体之间的竞争与冲突日益激烈，用北大社会学家孙立平的话来说，就是中国已进入一个利益搏弈时代，为使各方利益均衡，亟须建立利益协调机制。而环境问题作为一种经济现象，表面上看是人与自然的矛盾与冲突，实质是其相关经济主体之间的力量均衡与利益协调的结果，是人与人之间的利益关系问题。本研究力求通过环境相关利益主体行为机制及其相互博弈关系的研究，探求整合不同利益主体的治理机制，寻求环境可持续发展的治理之道。同时，通过对环境问题背后所存在的人与人（或社会集团与社会集团）之间的社会经济关系的揭示，为制定协调这种利益关系所需的政策提供理论基础。

本书主要从利益的视角出发，首先根据我国环境问题产生及发展的现实情况，确定与环境问题的产生影响最为直接、最为重要的几个经济主体，并把它们视为环境利益相关者；其次根据当前环境问题产生的实际，对环境相关利益者参与环境治理的利益动机与约束条件进行深入的分析；再次，详细论述了从计划经济到市场经济转型时期环境相关主体的利益格局变化及其对环境问题的影响，并对现行约束条件下的环境相关主体行为与利益关系进行探讨；然后再采用灰色关联分析法与向量自回归模型分别就环境治理领域中居民与企业、居民与政府及企业与政府之间的关系进行实证研究；并针对环境规制的就业效应进行定量分析，此外还以农村环境污染问题作为特定的研究对象就农民环境维权集体行动进行分析；在生态示范区建设方面，则分别以F省及福建省长汀县为例进行研究，结合理论与实践两个层面就经济利益、社会利益与生态利益的最优化方案进行探讨；最后通过对环境相关利益者参与治理的影响因素及他们之间利益关系的具体分析，提出制衡与约束各相关主体的对策或建议。

20 世纪 90 年代以后我国环境相关主体的利益关系已经发生了一些变化，更加突出了企业、地方政府、居民的主体性作用。为此，本书首先采用定性与定量、规范与实证分析法对当前环境相关主体参与治理的利益动机与约束条件及居民、企业与地方政府的利益关系进行分析，发现企业与地方政府之间在经济利益方面存在着目标趋同的现象，从而为二者利益合谋提供了可能，而这又使得本来松散的居民更加处于弱势。当前环境状况在某种程度上正是由于三者之间不均衡的利益格局所造成的。因此本书主张通过合适的制度与政策安排改善居民、企业与地方政府的利益结构，使得三方利益相互均衡与制约，从而达到改善环境，促进环境治理与经济增长协调发展的目的。

本书的研究内容主要包含以下十一个部分：

第一章绪论部分。包括研究背景与选题依据及研究的意义、国内外文献综述、本书的研究思路与结构安排以及本书的研究方法与创新之处。

第二章是利益相关理论回顾。主要对马克思主义经济学与西方主流经济学不同学派利益观与理论进行阐述。具体包括利益的不同内涵，马克思主义的利益观与西方主流经济学不同学派的利益观或利益思想、利益相关者理论以及公共选择学派的利益集团理论等，最后提出本书的理论分析框架。

第三章是环境相关主体的经济学分析。本章首先借鉴国外环境治理经验，并结合本国实际选定居民、企业、地方政府与环境问题影响最直接、最相关的三个经济主体；其次运用西方主流经济学中关于居民、企业与政府的经济学理论对环境问题相关主体进行一般意义上的经济学分析。

第四章是环境治理相关主体的利益动机与约束条件分析。本章分别对居民、企业与地方政府参与环境治理的利益动机与约束条件进行分析，结果发现居民虽然有着参与环境治理的强烈动机，但是由于受到种种条件的限制，居民参与治理的机制尚不健全；而对于企业来说，随着相关利益者理论的兴起，企业也开始关注包括股东以外的相关利益者了，部分企业甚至开始承担起“企业公民”的责任和义务，但是由于其主要目标仍然在于追求经济利润，因此企业参与环境治理方面仍然缺少激励；地方政府本来是公共利益坚定的维护者，但是根据公共选择理论的观点，地方政府除了公共利益外，还有其地方狭隘的利益，包括地方利益以及官员自身的私利，尤其在发展经济过程中，在当前以 GDP 为核心的政绩考核机制下，在经济利益方面，地方政府与企业存在着目标趋同的现象，使得不少地方政府在环境问题上常常发生偏袒企业的行为，而对居民的环境利益则抱以敷衍的态度。

第五章是环境相关主体博弈与均衡分析。本章主要对不同时期的居民、企业与地方政府的利益关系格局对环境治理工作的影响以及各相关主体的利益与行为关系进行分析。计划经济时期，居民、企业与地方政府的利益与中央政府是一致的，这种在中央政府领导下具有高度集权、高度动员能力的单一利益格局对环境治理工作的开展有着一定的积极作用，但是由于当时的主要利益是国家安全和经济建设，政府并没有对环境问题给予足够的重视，因此，环境治理工作并没有真正全面展开；在计划经济向市场经济转型过程中，社会利益开始发生分化，居民、企业、地方政府都各自成了独立的经济主体，在环境问题方面也有着各自不同的利益诉求，而环境问题作为一种经济现象在某种意义上正是这三个不同的经济主体之间的利益与力量相互作用的结果。在三者的利益博弈过程中，地方政府与企业存在变相合谋的行为，而居民在其中则处于明显的弱势地位。

第六章主要探讨环境治理视域下居民与企业之间的关系问题。这部分内容采用向量自回归模型（VAR）对居民与企业之间的关系进行实证研究。基于环境治理的角度，作为环境污染的受害者，居民通常以环境维权的形式同环境污染的肇事方（污染排放型企业）进行抗争，而污染型企业在生产过程中则主要向外部排放大量的污染物，因此，居民环境维权的变量采用环境信访—环境信件（包括电话与网络）作为代理变量，而企业的污染排放作为企业污染行为的代理变量。一方面，环境维权行为，通常认为会对企业的排污行为造成压力，进而影响到企业的排污行为；而另一方面，企业的排污量的多少又会导致环境纠纷及环境维权行为的发生。因此，二者构成了一种相互作用的关系。

第七章主要探讨环境治理视域下居民与地方政府之间的关系问题。同样采用向量自回归模型（VAR）来就居民与地方政府之间的关系问题进行实证研究。就环境污染问题而言，实际上居民与地方政府都是该问题的受害者，环境污染既使居民利益受损，同时也必定会给地方政府带来管理上的压力，然而，在现行的以 GDP 为主的政绩考核体制下，地方政府的领导者除了环境管理，更关注的是地方经济效益的增长，因为经济效益是衡量地方官员管理绩效最重要的指标，关乎到地方官员能否升迁的问题。因此，在环境污染问题上，居民环境维权仍然以环境信访作为代理变量，而地方政府则以经济增长作为代理变量，以国内生产总值GDP为代理变量。过分重视地方经济效益的增长，不可避免地会在某种程度上忽视环境质量，因此会相应地导致环境纠纷的上升，使得环境维权次数增加，最终干群关系紧张，进而影响社会稳定。

第八章主要探讨环境规制的就业效应问题。在现行的以GDP为主的地方政绩考核体制下，根据污染者天堂说，也被称为“污染避难所假说”，主要指污染型企业倾向于建立在环境规制宽松相对较低的国家或地区。一般认为地方政府为了保证本辖区的就业率，在环境污染问题上倾向于采取相对宽松的环境规制，因为，严厉的环境规制可能会提高污染排放型企业的生产成本，使得这些企业为了降低生产成本，不得不控制生产规模，采取裁员的行为，但是通过研究发现，环境规制并一定会减少就业，由于就业效应可分为替代效应与创造效应，严厉的环境规制一方面会通过技术创新创造新的就业机会，另一方面，技术创新也会对传统的就业岗位产生一定的替代效应，而这种效应的强弱取决于经济发展的不同阶段。

第九章主要以农村环境污染问题作为特例展开研究。随着工业化和城市化进程的不断加快，环境污染问题也随之不断向城市郊区和广大农村地区扩散，由于环境侵权行为导致的农民环境维权行动不断增加，甚至有些地方发生了不少环境群体性事件，极大地影响了农村社会的和谐与稳定。基于此，本章主要论述了农民环境维权集体行动的困境，并结合政治社会结构理论对农民环境维权集体行动进行分析，最后就农民环境维权的集体行动提出若干对策建议。

第十章主要基于生态示范区建设的角度出发探讨居民、企业与地方政府三方利益的优化方案。现行的经济体制下居民、企业与地方政府尽管存在不同的利益诉求，但在经济发展方面的利益是一致的，只不过在环境污染问题上存在不同程度的差异，其根源在于经济发展与环境保护能否相互协调的问题。生态示范区可能是目前达成三方利益统一与最优化的绝佳方案。本章主要包括F省生态示范区建设的评价研究，福建省长汀县生态示范区非均衡发展研究两方面的内容。

第十一章主要探讨环境治理中的利益协调机制。这部分主要针对环境问题中的居民、企业与地方政府参与治理的利益动机与约束条件，结合三者在环境问题中的利益博弈态势，分别从居民、企业、地方政府三个角度出发，提出应改善居民在环境治理活动中的弱势地位，规范企业环境污染行为，同时还要阻断或弱化地方政府与企业之间的利益联系，从而使得三方利益力量得以相互制衡与约束，以促进经济增长与环境治理的协调发展，推进资源节约型与环境友好型社会的建设。

前　言

本书是在笔者的博士学位论文基础上更新并扩充而成的。当时之所以选择从利益视角来探讨环境治理问题，主要源于笔者主修人口、资源与环境经济学专业时对当时环境问题的思考。通过对欧美发达国家和我国环境治理成效的比较研究，发现欧美发达国家环境质量的改善一方面是因为它们很早就利用世界各地的资源完成了本国的工业化，当环境污染事件发生时，它们已基本具备了治理环境的经济实力与科技水平；另一方面，在经济发展到一定水平后，国内民众的环境意识也已明显增强，政府也采取了严厉的环境规制手段，并通过国际产业转移及垃圾出口的方式达到不同程度转移环境污染的目的。而我国政府虽然自20世纪70年代以来，也开始重视环境治理问题，但由于十一届三中全会召开前后较长的一段时期内，我国经济发展还比较滞后，与发达国家相比，仍然存在较大的差距，无论是国家经济实力也好，还是科学技术水平也好，均处于相对落后的状态，人们吃饭穿衣等基本生活问题仍然没有得到根本性的解决，因此，中央工作的重心主要围绕着以经济建设为中心，对于环境污染问题并没有给予足够的重视。到了20世纪90年代，我国国民经济在经历了几十年持续快速的增长后，实现了较大幅度的飞跃，取得了举世瞩目的成就，但同时，欧美发达国家长期工业化过程中所造成的环境污染问题，在我国则在短短几十年之间集中爆发出来，问题之严重可谓超乎想象，因此，中央政府也不得不对环境问题开始加以重视，并就环境治理问题制定和出台了一系列法律法规，而且在环境治理实践方面也确实取得了许许多多实实在在的成效，但发展至今却仍然无法从根本上得到解决，各地的环境污染事件仍然时有发生，甚至局部地区存在愈演愈烈的趋势。那么中央如此重视并制定出台了如此众多环境方面的法律法规，为什么依然会出现这样的局面呢？众所周知，环境问题涉及众多的利益相关主体，其形成原因也较为复杂，污染类型多样，牵涉到水污染、大气污染、土壤污染、噪声污染、核污染、水土流失、沙漠化等诸多领域，因此，作为一篇篇幅有限的学位论文，肯定无法面面俱到，逐一而论，但无论是哪一种具体的环境污染问题(除了原生环境问题之外)，其背后必然都离不开人类的生产活动，而有人类的地方，则必有利益掺杂其中。因此，当前环境污染问题之所以长期无法得以根治，其主要根源还是在于环境污染问题背后所存在的纷繁复杂的利益关系。正因为如此，笔者论文的研究主要不是针对某个具体的环境问题，而是把研究的重点瞄准其背后的利益关系。笔者深信，如果能把环境污染问题中的复杂利益关系设法理顺了，环境污染问题的治理就会相对容易很多。诚如爱尔维修所言："利益是社会生活的唯一和普遍起作用的因素，一切错综复杂的社会现象都可以从利益的角度得到解释。"这就是笔者博士学位论文选题的初衷。

时光飞逝，笔者的学位论文成文于2010年，时至今日，已近九年之久。按理说，似乎选题与内容均有过时之嫌。但适逢本书出版之前，各地仍然不断爆出新的地方性环境污染事件，其严重程度比之前所发生的某些环境污染事件甚至有过之无不及。例如2012年1月发生的广西镉污染事件、2012年5月发生的三友化工污染事件、2012年12月山西长治笨胺泄漏导致河水污染的事件等，而最具代表性的则当数2014至2017年之间爆发出来的甘肃祁连山国家级自然保护区生态环境破坏事件，其涉及范围包括违法违规开发矿产资源问题、部分水电设施违法建设和违规运行问题、企业偷排偷放问题突出、生态环境突出问题整改不力等问题。长期以来不断爆发出来的地方性环境污染事件，很多都是因为某些地方政府落实党中央决策部署不坚决不彻底，不作为，监管不力等原因导致的。而地方政府之所以如此胆大妄为，主要还是包括地方主官个人晋升等在内的地方利益在作祟，才敢这样一而再、再而三地违背中央有关生态环境保护的文件精神。事实上，近年来，中央政府对于生态环境的力度一直在不断地加强。自2013年以来，中央提出"科学发展观"至党的"十八大"提出的"生态文明建设"以及习近平总书记提出的"绿山青山就是金山银山"等一系列事关我国生态环境可持续发展的重大发展战略，这些都无一不在表明环境治理已成为我国政府部门的工作重点之一。基于此背景之下出版此书，从利益视角出发探讨长期以来屡治不爽的环境治理顽症对于当前中央政府所提出的打响保卫"蓝天""碧水"及"净土"的污染防治攻坚战仍然具有非常重要的现实意义。

目　录

第一章　绪　论

一、选题背景与选题依据

（一）选题背景

利益是个永恒的话题，只要人类栖身之处，无不存在利益关系，它既是一切事物发展的根源与动力，同时也使一切事物变得纷繁复杂。当我们从利益的视角出发，把目光投向当前国内外普遍发生且关注的环境问题上时，我们便会发现这也是一个各种利益多方纠缠多方博弈的所在。因此对于环境问题的利益进行探讨无疑将有助于我们更好地建设生态文明。从古到今，纵观历史长河，环境问题无不如影随形，犹如不散的幽灵，如果说农业文明时期的森林砍伐、土地盐碱化、水土流失等问题导致了诸多区域古文明的没落的话，那么工业文明以来的工业污染给人类带来的简直就是一场巨大的生态灾难。尽管西方发达国家利用其强大的经济实力与先进的科学技术以及通过资本输出、产业结构调整的方式向发展中国家转移了大量的污染产业，使得国内生态环境大大改善，但他们仍然没有找到一个完美的根治环境问题的妥善方案。即便他们很大程度上改善了生产问题，他们“大量消费、大量废弃”的奢侈的生活方式仍然是自然环境一个重大的威胁。发达国家尚且如此，发展中国家则更是不用说了，他们中的大多数仍然为温饱问题而努力，虽然他们也意识到治理环境的重要性，但是为了生存，他们只能无奈地选择重生产轻治理的发展模式。

同样，作为世界上人口最多、经济最具活力的发展中国家，我国政府虽然也很早就意识到治理环境的重要性，提出了不要走西方发达国家“先污染后治理的老路”的发展理念，并且还出台了大量的环境政策法律法规，但是真正得以执行的恐怕还是为数不多，全国大多数地方仍然在沿袭先污染后治理的老一套发展模式，环境污染问题并没有得到有效的治理，虽然局部地区有所改善，但在整体上仍然在不断加剧、恶化。那么生态环境问题为什么如此难以解决呢？爱尔维修说过，利益是社会生活的唯一和普遍起作用的因素，一切错综复杂的社会现象都可以从利益的角度得到解释（谭培文，2002）。那么环境问题背后究竟存在什么样的利益关系？环境各相关主体之间的利益格局又将对环境的可持续发展产生怎样的影响呢？能否找到制约并实现他们利益平衡的均衡点，以达到帕累托最优？等等。这些都有待于我们进一步的探讨。

（二）选题依据

针对人类经济活动造成的环境问题，几百年来，国内外学者做了大量的研究，并取得了许多可喜的进展，但仍然无法从根本上解决环境问题。作为具有几千年悠久历史、实行社会主义制度的发展中国家，我国国情的基本特点是人口大国、资源小国，经济增长方式粗放、生态脆弱，因此我们更有必要重新调整思路，结合我国经济社会发展的历史经验与现实国情，从自身的实际情况出发，通过协调环境相关主体的利益关系来探讨解决环境问题，以便更好地推进我国资源节约型与环境友好型社会的建设。

1. 环境问题给国家造成了重大的经济损失，极大地影响了我国经济的可持续发展

随着环境问题形势日益严峻，人们越来越意识到环境问题不但对大自然带来了破坏性的影响，而且还给国家与人们的生命财产造成了重大的经济损失。事实上，国内从 20 世纪 80 年代就已经有人开始对环境污染造成的损失进行估算了。据《公元 2000 年中国环境预测与研究》课题组的研究，2000 年环境污染造成的经济损失估算为 381.55 亿元；夏光、赵毅红（1995）参照他们的研究方法研究发现，1992 年中国环境污染造成的经济损失为 986.1 亿元。根据国家环保总局和国家统计局于 2006 年 9 月联合发布的《中国绿色国民经济核算研究报告 2004》，2004 年全国因环境污染造成的经济损失为 5 118 亿元，占当年 GDP 的 3.05%。其中，水污染的环境成本为 2 862.8 亿元，占总成本的 55.9%；大气污染的环境成本为 2 198.0 亿元，占总成本的 42.9%；固体废物和污染事故造成的经济损失为 57.4 亿元，占总成本的 1.2%。对环境治理成本的核算表明，在现有技术水平下，要完全治理 2004 年排放到环境中的

污染物，需要的一次性直接投资将占当年GDP的6.8%，同时每年还需额外支出2 874亿元的运行成本，约占当年GDP的1.8%。另外，世界银行根据目前发展趋势预计，2020年中国燃煤污染导致的疾病需付出经济代价达3 900亿美元，占国内生产总值的13%。种种迹象表明，严重的环境污染问题已经成为制约我国经济和社会健康发展的重要因素（李丕东，2008）。

此外，从能源方面来看，当前，世界各国的能源消费基本都以化石能源为主，这样一方面导致对化石能源的过度需求，另一方面由于化石能源存在稀缺及使用过程中带来了环境污染问题。两方面共同作用使得各国经济发展到一定阶段必然要受到能源与环境的双重约束。从当前我国大多数企业的生产方式来看，基本还停留在"高能耗、高污染、低增长"的粗放型增长方式阶段，据有关统计资料表明，2003年，我国消耗了全球31%的原煤、30%的铁矿石、27%的钢材、25%的氧化铅和40%的水泥，然而创造的GDP却仅占全球GDP的4%（刘思华，2007）。同年，我国自然资源消耗占GNI比例与西方发达国家相比，大约是日本、法国和韩国的100多倍，是德国、意大利和瑞典的30多倍；2002年中国工业废气物密度大约是德国的20倍，是意大利、韩国、英国和日本的10多倍（何传启，2007）。我国既是一个能源生产大国，同时又是一个仅次于美国的世界第二大能源消费大国，随着经济的快速发展、城市化和工业化进程的不断推进，中国能源供需不平衡的状况日渐凸出，2006年一次能源消费总量达到24.6亿吨标准煤，占世界总能源消费的25.6%。中国的能源消费总量从1980年到1994年大致翻了一番，1995年到2001年以较低的速度增长，2002年以后，随着中国新一轮重工化的进展，能源消费增长速度急剧上升，2006年的能源消费总量已经将近达到2000年水平的2倍。总之，能源利用效率低，石油对外依存度高，环境污染严重等问题均成为阻碍我国经济可持续发展的重要制约因素。

2. 环境问题不仅危及人与自然的关系，而且还造成人与人、人与社会的关系紧张与冲突

我国的环境问题其实早在20世纪六七十代就已经很严重了，只不过由于当时物质非常匮乏，全国上下不是一心致力于搞生产建设就是在轰轰烈烈地开展"文化大革命"，人们还没有能够充分意识到环境问题的严重性，后来在周总理的指示下，环境保护工作在20世纪70年代初才开始被纳入政府工作议程并成立了相关环境保护机构。到了70年代末、80年代初，随着十一届三

中全会的召开、改革开放的顺利实行，我国国民经济得以快速发展并全面展开，同时，环境污染问题也随之变得日益突出，而且相对西方国家来说，我国的环境问题更为严峻。一方面，西方发达国家当初实施工业革命时，当时人类社会大都处于农业经济时代，主要的社会生产活动（农业）所依赖的是再生性资源，而且人口规模对资源造成的压力不大，资源问题没有显现出来；其次是因为当时工业化主要是在少数几个西方国家首先展开，它们不但可以利用本国丰富的资源，而且还可以充分利用全世界的资源来推进本国的工业化，所以资源问题不突出（钟水映等，2005）；另一方面，西方国家几百年来工业化运动过程中发生的环境问题，在我国却在短短的几十年内集中爆发出来，其强度之烈，危害之大，可想而知。并且西方国家是在基本完成工业化以后才开始出现比较严重的环境问题，他们有相对充裕的时间和实力来治理，而我国则是在工业化发展过程中就提前爆发出来，有人把这种情况称之为“压缩性工业”所导致的爆发性后果。根据 2000—2003 年国家环保总局（现为环境保护部）发布的全国生态环境调查报告，我国环境形势不容乐观，具体主要表现在：其一，水土流失地区差异大，部分地区水土流失仍很严重，依然呈不断加剧态势；其二，土地沙化问题非常突出，沙化土地发展迅速；其三，森林生态系统呈现数量型增长与质量型下降并存的局面，森林质量低、森林生态功能衰减的实质没有改变；其四，草地退化严重，质量持续下降，导致草地超载现象越来越严重；其五，水资源开发利用强度大，缺水现象严重，江河断流，地面沉降现象不时发生。而另据监测，在生态环境污染方面，全国 58％的河流水质处于中度和严重污染，75％的湖泊出现不同程度的富营养化，一半以上的城市市区地下水污染严重，全国有 2/3 的城市人口生活在不同程度的大气污染环境中（陈波等，2007）。世界银行在其《2020 年的中国》的研究报告中发出警告：“在过去的 20 年中，中国经济的快速增长、城市化和工业化，使中国加入了世界上空气污染和水污染最严重的国家之列。如果中国空气污染的程度下降到政府规定的标准，则每年可以减少 28.9 万人的死亡。从总体上看，中国每年污染的经济损失大约占国内生产总值的 3％～8％。”生态环境问题不断恶化的事实让人触目惊心，极大地威胁到人与自然的关系，更为严重的是它还造成了人与人、人与社会关系的紧张与冲突。近年来，全国各地由于生态环境问题所引起的群体性事件以飞快的速度增长。国家环境总局副局长潘岳曾撰文指出，环境污染引发的群体性事件以年均 29％的速度递增，2005

年，全国发生环境污染纠纷5万起，对抗程度明显高于其他群体性事件。而根据2008年环境绿皮书《中国环境的危机与转机(2008)》对1995—2006年我国环境纠纷状况的不完全统计显示，1995年群众来信总数是58 678封，到了2006年，群众的来信总数已经达到了616 122封，11年之间，环境信访的数量增长了10倍之多(自然之友，2008)。2011年我国《环保举报热线工作管理办法》实施以来，群众通过举报热线或各种网络平台环境投诉的情况越来越多，特别是自2015年开通“12369环保举报”微信平台后，当年通过微信平台的环境污染的举报量骤升至1.5万件，到了2017年则达到了618 856件，仅仅三年就暴涨41倍之多，而且还不包括其他形式的环境举报数量。表1-1为1992—2000年的全国环境纠纷统计数据。

表1-1 1992—2000年全国环境纠纷统计

单位：件

年份＼数据	环境纠纷总数	大气纠纷	水体污染纠纷	噪声纠纷	固废纠纷	其他环境纠纷
1992	95 309	35027	21 606	28 517	3 079	7 080
1993	98 207	35 585	22 999	29 862	2 910	6 851
1994	107 338	33 537	59 848	35 410	3 322	6 903
1995	109 650	38 433	22 688	39 991	3 684	5 835
1996	114 982	40 432	19 885	43 025	3 978	7 009
1997	135 226	47 244	23 825	54 921	3 606	5 630
1998	187 924	63 739	28 279	85 017	4 618	6 271
1999	253 656	89 273	33 892	116 645	7 224	6 622
2000	307 322	117 089	42 691	132 694	8 152	6 696

资料来源：中国政法大学第四期全国环境法律实务研习班教材

由于难于找到最新的比较完整的全国环境纠纷统计数据，现把1992—2000年间全国环境纠纷统计列出。从表1-1中各种具体的环境纠纷如大气纠纷、水体污染纠纷、噪声纠纷等来看，各种不同类型的环境纠纷虽然在不同的年份有所波动，但总体来说是呈不断上升的趋势。特别是从每个年份的环境纠纷总数来看，表现出明显的递增趋势。

3. 与西方发达国家相比，我国环境政策法规数量众多，但是由于环境问题背后的利益关系非常复杂，使得现有的许多政策对环境问题犹如隔靴搔痒，难以起到标本兼治的效果

工业革命以来，工业污染对生态与环境的影响以前所未有的速度不断加剧。西方各国率先针对本国的生态环境问题采取了大量的政策措施，并取得了良好的成效，但是并没有从根本上解决问题，尽管生态环境保护的理念已经深入人心，并已成为共识，然而当国内经济不景气或一国政府受国内某些压力集团的影响时，各国仍会在经济发展与环境保护之间发生动摇，作出一些有利于经济发展不利于环境保护方面的决策，因为经济发展有利于保持一国的就业率以及良好的经济效益。如日本 20 世纪 90 年代经济萧条时期依然增加二氧化碳的排放，2001 年 3 月布什政府则宣布《京都议定书》存在“致命缺陷”，决定单方面退出气候协议便是很好的证明（福斯特，2007）。即使西方国家在生产问题上已有很大改善，但其奢侈的高消费模式所带来的环境问题则仍然是个难题。

国际环境风暴的影响以及国内生态环境日益恶化的残酷现实，促使我国政府从 20 世纪 70 年代就开始意识到保护环境的重要性，并随后不断地制定了相关的政策法规，采取了许多环保措施，初步建立了一个完整的制度框架体系。事实上，自 1979 年我国第一部《环境保护法》问世以来，中国在有关污染控制、自然资源保护以及人类健康和安全的问题上，已有了由国家颁布的环境法 6 部、资源法 10 部，国务院行政法规（条例）30 多件，国务院部门、国家环保总局的规章（条例）90 多件，国家环境标准 427 项，地方性法律 1 000 多件；在环境保护队伍建设方面，2006 年底，我国共有各级环保局 11 321 个，而 1996 年只有 8 400 个，十年间增加了近 35%；2006 年底，各级环保局工作人员超过 17 万名（其中，国家环保总局 2 065 名），而 1996 年只有 9 万多名，十年间翻了近一番。与美国相比较，在过去 40 年里，美国只通过了 21 部主要环境法案（钟水映等，2005）；美国的 EPA 自 1970 年正式成立后的第一年内拥有 5 700 名职员，到 1980 年 EPA 发展到 13 000 名职员，到了 1999 年，该机构的职员已超过 18 000 名（伯特尼等，2004）。从数量上看，我国的环境立法成果显著，2006 年我国环保工作人员总数是美国 1999 年的九倍之多，但是从环境管理的质量与效果来看，却不能同日而语。事实上，我国近几年环境污染事故频频发生，从淮河污染到太湖蓝藻再到岳阳砷中毒，环境质量状况恶化的

势头不但没有得到有效遏制，而且有愈演愈烈之势。这与我国相对完备的环境法体系和相对完善的环境制度形成强烈反差（易志斌等，2009）。总而言之，我国现有的环境政策措施对环境污染的治理效果仍然是低水平、低层次的，基本还是以末端治理，事后治理为主。现有政策的不力，其中的一个重要原因在于我国的环境政策法规过于重视末端治理，环境法律法规本身存在许多不完善的地方，如行政干预过多，经济激励不足，有些惩罚性收费不高，或者现在的政策存在顾此失彼的问题，只对环境主体的某一方实施，没有真正做到多管齐下，共同治理。然而更重要的是因为还没有真正找到环境问题背后最深层的根源，使得现行的许多环境政策法规都犹如隔靴搔痒，只能治标而不能治本。

4. 经济学则越来越转向对人与人关系的研究，特别是对人与人之间行为的相互影响和作用、人们之间的利益冲突与一致、竞争与合作的研究

在西方经济学理论中，许多经济学家历来都非常重视对个体经济行为的研究，事实上，在许多学者看来，经济学本身就是在一定的资源约束条件下关于经济主体行为选择的学科。但是长期以来，在传统经济学中对个人行为进行研究时，总是假设其他人的行为都被总结在一个非人格化的参数——价格里面，所以个人总是在给定价格参数下决策，人们行为之间的相互作用是通过价格来间接完成的（张维迎，2008）。现在，经济学开始注意到对人与人之间的利益与行为关系的研究，特别是注意到理性人的个人理性行为可能导致的群体非理性，也就是说，西方经济学逐渐将视角转向了对生产关系的研究。近二三十年来，诺贝尔经济学家奖授予为数不少的制度经济学家、公共选择学派和博弈论专家，便从一个侧面说明了这一倾向（柳新元，2001）。这充分表明经济学已开始将研究视界转向经济现象背后的经济关系的解释，这其实也就是马克思主义的传统研究领域。事实上，在环境问题方面，由于环境与资源问题中的信息不对称和不完全信息使得价格制度常常不是实现合作和解决冲突的最有效安排。越来越多的学者开始运用非价格制度，即参与人之间行为的相互作用来解释生态环境问题中的个人理性和集体理性之间冲突与合作的可能。

从我国环境污染问题的现状来看，由于为国内外形势所迫，新中国成立以来的很长一段时间里，我国政府偏重经济建设而忽视了对生态与环境的保护，即使在 20 世纪 70 年代开始制定或提出了许多环境政策措施，但在现实中

也没有得到很好的贯彻和实施，基本还是在沿袭“以环境换增长”的发展模式。究其根源，实质还是在于环境污染问题背后存在着错综复杂的利益关系网，如中央政府与地方政府、部门之间、地方政府与厂商、厂商与居民（公众）等等，甚至环保相部门与厂商之间也存在着权力寻租的利益关系。由国内著名的环境组织“自然之友”的梁从诫（2005）主编的《2005：中国的环境危局与突围》的环境绿皮书中也曾提到，“在社会转型过程中，环境问题出现利益化的特点，涉及公共利益与利益集团、东部与西部的利益、中央与地方的利益、强势集团与弱势集团以及全球范围内的利益分配。”总而言之，由于各种相关利益主体之间的力量制衡与约束，使得环保相关部门的环境监督与执行工作难以全面展开，全国大多数地方的环境污染问题不但未能得到有效控制，反而有着愈演愈烈的趋势。因此对于环境问题背后的利益关系进行探讨无疑将有助于我们更好地建设生态文明。环境污染问题作为一种经济现象，它也不可能单纯取决于某一利益主体或利益集团的偏好，而是与环境问题相关的各种利益主体相互作用的结果，取决于各种利益主体力量均衡与利益协调的结果。因此，环境问题的深层原因归根到底要从经济主体行为与利益关系中寻找。诚如国家环保总局环境与经济政策研究中心主任夏光（1999）所说，在相当长的一段时间内，应该着重研究在向市场经济转变的时期，以环境问题形式表现的社会利益结构、利益冲突和利益均衡问题。这个问题是要运用利益矛盾分析方法，揭示大量严重的环境问题背后所存在的人与人（或社会集团与社会集团）之间的社会经济关系，为制定协调这种关系所需的政策提供理论基础。

正是基于以上原因，本研究力求通过环境各相关利益主体行为机制及其相互博弈关系的研究，探求整合不同利益主体的治理机制，寻求生态环境可持续发展的治理之道。同时，本研究关注的问题以环境治理为研究对象，并不单指某一具体的政策领域，而是在研究环境相关主体利益关系的基础上，对环境相关的各利益主体行为机制进行梳理，进而提出整合各个利益主体行为的对策。

二、研究意义

（一）现实意义

党的十一届三中全会以来，随着我国经济建设的快速发展与全面展开，国内所面临的资源与环境问题日益严峻，我国的基本国情一方面是资源相对不足，环境承载能力弱；另一方面是人口众多，经济发展相对落后。放弃经济发展，单纯保护环境是不现实的，而不惜以资源环境的巨大代价换取经济增长最终也必将导致经济发展的不可持续。简而言之，我国当前所面临的资源与环境的压力已到了非治理不可的地步，并且在治理过程中应注重经济发展与环境保护协调进行。近几年，国内许多地方发生的环境污染事件甚至还引发了许多群众集体抗议的行为，可以说，环境污染问题反映的已不仅仅是人与自然的关系了，更重要的是它已经影响到社会稳定的问题。因此本研究不仅对于转变当前不可持续的生产方式与消费方式，实现我国国民经济又好又快地发展，构建资源节约型与环境友好型社会具有重要的现实意义，而且还有利于人与自然关系的和解，有利于人与人之间关系的和谐。

（二）理论意义

“利益”在十一届三中全会召开以前，一直是个敏感的字眼，鲜有人敢于触碰。只是到了后来，随着改革开放的顺利进行，有关利益的研究才开始慢慢地多了起来，但针对利益展开的相关成果仍然不多见。鉴于此，本书认为对我国环境治理问题中的利益关系进行研究，将会大大拓宽了利益研究的范围，尤其当前国内外直接对利益领域进行专门系统的研究还比较少，虽然国内学者洪远朋等人已经对我国的利益关系演进有了比较系统深入的研究，但是对具体一些领域的利益关系的研究仍然较少。本书从利益及利益关系的视角出发对当前国内外普遍关注的环境问题进行研究，有利于利益相关理论在经验现实中得到更好的确证，这种尝试不仅有利于利益研究范围的拓展，而且有利于利益相关理论的深化。此外，通过对大量严重的环境问题背后所存在的人与人（或社会集团与社会集团）之间社会经济关系的揭示，还可以为制定协调这种利益关系所需的政策提供理论基础。

三、环境治理研究综述

（一）环境问题的发展演变

环境问题早在人类社会产生前，就已存在，只不过当时是由洪涝、地震以及火山爆发等自然灾害造成的，属于原生环境问题。现在所说的环境问题一般指人为造成的环境事故或灾害，属于次生环境问题。农业文明时期的环境问题主要体现为生态破坏，主要有森林砍伐、水土流失和土壤盐碱化等问题，事实上这些问题曾导致了早期许多区域古代文明的没落。恩格斯(1971)就曾说过："美索不达米亚、希腊、小亚细亚以及其他各地的居民，为了想得到耕地，把森林都砍完了，但是他们梦想不到，这些地方今天竟因此成为荒芜的不毛之地……"。工业革命初期，随着北欧工业化与城市化进程的不断加快，北欧地区不断出现局部性污染和健康问题。这一切很快引起了当时有识之士的关注。17 世纪中叶，针对伦敦大气污染问题，W·配第和 J·格兰特在英国议会上首次提出"环境问题"的概念(宫本宪一，2004)。而在 20 世纪 30 至 70 年代间，随着工业化的高速发展，环境污染的范围日益扩大并且越来越严重，呈现出大爆发的征兆，其中最具代表性的便是在各国相继发生的八大"公害"事件[①]。自此，环境污染问题开始引起各国人民的密切关注，具体主要体现在三个方面：其一是公众环境意识的觉醒与公民环境运动的发展：主要有绿色政治运动、公众环境运动、环境非政府组织的蓬勃发展；其二是不同学科的学者们对生态环境问题的反思：具体体现在《世界的饥饿》《生存之路》《寂静的春天》、罗马俱乐部的《增长的极限》以及《世界末日》《只有一个地球》等一系列著作与报告中；其三是世界各国政治层面的共同行动：比较具有历史意义的事件有 1972 年的联合国人类环境会议、1987 年的世界环境与发展委员会发表的《我们共同的未来》、1992 年世界环境与发展大会以及 2002 年召开的可持续发展世界首脑会议等等。以上三个方面相互作用，最终促成了可持续发展思想的形成，并取得了各国人民的一致认可与共同行动。

（二）环境经济学相关著作研究

工业社会之前，环境资源作为人类生产经营活动以及人类生存的前提条件，不仅被人们视为无限供给的，而且还是可以无偿使用且不会损害他人利益的，因此，也就不存在环境资源稀缺与价值的说法。但是后来，由于工业革命的到来，尤其是到了 20 世纪 60 年代之后，随着人口急剧增加和经济的高速发展，工业三废无所顾忌的大量排放以及农药污染日趋严重，新鲜的空气、洁

---

① 注：八大公害事件分别是 1930 年比利时马斯河谷事件、1936 年洛杉矶光化学烟雾事件、1948 年多诺拉事件、1950 年开始的日本水俣事件、1963—1968 年日本富山事件、1968 年开始的日本四日事件、1968 年日本米糠油事件、1952 年伦敦烟雾事件。

净的水、舒适的环境等都变成了稀缺的资源，而且也开始被相应地赋予了直接经济价值。同时，由于环境问题日趋恶化，学术界不同学科纷纷从不同角度对此给予了审视与关注，随着认识的深化，因此相应地就产生了环境科学、环境管理学等各种新的学科。而基于环境问题的经济学分析基础上则产生了以环境与经济之间的相互关系为特定研究对象的环境经济学，其理论主要来源于西方宏观和微观经济学及福利经济学。不过大多数环境经济学基本都还是应用新古典经济学理论来研究环境问题的。正如伊恩·莫法特(2002)所提到的那样："目前，主要的是需要知道，新古典主义经济学家正试图通过扩展他们的范式来处理环境问题。在某些研究中，人们已经提出了相当多的构想，以尝试在新古典经济学的框架中解决环境问题。"其中国外比较有代表性的著作主要有：Joseph.J.Seneca 和 Michaelk Toussing 合著的《环境经济学》(1979)、Julian Lowe 和 David Lewis 合著的《环境管理经济学》(1980)、科特雷尔著的《环境经经济学》(1981)、塞尼卡与陶西格著的《环境经济学》(1986)、David.W.Pearle 和 Jeremy.J.Warlord 合著的《世界无末日：经济学、环境与可持续发展》(1993)、Callan，S.J.与 Thomas，J.M.著的《环境经济学与环境管理——理论、政策和应用》(2006)、B.C.Field 与 M.K.Field 著的《环境经济学》(2006)、Tom · Tietenberg 著的《环境与自然资源经济学》(2003)等等。

随着国外环境经济学研究的不断推进，自 20 世纪 90 年代以来，国内环境经济学的著作也层出不穷，令人目不暇接。比较典型的有张兰生等合著的《实用环境经济学》(1992)、王金南著的《环境经济学——理论、方法、政策》(1994)、张象枢和魏国印等编著的《环境经济学》(1994)、厉以宁和章铮著的《环境经济学》(1995)、姚建主编的《环境经济学》(2001)、刘庸主编的《环境经济学》(2001)、王玉庆主编的《环境经济学》(2002)、李克国与魏国印等主编的《环境经济学》(2004)等。从国内现有的环境经济学著作来看，基本也都是直接以传统与现存的主流经济学原有理论平台分析当今环境问题的(刘思华，2007)，其核心主要是处理好经济增长与环境保护的关系，即经济增长与环境保护之间的内在运行机制及两者间的协调标准。具体思路有资源配置角度，有成本效益分析或投入产出分析，更多地是从外部性理论与科斯产权理论来对环境问题进行探讨的。当前多数环境经济学的主要内容一般包括理论、方法或手段，以及环境制度与政策等等。相对而言，对于环境相关主体利益与行为的研究则不多见。

（三）国内外学者有关环境问题的理论探讨

在西方经济学的生产要素中，土地是其中最基本的要素类型。从古典经济学的亚当·斯密、马尔萨斯、大卫·李嘉图，到马克思主义经济学创始人马克思(1818—1883 年)，再到新古典经济学的创始人马歇尔，他们的经典著作中对土地问题都有很多精辟的论述。其中威廉·配第的“劳动是财富之父，土地是财富之母”则无疑道出了土地在财富中不寻常的重要性。而我们知道，西方经济学中“土地”的内涵并非指一般意义上的土地，它包括森林、矿藏、空气、阳光、河流、湖泊甚至沙漠等。马克思也曾指出，土地在“经济学上也包括水”(夏明文，2000)。因此，经济学中土地的概念内涵与我们通常所指的环境资源显然是非常接近的。而对于环境资源问题的反思，事实上经济学界很早就已经开始，英国著名的古典经济学家大卫·李嘉图就曾针对人口的增长与地租产生的关系，提出了“相对资源稀缺论”。约翰·穆勒则在其《政治经济学原理》(1848)中提出著名的“静态经济”的概念，他认为要改善人们的生存状态，则财富与人口应保持在一个稳定的状态，并且还应当给自然界的多样性留出一些空间。不过他更多的是出于对资源的稀缺性的考虑，因为他认为有限的土地数量和有限的土地生产力构成了真实的生产极限(洪银兴，2002)。后来赫尔曼·戴利在穆勒静态经济理论的基础上加以拓展深化，形成稳态经济理论，其共同目的都在于控制经济增长的速度，使之与人口、资源与环境相协调。1920 年，英国剑桥大学经济学教授庇古发表了著名的《福利经济学》，在书中他以环境污染为例提出并详细地论述了外部性的问题，并主张利用国家税收的办法来解决外部性问题，而另一位经济学家，美国芝加哥大学经济学教授科斯则在其《社会成本问题》中提出与庇古不同的观点，他主张通过市场机制来解决外部性问题。到了 20 世纪 60 年代，美国经济学家肯尼斯·艾瓦特·博尔丁受到宇宙飞船的启发来分析地球的经济系统，他把开放经济称为“牧童经济”，在他看来，牧童代表着无边无际的平原，也代表着冲动、勇于开拓、浪漫等，而封闭经济则称为“太空人经济”，在广袤无边的太空之中，地球就好像一只孤立的宇宙飞船，其生产能力和净化能力都将是有限的，这种封闭经济生产方式是呈线性的，最终将随着能源的枯竭而毁灭，要使“宇宙飞船经济”得以持续长存，人类必须实现循环经济。而 1972 年，以

Meadows.D.为代表的罗马俱乐部发布的《增长的极限》则根据人口、农业生产、自然资源、工业和污染五种因素的相互影响与相互作用，提出了“零增长论”的论点，并将环境污染和资源耗竭作为经济增长极限论的主要论据。

在国内，也有许多学者们对环境问题进行了反思与探讨，并提出了一些新颖的理论创见。如叶文虎(2004)在传统政治经济学基础上提出的“三个再生产”理论，即环境的生产、物质资料的生产和人类自身生产相互适应的理论。刘思华教授在马克思的社会再生产理论基础上，提出了“四种生产论”理论，即社会再生产不仅是物质资料的生产与再生产，而且是人口生产、物质生产、精神生产和生态生产相互适应与协调发展的社会生产理论模式(《世界经济文化年鉴》编辑委员会，2002)。廖福霖教授(2007)则认为，单纯以经济效益为衡量尺度的工业文明生产力存在严重弊端，他主张在对工业文明生产力扬弃的基础上，发展集生态效益、经济效益、社会效益一体的三维生产力(即生态生产力)。储大建在借鉴西方“减物质化”内涵的基础上提出了“减物质化经济增长”的思想，即把与GDP增长相关的物质消耗总量、人均物质消耗单位或单位GDP的物质强度变小(周玉梅，2007)，储大建还认为，发展循环经济，从根本上就是要实现从强物质化到减物质化的转变，并进一步提出了循环经济发展的C模式，即China模式(圣佳力，2006)①。

(四)环境治理的政策与制度研究

国内外对于环境政策的研究可谓硕果累累。早在1972年，经合组织(OECD)环境委员会在《关于环境政策的国际经济方面的控制》中为保护被污染者的利益首次提出“排污者付费原则”，即要求污染者承担治理资源、消除环境污染和赔偿受害人的费用，以促使排污者积极主动地治理自身产生的污染物；Baumol.W.J.和W.E.Oates(1988)在《环境政策的理论》(1975出版，1988再版)中运用局部均衡的方法证明了市场经济政策手段在经济效率方面优于命令控制手段；Opschoor和Turner(1994)合编的《经济激励与环境政策：原理与实践》集中了欧洲科学基金会对于全欧洲最有影响的环境经济学

---

① 注：与C模式相对的则是国际上通行的A模式和B模式。A模式是在经济发展时，物质消耗和环境压力同比例上升，是共耦发展关系；B模式是脱钩发展模式，即经济增长的同时物质消耗和环境压力下降，是一个喇叭口的形状。C模式是在经济保持既定目标增长时，资源消耗和污染产生先减速增长，然后再趋于稳定的过程。

有关于环境政策理论论文;保罗·R·伯特尼与罗伯特·N·史蒂文斯主编的《环境保护的公共政策》(第二版)则概括了1989年以来美国环境政策的发展趋势并详细介绍了具体的各项环境政策;托马斯·思纳德著的《环境与自然资源管理的政策工具》不仅详细论述了环境政策背后的经济学原理,而且介绍了大量一系列可操作的政策,并对这些政策在不同经济类型中的实际和潜在应用展开了广泛的讨论。

国外对于环境问题的关注也推动了我国环境工作的发展,在周总理的指导下,我国环境保护工作也在20世纪70年代初期开始摆上日程,国内学术界也开始了对环境政策法规的研究。我国首任环境保护局局长兼学者曲格平自1969年就开始参与了我国环境管理与环境经济政策的起草与研究工作,对我国的生态环境保护工作面临的一系列基本问题有着较为深入的研究,他撰写的《中国环境问题及对策》(1984)与《国情与选择——中国环境与发展战略研究》(1994)是不可多得的环境政策研究成果;90年代以来,我国环境经济学中对生态环境治理的制度经济学分析有了很大的进展,北京大学著名经济学家厉以宁教授就特别重视可持续发展研究的制度分析;王金南从1994年开始着手当时环境政策领域世界银行技术援助规模最大的"中国排污收费制度设计与实施研究",对环境经济政策有着较为深入的研究。王金南与田仁生、洪亚雄主编的《中国生态环境政策》(2004)则集中了有关国家环境政策、重要环境规划和重大环境工程决策的各项专题报告,该著作对有关政府和研究部门研究制定环境政策具有较好的参考价值。夏光则通过对我国环境政策的回顾,提出了我国环境政策应该实现从社会直接管制型向市场激励型的转变;邹骥(2000)在其博士论文中从不同层次上对环境政策与经济政策的相互影响做了较为深入的综合研究。樊根耀(2003)以生态环境治理活动为主题,运用制度理论和方法,对生态环境活动所涉及的环境公共物品、治理主体等因素进行深入研究,并通过对生态环境治理制度的产生与演进规律的分析发现,恰当的制度安排是改善和提高生态环境治理绩效的一种主要手段,同时还通过强制性治理制度、产权制度以及治理主体内在制度的比较分析,说明了各种制度可以相互补充与协调,共同促进生态环境的治理。延军平(2004)通过对我国陕甘宁老区生态环境严重退化与经济贫困原因的实证分析,探讨了西部地区生态环境建设与经济发展"双赢"的战略选择问题,并提出了"生态购买"利益驱动机制和"林草生态私有"经济制度等政策建议,主张通过生态环境自然恢复，实现植被、地表水、地下水的“三赢”而非完全依赖工程措施。聂国卿(2006)则从效率的角度出发对我国转型时期主要环境治理政策工具进行了比较，探讨了关于环境治理的政策选择标准问题以及环境政策的选择机制问题；分析了其中存在的主要制度缺陷，最后提出了相应的优化我国环境治理政策的思路与对策。

（五）环境治理的投融资研究

在我国，随着环境经济手段的应用和环境污染治理市场化的改革，环境保护投融资机制问题逐渐进入了学者们的视野，并产生了一系列有价值的成果。如 2003 年，由中国环境科学研究院王金南等主编的论文集《环境投融资战略》选编了 19 篇有关投融资方面的论文，涉及了投融资各个方面的内容，具体包括对环境投融资的基本概念、环境投资现状、环境融资机制、供水和废水处理行业投融资以及环境产业投融资等等；2004 年由中国环境与发展国际合作委员会批准成立的中国环境保护投融资机制研究课题组完成的课题报告《创新环境投融资机制》则针对中国环境保护投融资总量不足和投资效率不高的问题，重点研究了城市环境基础设施和中小企业污染防治领域中的投融资机制创新的问题；谢丽霜(2006)从主体维度的角度出发对根据西部生态环境建设的利益关系人确定相关投资主体，并对西部生态环境建设相关主体的投资驱动和响应机制进行深入的探讨，最后提出相应的对策建议；张雪梅(2009)在其博士论文的研究中发现我国长期环境恶化并难以得到实质改善的主要原因是环境保护与治理投资严重不足及环境保护与治理投资的效率低下，因此论文深入研究了我国环境污染的深层原因及其与环保投资的关系，最后针对环境保护与治理投资不足的问题，提出了多元化的筹资渠道，强调环境保护与治理投资不能仅仅依赖政府投资，必须走市场化的途径，吸引社会资金投入环保事业。

（六）环境治理的市场经济手段研究

国际上公认的有关环境问题研究最重要的先驱性著作当推英国剑桥大学经济学教授庇古于 1920 年发表的《福利经济学》，在该著作中他率先提出并论述了外部性问题(Pigou，1932)，并创造性地提出利用国家征税的办法来解决外部性问题的基本思路。学者们大多数认同庇古的观点，即面对工业污染，市场并非无所不能，也存在着失效的地方（Kneese，1977）。而在 1960 年，美国芝加哥大学经济学教授科斯则在其《社会成本问题》中提出了与庇古政府干预经济完全不同的观点与思路，即用市场的办法来解决市场失灵问题：通过明确环境资源的产权，进而通过产权交易或讨价还价的过程协调各方利益的（科斯，1960）。J.Dales（1968）则运用科斯的产权理论从产权的角度出发就环境资源产权的设置与生态环境破坏的关系问题进行了讨论，并提出了排污权交易的创造性构想。Dasgupta（1982）则提出了与“庇古税”相类似的“社会贴现率”的概念，并且认为政府按照与“社会贴现率”相等的原则来确定可再生影子价格随时间的变化率。John Tietenbery（1992）《排污权交易——污染控制政策的改变》对排污权的交易进行了探讨，丹麦学者 Aanderson（1994）则在其关于环境费税的论著《绿色税收的管理：使污染预防付费》对税收在生态环境治理中的作用做了广泛的讨论。Terry L.，Anderson，Donald R.Leal（1997）认为企业还可以通过环境资源的资本化运作，实现生态效益与经济效益的统一。也就是说通过对环境资源的休闲、观赏和文化价值的产权界定，使环境产权具有资本的意义。我国学者王金南主持翻译的《OECD 环境经济手段丛书》则介绍了发达国家在环境经济政策方面的成效和经验。沈满洪（2001）从现代经济学理论的角度出发，以环境污染问题作为研究的逻辑起点，基于环境经济手段效应分析比较，主张依靠制度创新、科技创新、市场创新以及利用经济增长造福环境的观点。罗勇等（2002）也对基于市场机制的环境保护经济手段的理论背景、基本原理，主要的环境保护经济手段和经济手段的综合运用等内容进行了讨论。

（七）环境治理的公众参与研究

对于环境治理问题，有的学者如 E.Ostrom（1985）运用博弈论对介于市场制度与强制性制度之间的自治制度进行了分析。他们认为，在小规模组织当中，有可能建立一种既非纯粹的市场机制，也不是绝对依赖于政府权力控制的强制性制度的安排的，由使用者自发制度并实施的合约；Dasgupta 和 Wheeler（1997）则通过对 1987—1993 年我国省际数据的分析研究了公众抱怨是否会对污染控制产生积极影响，结果发现向公众披露环境信息对提高企业的减排水平作用非常显著。Peter Hills 和 C.S. Man（1998）通过对广东工业城市佛山有关环境保护体制执行问题的案例研究，发现个人与组织之间的非正式关系在环境政策在当地如何实施以及在多大程度上实施发挥着重要的作用。李永友等(2008)通过对我国省际工业污染数据的实证分析评价我国污染控制政策的减排效果研究中,也发现了公众参与机制对改进我国控污减排绩效有很重要的作用,但是遗憾的是公众的环保行为实际并没有被纳入我国环境管制的框架内,公众的环境质量诉求还无法在环保执法中得到满足。王凤(2007)在其博士论文中则以行为分析为切入点,结合我国公众参与环境保护的具体实践,专门就公众参与环境保护行为的微观和宏观影响因素及其作用机理进行了较为深入的探讨,并对中国公众环保行为数据进行比较分析进而解释其中差异存在的原因,试图找寻提升公众参与环境保护的有效路径。

(八)环境治理相关主体的利益与行为研究

自 20 世纪 70 年代以来,随着博弈论或对策论逐融入主流经济学的一部分,经济学者越来越倾向于加强对各个领域中经济主体之间行为的研究,环境问题领域也不能置身其外。如 Gloria.E.Helfand 和 L.James Peyton(1999)在其《环境正义的一个概念化模型》中用工业企业、社区和地方居民建构了工业企业的选址模型。其中,社区和工业企业共同决定企业的地点;地方居民可以通过选举、游说、捐款等方式对社区的决策产生影响,也可以向企业的管理者施加压力;而社区可以决定污染企业的去留,可以管理污染企业的排污行为。夏光(1992)在其《环境污染与经济机制》中提到我国经济发展与环境保护之间存在着"脱节状态",而"脱节状态"的现象表现分别对应于国家、地方、企业对环境控制政策所持的态度,他还认为国内许多环境治理研究如环境经济学中的硬技术分析,抽象掉了当事人的行为特征,因此,他在其研究中采用了理论实证的方法,深入探讨了企业、地方政府、国家在各自的利益结构和动机结构下的环境行为和决策态度。马晓明(2003)在他的博士论文中,把环境问题归结为环境制度的缺陷,并围绕政府、企业、公众三方博弈进行环境制度研究,同时还从博弈论角度对环境产权制度、管制等环境制度进行了研究,最后他认为企业、公众、政府的环境行为直接影响环境,环境问题的解决需要三者的协同合作。顾金土(2007)对乡村污染企业与周边居民的策略博弈进行了探讨;林梅(2007)则以淮河污染防治为例对环保政策实施过程中包括中央政府、地方政府、水利部门、环保部门以及公众等七个不同政策主体之间的关系与格局进行了研究。总的来说,近年来,比较明显的一个趋势是大量的学者运用博弈论来对环境问题进行研究，但研究成果大多数是以期刊论文的形式，相关的著作与博士论文较为少见。

综上所述，国内外学者们从不同的角度纷纷围绕着环境治理问题展开了广泛而深入的研究，并取得了许多可喜的进展，为后来者进一步探讨环境问题奠定了坚实的基础。从以上诸多研究来看，对于环境公共政策与制度的研究与环境市场经济手段的研究占了很大的比重，当然国内外对于NGO、公众参与环境治理的研究其实也很多，但多数采用的是社会学角度而非经济学角度。虽然国外也有着对全球环境问题而展开的国家之间的利益冲突与合作的研究，也有许多学者对环境相关主体的利益行为的研究，但是因为国情不同、体制不同，未必适用于我国，因此，相比之下，国内学术界对环境治理相关主体的利益与行为的研究仍然有待于进一步的探讨。事实上，任何环境制度与政策的制定都需要基于对环境治理相关主体的利益与行为的准确把握的基础上，否则环境政策与制度都难免会有失公允；而环境治理中的资金投融资固然重要，但是如果对相关主体的利益关系能够更进一步加以理顺的话，那么相关的资金投入就会显得更有效率。目前有关环境治理相关主体的利益行为的研究，有的是围绕着环境制度展开的，有的是针对具体某地区的环境问题展开的，在我国现行经济体制与现实国情之下对环境治理相关主体利益关系格局的研究中，夏光在20世纪80年代的研究可谓独树一帜，他对国家、地方政府以及企业各自的利益结构和动机结构下的环境行为和决策态度做了卓有成效的分析与探讨。本书则认为20世纪90年代以后，在当前我国环境治理的现实情况下，环境问题相关主体的利益关系已经发生了一些变化，如更加突出了企业、地方政府、居民的主体性作用，一方面由于企业与地方政府间存在利益叠加的现象，使得企业与地方政府利益纠结的发生成为可能，另一方面居民呈原子化松散状态，弱势地位明显。这两方面因素的共同作用最终使得厂商和地方政府与公众处于不对称的博弈地位。因此本书试图对地方政府、厂商与居民的环境利益与行为进行分析，以期为政府制定环境政策与制度提供参考意见，最终希望针对环境主体的利益关系结构作出合适的制度与政策安排，使得三方利益相互均衡与制约，改善生态环境，从而最终促进环境保护与经济发展协调发展，形成资源节约型与环境友好型的和谐社会。

四、研究思路与本书的结构安排

（一）研究思路

本书的研究主要从利益的视角出发，首先根据我国环境问题产生及发展的现实情况，确定与环境问题的产生影响最为直接、最为重要的几个经济主体，把它们视为环境利益相关者，并对各主体进行一般的经济学分析；其次根据当前环境问题产生的实际，对环境问题相关利益者参与治理的利益动机与约束条件进行详细的分析；第三，运用博弈论对现有的约束条件下的环境问题各相关主体的行为与利益关系进行探讨；第五、六章则分别就环境治理视域下的居民与企业、居民与地方政府、企业与地方政府之间的关系进行实证研究；第七章则主要研究环境规制的就业效应问题；第八章针对农村环境污染问题中的农民集体维权问题进行研究；第九章以F省为例，采用熵权法对生态示范区进行评价研究，并以福建省长汀县为例基于非均衡发展理论的视角对生态示范区的建设问题进行探讨；最后通过对环境相关利益者的具体分析，提出制衡与约束各相关主体的对策或建议，以期实现经济发展与环境治理的协调发展，建设资源节约型与环境友好型社会的目的。

（二）研究内容

本书的研究内容主要包含以下十一个部分：

第一是绪论部分。包括研究背景与选题依据及研究的意义、国内外研究综述、本书的研究思路与结构安排、本书的研究方法与创新之处以及研究范畴的确定。

第二部分是利益的相关论述。主要阐述了国内外不同学派有关利益的理论与思想。具体包括利益的不同内涵，马克思主义利益与西方经济学不同学派对利益的不同论述、利益相关者理论以及公共选择学派的利益集团理论等等。

第三部分是环境相关主体的经济学分析。首先确定与环境最直接相关、影响最直接的几个利益主体：居民、企业、地方政府，并对居民、企业与政府的经济学含义进行阐述；其次对环境问题中的居民、企业与地方政府进行一般意义上的经济学分析。

第四部分参与环境治理的利益动机与约束条件分析。分别对居民、企业与地方政府参与环境治理的利益动机与约束条件进行分析。

第五部分环境相关主体博弈与均衡分析。本章主要对于不同时期的居民、企业与地方政府的利益关系格局对环境治理工作的影响进行分析。提出在计划经济时期，居民、企业与地方政府的利益与中央政府是一致的，它们三者隶属于中央政府领导下的具有高度动员能力的单一利益格局，这种利益格局对环境治理工作的开展在某种程度上可以发挥非常积极的作用，但是由于当时的主要利益是国家安全和经济建设，因此，当时的环境治理工作并没有真正全面展开；从计划经济向市场经济转型过程中，社会利益开始发生分化，居民、企业、地方政府都各自成为独立的经济主体，在环境问题方面也有着各自不同的利益诉求，而环境问题的现状在某种程度上正是这三个不同的经济主体之间的利益与力量相互作用的结果。在三者的利益博弈过程中，地方政府与企业存在变相合谋的行为，而居民在其中则处于明显的弱势地位。

第六部分采用向量自回归模型（VAR）就环境治理视域下的居民与企业之间的关系问题进行实证研究。

第七部分采用向量自回归模型（VAR）就环境治理视域下的居民与地方政府之间的关系问题进行实证研究。

第八部分对环境规制的就业效应问题进行实证研究。

第九部分针对农村环境污染问题的农民集体维权行动研究。

第十部分以F省为例对生态示范区进行评价研究，并以福建省长汀县为例对生态示范区的非均衡发展问题进行探讨。

第十一部分主要探讨环境治理中的利益协调机制。这部分主要针对环境问题中的居民、企业与地方政府参与治理的利益动机与约束条件，结合三者在环境问题中的利益博弈态势，分别从居民、企业、地方政府三个角度出发，提出应改善居民在环境治理活动中的弱势地位，规范企业的环境污染行为，同时还要阻断或弱化地方政府与企业之间的利益联系，增强地方政府在环境治理问题上的独立性，从而使得三方利益力量得以相互制衡与约束，以期促进经济增长与环境保护协调发展，推进资源节约型与环境友好型社会的建设。

（三）本书主要的技术路线

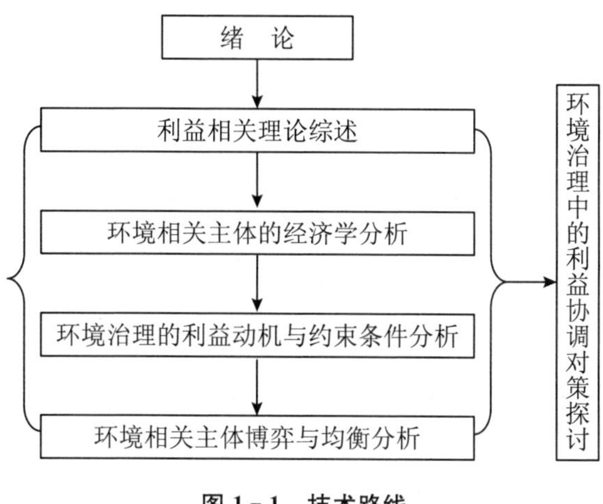

图 1－1 技术路线

五、本书的研究方法与创新点

（一）研究方法

本书运用马克思主义经济学理论、公共选择理论、博弈论等利益相关理论对新中国成立以来不同时期的环境相关主体及其利益诉求进行经济学比较分析；其次对环境相关主体参与治理的利益动机与约束条件进行规范分析，以利益为切入点，对当前我国环境问题进行深入的探讨，并结合规范与实证、定量与定性法对环境相关主体的利益博弈与均衡分析，以探求相关主体间的利益协调机制，从而达到转变经济生产方式与消费方式，推进资源节约型与环境友好型社会的建设。具体来说，本研究主要采取了以下几种方法：

1. 理论分析法

本书采用马克思主义经济学理论、利益相关理论、公共选择理论、制度经济学论以及信息与博弈理论等来分析环境问题，通过利益及其协调理论来探讨厘清我国环境治理过程中的相关利益主体各自的利益目标以及他们在环境治理中的利益博弈行为，通过对他们的利益目标与利益博弈分析，寻求使各方主体利益均衡与制约的实现条件，以达到既发展经济又保护环境的目的。

2. 比较分析法

本书中采取纵向比较法就新中国成立以来计划经济时期至当代市场经济时期的转型过程中，环境问题相关主体利益格局的变化及各自对环境问题的影响进行比较分析；横向比较分析则主要针对市场经济时期环境问题相关主体发生的利益分化及其利益诉求之间的比较。

3. 利益分析方法

利益分析是社会科学研究中的基本方法。陈庆云先生等(2005)指出，利益分析在公共管理多种研究视角和途径中是独特的，是多种研究方法的基础和核心。运用利益分析的方法，可以揭示公共管理中利益冲突和利益妥协的本质过程，证明公共管理的要旨在于规范利益主体之间的互动和合作，实现以公共利益为核心的社会利益的维护与增进。

4. 定性与定量分析法

定性研究主要针对环境相关主体的利益诉求、参与治理的动机与约束条件以及各自的利益目标做了较为详细的分析。定量研究则主要是根据研究需要构建了环境治理过程中各相关主体的利益博弈模型进行相互之间行为的分析，并采用向量自回归模型就环境治理视域下的居民、企业及地方政府之间的关系问题进行实证研究，最后就三者的关系问题提出了若干有关利益均衡与制约的对策。

5. 规范与实证分析法

规范分析与实证分析法结合：规范分析是解决“应该是什么的问题”，实证分析是解决“是什么的问题”，二者结合起来研究，互相补充，相得益彰。在本书中规范分析法主要用于分析我国环境相关经济主体在计划经济向市场经济转型过程中的环境利益与行为变迁及其对环境的影响；而实证分析法则主要用于构建数学函数与模型来对环境相关主体的利益与行为进行分析。

（二）本书的创新之处

1. 从现有的研究来看，已经有不少学者对环境相关主体的利益博弈进行分析，并取得了一些成果，但主要还是以期刊论文的形式体现，从利益角度对环境相关主体的利益与行为研究方面的相关著作与博士学位论还比较少见。本书从利益角度阐述了我国转型时期环境相关主体参与治理的利益动机和约束条件，并探讨了各主体的行为互动关系以探求环境问题有效治理的内在机理。

2. 本书运用利益分析法对我国从计划经济向市场经济转变过程中的环境相关主体各自的利益目标以及利益格局进行分析，这种方法在以往的环境治理研究中很少用到，因此是本书的一个创新之处。

3. 提出计划经济体制下具有高度集权、高度动员能力的单一利益格局对环境治理工作在某种程度起着一定的积极作用，但是由于当时的主要利益是国家安全利益与政治及经济利益，政府并没有对环境问题给予足够的重视，使得环境问题不断恶化。而转型时期，虽然基于市场激励的环境公共政策在治理环境问题时发挥了越来越重要的作用，但是由于社会利益的不断分化，同时也使得环境问题背后的利益关系变得更为复杂，从而加大了环境治理的难度，部分地区的环境问题不但没有得到有效控制，甚至还呈现愈演愈烈的态势。

4. 根据现有文献来看，采用向量自回归模型就环境治理框架下居民、企业及地方政府之间的关系问题进行定量研究的成果还较为少见，因此该方法在环境公共治理领域的应用具有一定的新意。

5. 本书运用博弈论方法通过对我国环境治理相关主体的利益与行为的博弈分析，发现许多污染性企业与部分地方政府之间存在变相合谋的行为，使得本来就松散的居民在环境权益维护方面处于弱势地位，提出环境问题作为一种经济现象，是居民、企业与地方政府三者力量均衡与利益协调的结果。当前环境问题不断加剧与恶化，在某种程度正是由于三者利益结构失衡所导致的。因此本书主张通过改变三者的利益结构的方式来实现他们之间利益的制约与均衡，从而达到促进经济增长与环境治理协调发展的目的。

六、本书研究范畴的界定

本书主要研究的是环境问题背后的利益关系，但由于环境问题涉及面较广，内容较为宽泛，因此，首先有必要就本书中环境问题的概念进行界定，以便于下文研究的展开。那么什么是环境问题呢？在现实中，环境问题所包含的内容甚为广泛，其表现形式也多种多样，但总的概括起来，根据其形成原因大致可以分为两大类：第一类是由于大自然自身原因，如自然演变和自然灾害等引发的原生环境问题，如地震、火山爆发、山体滑坡、泥石流等等；第二类是由于人类生产或生活方式所导致的次生环境问题。其表现形式具体包括水污染、大气污染、噪声污染等等。本书中的环境问题则特指企业在生产活动中所导致的环境污染问题[①]。此外,还有必要说明的是,本书的研究虽然事关环境治理问题,但并不是围绕特定环境污染问题而展开,而主要是针对环境污染问题背后的纷繁复杂的利益关系进行研究的。

① 书中所提到的环境问题与环境污染问题是同等的概念,二者可以等同。

第二章　利益相关理论回顾

第一节　“利益”的不同内涵

“利益”这个字眼本身是日常生活用语，它在不同的场合有着不同的内涵及界定。无论在生活中，还是在工作中，几乎没有人会否认利益的存在。著名哲学家爱尔维修就曾说过，利益是社会生活的唯一和普遍起作用的因素，一切错综复杂的社会现象都可以从利益的角度得到解释（谭培文，2002）。马克思（1965）也曾经明确指出，“人们所奋斗的一切，都与他们的利益有关”。马克思·韦伯则指出：“利益（物质的和理想的），而不是思想，直接统治着人的行为。”（摩根索，1993）列宁（1985）则把利益视为“人民生活中最敏感的神经”，可见利益在现实生活中的重要性。但是利益又是极其抽象的概念，因此若要分析现实世界中的利益问题，那么很有必要弄清利益的内在含义。利益事实上是与人类同时存在的，但它又不是一成不变的，随着社会的发展，利益的外延内涵也在不断发生变化，变得更加丰富。学者们从各自的研究角度出发，对利益的理解也存在着差异。概括起来，利益的内涵大致体现在以下几个方面：

一、利益“物质说”

利益“物质说”应该是有关利益内涵最为重要的一种观点，这种观点认为利益即为物质条件。事实上，利益“物质说”长期以来，甚至到了今天，仍然为人们所认同。不管对于词源学也好，还是对于我国古代文化也好，它们有关利益的论证都可以表明，“利”在甲骨文中既有着使用农具从事农业生产之意，同时还包含采集自然果实或收割成熟的庄稼的意思。我国学者张立文就曾经根据殷墟甲骨文的考证，发现“利”最初有着收割禾黍之意。利益作为完整的一个词,最早出现是在《后汉书·循吏列传》中:“勤令养蚕织履,民得利益焉。”显然,这里的“利益”无疑是物质利益之意。而在古希腊思想家色诺芬的《经济论》中则第一次在经济意义上把财富与利益联系起来,他认为“财富是一个人从中能够得到的利益的东西”,并进一步认为农业中的土地是“经久之利益”。从最初中西方有关利益的对比中可以发现,利益最早的涵义是同农业物质条件相关的。当然,利益之所以在古时候更多表现为农业物质条件,大概是因为资本主义社会产生之前的几个社会形态主要还停留在农耕文明时代,平时所使用或享用的物质基本来源来农业之故。但是随着商品经济社会的到来,物质的表现形式变得越来越多样化,物质利益越来越表现为经济利益。司马迁就曾说过:“天下熙熙,皆为利来,天下攘攘,皆为利往”。这说明经济利益已成为我们现实生活中最基本最常见的利益形式。而经济利益从字面上来理解,可以认为是经济活动中发生的利益,用洪远朋(2006)的话来说,就是人们在生产、流通、分配、消费过程中的利益。

二、利益“好处说”

“利”与“益”在我国古代史书典籍中,本来是两个相互独立互不相干的词,它们并没有合为一个单独的词语。“利”在祭祀占卜仪式中本为“吉利”之意,即特定的活动能够达到的预期的目的或获得预期的效果,后来,随着社会的发展,又慢慢进一步延伸为“好处”的意思。按照《说文解字》的解释:“利者,和然后利。”意思为只有事物或人与人之间的关系和谐才会有好处。而益者,饶也,意思为富裕的。总之,“利”与“益”在人们的日常生活中都是“好”的意义。这或许是“利益”一词形成的缘故吧。(杜闻,2006)我国《辞海》则把“利益”解释得非常简明扼要,认为利益即好处之意。当然用“好处”来解释“利益”的确可以很好地说明利益的内在含义,但却比较通俗、笼统,很容易当作同义反复,实际上并没有很好地解释出“利益”的确切内涵。

三、利益“需要说”

对于利益内涵的理解和认识,比较有代表性的研究成果应该是围绕需要而展开的讨论。古希腊哲学家柏拉图认为利益是一种心理需要和欲望。而马克思、恩格斯则更进一步,他们认为利益不仅是满足人们生物性需要,而且还是满足社会性需要,并且需要与一定的生产力发展水平相适应的客观条件。捷克斯洛伐克思想家奥塔·锡克则认为:“利益是人们满足一定的客观需要产生的需要的几种持续较长的目的;或者这种满足是不充分的,以致对其满足的要求不断使人谋虑;或者这种满足是不充分的,或者这种满足(由于所引起的情绪和感情)引起人的特别注意和不断重复的,有时是更加的增强的要求”。从利益的产生原因来看,马克思、恩格斯(1965)认为,利益不是人们凭空想象出来的主观意识的产物,而是现实社会中客观存在的现象,是不以人的意志为转移的,它是人们在生产关系体系中的地位以及由这种地位所决定的经济的、政治的、文化的需要的直接体现。此外,马克思、恩格斯还认为,人类作为创造历史的主体,首先要满足自身基本生存的需要,即“为了生活,首先就需要衣、食、住、行及其他东西”。因此,需要在某种程度上来说是人的本性,是与生俱来的。柯尔尼洛夫则认为人们的利益是由一定的需要或爱好所形成的,其目的是为了特别强烈地和比较持久地满足一定需要,具体如物质需要、对活动和关系的需要或文化的需要。

四、利益“关系说”

另一种比较典型且得到多数学者广泛认同的利益内涵,则是从社会关系来进行说明的。在《中国大百科全书》哲学卷中,利益被解释为“人们通过社会关系表现出来的不同需要”。在此定义中,社会关系实际成了利益的表现形式,而需要才是利益的本质。事实上,马克思主义的观点认为,人们进行生产活动实质是追求利益、谋求利益的过程,而在生产活动中,人们为了追求和创造利益必然会发生一定的社会关系。马克思在其《德意志意识形态》中就曾提到过:“利益不是仅仅作为一‘普遍的东西’存在于观念之中,而且是作为彼此分工的个人之间的相互依存关系存在于现实之中”。王伟光(2001)也认为,“人们之间的社会关系说到底是一个利益关系问题,因为一定的社会关系又必然体现为一定的利益关系。人要生存、发展,必须要从事获取利益,在获取利益以满足自身需要的社会活动中,彼此之间必然会发生一定的社会关系,这种社会关系归根到底是一种利益关系。利益关系实际上就是人与社会关系的体现。”赵家祥等(1992)则认为,“利益的实质是需要主体以一定的社会关系与中介,以社会实践为手段,占有和消费需要对象,从而使需要主体与需要对象的矛盾状态得到克服,即需要的满足”。因此,从以上论述可以发现,从社会关系的角度来解释利益的内涵,实质只是把社会关系当作利益的表现形式，其最终目的仍然是为了需要的满足。

五、利益“价值说”

当然，也有不少学者是从价值观的角度出发来理解利益。如古希腊的幸福学派伊壁鸠鲁明确地把正义与利益联系在一起，他认为，“渊源于自然的正义是关于利益的契约，其目的在于避免人们彼此伤害和受害”。近代也有一些西方学者把利益与人的主观感受，如快乐与幸福联系起来，认为利益无非就是能够给人带来快乐与幸福的东西。诚如爱尔维修所说：“一般人通常把利益这个名词的意义仅仅局限在爱钱上，明白的读者将会察觉到我是采用这个名词的比较广泛的意义的，我是把它一般地应用在一切能够使我们增进快乐、减少痛苦的事物之上的。”霍尔巴赫给利益下的定义中也包含着快乐之意，在他看来，“人的所谓的利益，就是每个人按照他的气质和特有的观念把自己的快乐寄托在那上面的那个对象；由此可见，利益就只是我们每个人看作是对自己的幸福所必不可少的东西。”同时，他认为利益还与幸福相关联，利益其实就是我们每一个人认为对自己幸福说来是必要的东西。功利主义的代表人物边沁（Jeremy Betham）认为，判断个人行为的正当与否的基本标准是功利原则。他所说的功利即为个人利益，他认为功利的基础在于苦乐，乐大于苦即为善，反之则为苦，毫无痛苦即是至善，也就是最大的幸福。他还进一步指出，社会的功利是个人功利的叠加。社会功利即公共利益，其评判标准在于政府能否促进“最大多数人的最大幸福”（涂晓芳，2008）。

第二节 利益的分类

利益在生活中常常会被提到，貌似简单，实则它是一个极为复杂的体系，它不但有着不同的内涵，而且根据不同的划分依据或标准，可以有许多不同的分类。例如，根据一般和个别的关系，可以分为个别利益、共同利益、特殊利益和一般利益；根据利益实现状况，可以分为将来利益和既得利益；根据利益的实现范围，可以分为局部利益和整体利益；根据利益实现的时间长短，可以分为长远利益和眼前利益、长期利益与短期利益等；根据利益的内容可以分为经济利益、政治利益、文化利益、社会利益以及生态利益等；根据利益主体，可以分为个人利益、集体（集团）利益，社会整体利益（公共利益）等等。本书涉及的利益主要有经济利益、政治利益、生态利益、个人利益、公共利益、集团利益等等。

第三节　马克思主义的利益思想

一、马克思主义关于利益的论述

马克思与恩格斯都是非常重视利益研究的。列宁(1985)就曾经指出:“物质利益问题是马克思主义整个世界观的基础。”事实上,也正是出于对现实利益问题的关注,才使得马克思世界观实现了从唯心主义到唯物主义的转变,也正是出于对物质利益问题的关注和透析,才使马克思得以超越旧唯物主义的局限,创立了历史唯物主义。马克思、恩格斯从唯物史观出发,不但充分肯定了利益不以人的意志为转移的客观属性,而且还指出利益是人们在生产关系中的地位以及由这种地位所决定的经济的、政治的、文化的需要的直接体现。

利益还是社会不断发展进步的动力。马克思在1842年在《莱茵报》陆续发表的《第六届莱茵省议会的辩论》一文中指出:“人们奋斗所争取的一切,都同他们的利益有关。”恩格斯(1965)也曾说过:“革命的开始和进行将是为了利益,而不是原则,只有利益能够发展为原则。”人们从事物质生产劳动是为了获得物质利益,人们的社会结合也是为了取得共同的利益,革命是为了利益。人们出于对经济利益、政治利益与文化利益等的不懈追求,必然带来利益关系的变化,人们追求利益关系的变化则成为推进利益关系演进的根本动力,最终推动了历史不断向前发展。也正是由于人们追求利益,才会有利益关系的存在,利益关系的存在某种程度上表征着人们在追求利益过程中合作与冲突的均衡状态。总而言之,经济利益是社会历史发展的最终决定力量。

此外,马克思还采用了“异化”的概念对人类劳动与利益问题进行了分析,他认为在资本主义私有制的条件下,人们在追求利益的过程中,使利益发生了积极与消极的双重变化:一方面,人们在追求利益的过程中获得了欲望的满足;另一方面,本来可以为人类带来满足的利益却同时又成了人的统治者、摧残者,人反而为利益所奴役。诚如恩格斯(1965)所认为的那样:英国工业的“第一个结果——就是利益被提升为人的统治者。利益霸占了新创造出来的各种工业力量并利用它们来为自己服务，由于私有制作祟，这些本应属于全人类的力量便为少数富有的资本家所有，成为他们奴役群众的工具。”

二、马克思主义关于利益关系的论述

马克思非但是极为重视利益的研究的，而且也一直致力于利益关系的研究。他在《黑格尔哲学批判》中，对黑格尔谈到的关于市民社会是个人私利的战场，人与人之间的关系就像狼与狼的关系给予了肯定的态度。而他在其《1844年经济学哲学手稿》中，他的研究从异化劳动所造成的人同自然的利益关系的对立，进一步延伸到人与人之间利益关系的对立，而这种对立实质源于经济关系对立的结果。

在生产力和社会利益关系方面，马克思(1965)则说过："社会关系和生产力密切相连，随着新生产力的获得，人们改变自己的生产方式，随着生产方式即谋生的方式的转变，人们也就会改变自己的一切社会关系。"谭培文(2002)认为，马克思这里所说的是生产力对生产关系的决定作用。这种关系表现的是一种利益关系，在封建主为首的封建社会，生产关系表现的是封建主与农民之间的利益关系。由于生产力的发展，蒸汽机的出现，工业资本家与封建社会的利益关系发生了冲突，因而为了适应生产力的要求，改变封建主与农民的利益关系，进而实现了向资产阶级与无产阶级之间的利益关系的转换。而社会发展至今，资本主义的生产方式却成了生态危机的根源，诚如福斯特(2007)在其《生态危机与资本主义》中所提到的那样："成为环境之主要敌人者不是个人满足他们自身内在欲望的行为，而是我们每个人都依附其上的这种像踏轮磨坊一样的生产方式。"对此，国内已经有学者提出了"生态生产力"的概念(廖福霖，2007)，在对工业生产力批判的基础上，发展生态生产力也许是改善人与人之间关系的一项良策，因为生态生产力与传统的工业生产力不同，它不是以单一的经济利益来衡量的，而是更注重生态利益、经济利益与社会利益三者的统一，这就意味着人与自然、人与人、人与社会的关系可以得到更好地改善。

在马克思的研究中，经济范畴是利益与利益关系的抽象，一切经济关系都是利益关系的表现。也就是说大多数的利益关系都被经济范畴化了，在他的许多论著中，利益有着不同的表现形式，被冠之以利润、租金、工资、利息，特别是反映资产阶级与无产阶级利益关系的剩余价值等等。并且他还指出，正是利益推动了社会的不断发展、更替，最终，资产阶级与无产阶级围绕着剩余价值而展开的博弈与争夺导致了一场“为了保护一种所有制以反对另一种所有制的革命”，而在这场革命中，无产阶级无疑扮演的是资产阶级掘墓人的重要角色。

马克思还对不同制度下的利益关系进行了分析与探讨，他认为不同经济制度之下的利益关系不但具有不同的表现形式，而且在利益内容上也存在着差异。在资本主义经济制度条件下，生产资料的资本主义私有制无非是一部分人占有财富的制度，而公有制则是社会占有财富的制度（谭培文，2002）。在资本主义社会里，资本家之所以追求以剩余价值为表现形式的私人利益，归根到底是由资本主义生产资料私有制决定的。

三、马克思主义关于个别利益与共同利益的论述

马克思曾经专门就一般商品交换关系中的个别利益之间、个别利益和共同利益之间的矛盾展开了深入的探讨。他认为，在市场经济的商品交换活动中，不同经济主体之间各自的个别利益在很多时候是呈对立状态的，他们都是从个人利益出发，通过商品的交换活动实现各自的个人的私利，但是在这整个的交换过程中却表现为共同利益的实现。诚如马克思（1965）所说的那样，共同利益虽然表面上看起来是全部行为的动因，并为交换双方所承认，但是这种共同利益本身不是动因，它可以说只是在自身反映的特殊利益背后，在同另一个人的个别利益相对立的个别利益背后得到实现的。由上可见“共同利益恰恰存在于双方、多方以及存在于各方的独立之中，共同利益就是自私利益的交换。一般利益就是各种自私利益的一般性。”

在不同的制度下，个别利益与共同利益的关系是不同的。马克思和恩格斯认为，在资本主义制度下，共同利益之所以表现为特殊的资产阶级利益，是因为资本主义社会的私有制，而在私有制条件下，共同利益和个别利益总是或多或少处于对立之中。因此工人阶级的根本利益在于消灭资本主义社会的私有制，在进一步发展生产力的前提下，消灭商品交换带来的个别利益和共同利益的对立，最终建立实现个别利益和共同利益一致的社会（王伟光，2001）。相对资产阶级而言，工人阶级没有自身特殊的利益，工人阶级的根本利益就是整个全体人民不分民族的共同利益。工人阶级取得政权以后，由于消灭了私有制，实现了生产资料公有制，个别利益和共同利益就不再具有对

抗的性质了。

在谈到分工与利益的关系时，马克思和恩格斯(1965)认为："一个民族内部的分工，首先引起工商业劳动同农业劳动的分离，从而也引起城乡的分离和城乡利益的对立。"并且"随着分工的发展也产生了单个人的利益或单个家庭的利益与所有互相交往的个人的共同利益之间的矛盾"。也就是说分工导致了利益的分离和对立，并且不但导致了产业或部门的分离，而且还引发了个别利益与共同利益的矛盾。

在个别利益和共同利益的统一问题方面，马克思和恩格斯(1965)在《资本论》《德意志意识形态》《反杜林论》《家庭、私有制和国家的起源》等许多经典著作中运用历史唯物主义世界观和方法论，曾经深入论述了个别利益和共同利益统一的发展过程，并论证了个别利益和共同利益统一的过程也正是公共机构——国家的形成过程。他们认为，在原始社会的原始公社中，人与人之间的关系虽然主要建立在一定的共同利益的基础上，但同时也存在和共同利益相抵触的个别利益。而且随着社会的不断发展，个别利益与共同利益的冲突越来越多，并且越来越激烈，这就需要一种能代表共同利益的公权机构的出现，这种机构职能化、独立化的发展，最终使其演变为一种对社会实行政治统治的权力机构，进而形成了国家。历史上的国家形式不过是共同利益的各种发展形式。

四、《资本论》是马克思对利益与利益关系研究的典范

马克思和恩格斯在许多经典著作中，都曾对利益，特别是物质利益问题进行了详细的论述。在阐述唯物史观的成熟著作中，如《神对家族》《共产党宣言》《〈政治经济学批判〉导言》《德意志意识形态》《资本论》《经济学手稿(1857—1858)》《剩余价值论》《反杜林论》《家庭、私有制和国家的起源》等著作中，他们从唯物主义历史观出发，科学地论述了利益范畴(王伟光，2001)。

马克思对利益及利益关系研究的典范当推其在1840年发表的《资本论》。事实上，马克思在其《资本论》第1卷第一版的序言中就开门见山地提出："我要在本书研究的是资本主义生产方式以及和它相适应的生产关系与交换关系。"而其中的生产关系实质是经济关系、利益关系相等同的概念。(谭培文，2002)而马克思在《资本论》中对于利益及利益关系的研究是围绕着两大利益集团(资产阶级与无产阶级)而展开的。在马克思看来，分别隶属于两大利益

集团的资本家与工人都不是生活中具体的个人，而是特定的经济关系和经济利益的承担者，是经济范畴的人格化。诚如马克思(1972)所说，“我决不用玫瑰色描绘资本家和地主的面貌，不过这里涉及的人，只是经济范畴的人格化，是一定的阶级关系和利益的承担者。”

马克思对于资产阶级与无产阶级两大利益集团的利益关系的研究是率先从商品分析开始的，他详细地论述了商品内部矛盾(使用价值与价值的矛盾，具体劳动与抽象劳动的矛盾，私人劳动与社会劳动的矛盾)是如何发展为商品的外部矛盾(商品与商品、商品与货币)的，随后又随着商品经济的发展演化为资本与劳动的矛盾。总之，“资本和劳动的关系，是我们现代全部社会体系所依以旋转的轴心……”(马克思等，1965)，即资本与劳动是资本主义社会的中心问题，马克思正是紧紧抓住这个中心，才深刻揭示了资本与其他经济范畴的关系，进而揭示了资本主义利益关系产生、发展和消亡的整个过程。

马克思在其《资本论》中对资产阶级与无产阶级的利益及利益关系即资本主义利益关系的研究，是以剩余价值为中心来逐步分析资本主义利益关系产生、发展和消亡的演进过程的，其目的是为无产阶级谋求经济利益，达到剥夺者终被剥夺的目的。《资本论》三卷分别论述了生产、流通与分配的问题。其中《资本论》的第一卷为资本的生产过程，实际上是研究经济利益与经济利益关系的生产；第二卷则研究的是资本的流通过程，实质上是分析利益的实现或利益关系的再生产。马克思分别从微观与宏观的角度对利益的实现问题进行探讨，从微观角度方面，他认为要实现更多的利益必须保持资本循环的连续性也就是供、产、销平衡；而从宏观角度，则认为应保持部类结构或经济结构合理，才能实现利益。

简而言之，马克思之所以如此不吝笔墨，如此长篇累牍地论述资本主义社会资产阶级与无产阶级的经济利益及经济利益关系，就是为了替无产阶级摇旗呐喊，为资产阶级敲响丧钟，最后揭示了这种利益关系发展的趋势：剥夺者终将被剥夺。

五、马克思主义追随者有关利益的论述

除了马克思、恩格斯对利益进行研究外，其他马克思主义者或者马克思的忠实追随者们也纷纷对利益问题进行了不同程度的探讨，并取得了一些丰硕的成果。列宁对于利益的研究成果主要体现在其对利益激励机制的探讨，

他充分肯定了通过确立利益激励机制来调节社会利益关系的重要性。列宁(1957)认为利益作为“人们社会生活中最为敏感的神经”对于调动人民在革命与建设中的积极性具有极其重要的作用。他在总结历史经验时就曾明确指出,革命与经济建设都要依靠亿万人民的热情与积极性,所不同的是革命需要热情,但是社会主义建设仅仅直接依靠热情是远远不够的。因为经济建设有不同于革命和战争的特殊的规律及其作用机制,除了亿万人民的热情之外,更必须依靠扎实细致、依靠精打细算,最根本的是要让人民在经济建设中不断得到实际利益,从而激发他们参加建设的积极性。因此,“必须把国民经济的一切大部门建立在同个人利益的结合上面。共同讨论、专人负责。由于不善于实行这个原则,我们每走一步都吃到苦头。”毛泽东(1977)在《论十大关系》《关于正确处理人民内部矛盾的问题》等著作中关于利益关系的思想,对利益关系理论做出了重大贡献。他根据不同的标准,把国内的主要利益关系概括为十大关系,并论述了协调各种利益关系对于维护社会主义经济建设稳定的重要意义。在谈到如何处理社会主义人民内部矛盾或利益关系的问题上,毛泽东提出了要统筹兼顾、适当安排的重要思想。如在处理中央与地方的关系方面,他提出:“要发展社会主义建设,就必须发挥地方的积极性,中央要巩固,就要注意地方的利益。”在分配问题上则要求,“我们必须兼顾国家利益、集体利益和个人利益。”“总之。国家和工厂,国家和工人,工人和工人,国家和合作社,合作社和农民,都必须兼顾,不能只顾一头。”邓小平(1994)关于利益及利益关系也有许多著述。首先,他认为在社会主义市场经济条件下,利益不断地发生分化,相应地,利益主体变得更加多元化,因此利益关系也就变得越来越错综复杂。但他同时又认为在社会主义制度或社会主义生产资料公有制的前提下,这些利益关系虽然有时也会发生对立、冲突的一面,但它们是一种统一的关系,因此必须按照正确的原则妥善处理。邓小平(1994)还认为必须尊重个人利益,并承认个人的物质利益。他说:“不讲多劳多得,不重视物质利益,对少数先进分子可以,对广大群众不行,一段时间可以,长期不行。”“革命是在物质利益的基础上产生的,如果只讲牺牲精神,不讲物质利益,那就是唯心论。”在谈到如何处理社会主义制度下各种利益关系问题时,邓小平指出,“在社会主义制度下,个人利益要服从集体利益,局部利益要服从整体利益,暂时利益要服从长远利益,或者叫作小局服从大局,小道理服从大道理,我们提倡和实行这些原则,绝不是说可以不注意个人利益,不注意局部利益，不注意暂时利益，我们必须按照统筹兼顾的原则来调节各种利益的相互关系。如果相反，违反集体利益而追求个人利益，违反整体利益而追求局部利益，违反长远利益而追求暂时利益，那么，结果势必两头都受损失。”此外，邓小平还提出利益关系“三结合、三兼顾”的思想，即国家利益、集体利益、个人利益三者结合，物质利益、政治利益、精神利益三者兼顾。只有使这三者优化结合和协调发展，才能更好地激发人民群众的积极性，形成推动经济发展和社会进步的强大动力，从而更好地促进改革开放和现代化建设。江泽民同志在谈到谋求人民利益的应用范围时也提出了不少有关利益的思想观点，其中他认为利益内容除了经济利益、政治利益、文化利益以外，还应该把生态利益包含在内（洪远朋等，2006）。

第四节　西方经济学不同学派的利益思想

一、古典经济学派的利益思想

有关利益问题，古典经济学派主要存在两个方面的重要思想：其一是自利的经济行为。古典经济学家假设自私行为是人类天性的基础。生产者和商人提供产品和服务是出于获得利润的渴望，工人提供劳动服务则是为了获得工资，消费者购买商品是为了满足他们的需要。其中大卫·休谟认为，现实中每个人主要关心的是自己的幸福和利益，而挚友亲朋的利益中是前者的拓展，对于陌生人和不相关人的利益则极少关注。对他人的爱，只不过是自爱的延伸。人们结成社会的目的并不是为“公利”，而是为了更好地保护“自利”。在休谟看来，即便人性中有利他的思想，但最终归根到底也是为了自身利益。作为西方经济学的鼻祖，亚当·斯密有关利益的论述可谓经典，以至于至今仍然散发着不朽的魅力。亚当·斯密很早就曾指出，每个人天然是自身利益的追求者，除此之外，他没有别的利益。他在《国富论》中明确指出：“我们每天所需要的食物和饮料，不是出自屠宰商、酿酒师和面包师的恩惠，而是来自他们对自身利益的关切。”在斯密看来，经济人从事经济活动就是为了追求自身的个人利益。古典经济学派有关利益的第二个重要思想则认为市场经济中（利益关系）利益可以以一种自然的方式来达到和谐或最大化，每个人在通过追求个人的自身利益的同时也会为社会利益的最大化做出贡献，即以市场来作为一种协调个人利益与社会利益的机制。例如亚当·斯密(1972)就认为,经济活动背后隐藏着一种自然秩序,这种秩序受一只无形的手的指引,去引导个人的自利行为,在无意中反而有效地促使整个社会福利得到普遍提高。诚如他所言,"每个人都必然竭尽全力使社会的年收入总量增大。其实,他通常既不打算促进公共的利益,也不知道他自己是在什么程度上促进那种利益,他宁愿投资支持国内产业而不支持国外产业,盘算的只是他自己的安全,他管理产业的方式是为了使其生产物的价值能达到最大限度,他所盘算的也只是他自己的利益。在这种场合,像在其他许多场合一样,他受着一只看不见的手的指引,在尽力达到一个并非他本意想要达到的目的。也并不因为事情不是出于本意,不对社会有害。他追求自己的利益,往往使他能比在真正出于本意的情况下更有效地促进社会的利益。"既然依赖于一种自然秩序,就可以自然地达到个人利益与公共利益的和谐,斯密当然是反对政府干预经济活动的,他认为利益的和谐意味着政府对经济的干预是不必要的和不受欢迎的,甚至认为政府是浪费的、腐败的、无效率的,并且是对整个社会有害的垄断特权的授予者。因此斯密主张采取"自由放任"的政策,并且他提倡把此政策推广到国家与国家之间的贸易往来。

经济人假设作为西方经济学理论大厦的基石,一直在经济生活中发挥着重要的作用,但是,它也存在着许多显而易见的缺陷,自从其一经提出,便遭到许多经济学人的批评。李斯特(1983)就曾谴责古典经济学人的经济人假设过于抽象,它甚至把经济发展的民族特点和民族利益都给抽象掉了,他认为这是一种"将国家与政权一笔抹杀并将个人利己性抬高到一切效力的创造者的论调",还批评经济人是"以店老板一样考虑一切问题。"阿玛蒂亚·K.森(Sen,Amatya.K.)则认为经济人假设过多强调了经济利益,而忽视了经济利益之外的其他东西,他在其《论伦理学与经济学》中评述道:"对自身利益的追逐只是人类许多动机中最为重要的动机,其他的如人性、公正、慈爱和公共精神等品质也相当重要。因此,如果把追求私利以外的动机都排除在外,事实上,我们将无法理解人的理性,理性的人类对别人的事情不管不顾是没有道理的。"西蒙则认为人们的经济行为并非总如斯密所说的那样,总是做出最合理的决定和选择,因为人并非完全理性的人,而是有限的理性人,他们的理性受到信息传播的效率和他们接受信息能力等要素的限制。后来的学者赫尔曼·戴利则认为人们在经济活动中过多地追求自身利益,忽视了环境的破坏、资源的消耗在经济人外部造成的一定外部效应，戴利把这种行为称之为“看不见的脚”，正是这只脚造成了私人利益与公共利益的失衡，导致了对社会公共利益的肆意践踏。

二、新古典经济学派的利益思想

学术界对于新古典经济学派中的利益思想理论主要可以分为两个方面：首先是以萨伊提出的利益调和论。为了达到调和阶级矛盾和为资产阶级辩护的目的，法国经济学家萨伊在其《政治经济学概论》(1803)中提出了利益调和的思想论调，他在其书中明确提出，举国上下，包括国王大臣们和普通公民，都应该熟悉政治经济学，因为当统治者同被压迫、被剥削的人民“对他们各自的利益知道得比以前更清楚他们就会发现这些利益并不矛盾”。他通过对财富的生产、分配和消费的研究来揭示财富的来源来说明穷人与富人以及国家与国家之间的利益是一致的，而不是对立的。萨伊(1963)还用“三位一体”的公式来证明阶级之间的利益是“利益调和的”。例如，他论证了所有经营生产事业的资本家之间是“利益调和的”。他说，“在一切社会生产者越众多，产品越多样化，产品经销越快、越多、越广泛，而生产者所得到的利润也越大，因为价格总是跟着需求增长”。对于城乡之间的利益关系的协调，萨伊(1963)则认为：“城市居民从乡村居民得到利益的真正来源，同时也是后者从前者得到利益的真正来源；他们两者自己所生产的东西越多，就有能力向对方购买更多的东西。”从以上论述可以发现，萨伊的利益调和论主要是从利益的来源方面来进行论证的。新古典经济学派的第二个重要思想是阿尔弗雷德·马歇尔提出的利益关系自动调节论。马歇尔在其1890年出版的《经济学原理》中通过吸收约翰·穆勒经济学说的基础上，并综合庸俗经济学派理论构建了一个折中调和的经济理论体系，也可以说是一个以微观利益为核心，对利益关系和谐与统一做个量分析的经济学理论体系。它从单个消费者、单个生产者和单个市场以及单个产业的角度，说明人与人之间的利益关系的和谐。他把人看作一种“力”，把人与人之间的关系看作是“力”的关系，把人与人之间的利益关系的和谐看作是力的均衡(洪远朋等，2006)。他在整个价值论和分配论中运用了增量分析法或边际分析法，通过分析，他把价值与利息数量的决定都归结为两种相反的经济力量(即供给与需求)相互作用而形成的均衡状态。也就是说，通过供给与需求两种力量的此消彼长，会自动调节并形成一种相对平衡的状态。

以上论述表明，实际上新古典经济学派对于利益矛盾的存在是持肯定态度的，只不过他们认为这种利益矛盾是可以调和的，即通过对市场经济现象的分析，从利益的来源或者利益的供需情况来论证利益矛盾只是发生在交换过程中的。此外，马歇尔的学生庇古后来还在其著名的《福利经济学》中运用边际效用递减规律解释了社会财富是如何从富人向穷人转移的道理，并基于马歇尔基本观点的角度出发，论证微观利益关系的均衡或者微观利益的最大化也可以使社会福利达到最大。

三、宏观经济学派的利益思想

1929 年率先在美国爆发的经济危机，很快波及全美国，并迅速席卷整个资本主义世界，给世界经济造成了重大的损失，同时，也打破了市场调节无所不能的神话，极大地动摇了人们对自由放任的市场经济的信条。人们开始意识到，对于个人利益的追逐虽然可以促进整个社会利益的提高，但同时也会导致个人利益与社会利益的对立。早在 1926 年，凯恩斯就曾在其一本名为《自由放任的终结》(The end of Laissez-Faire)中指出，当时的许多不幸是风险、不确定性和无知的结果。大企业通常是一种彩票，其中某些人能够利用无知和不确定获利，但结果是财富的巨大不平等、失业、对理性经济预期的失望以及对效率与生产的损害(Brue 等，2008)。经济危机爆发后，由于个人利益并不必然促进社会利益的提高，凯恩斯在其《就业、利息和货币通论》(1936)中提出应该放弃自由放任，主张扩大政府的经济职能，通过国家干预的方式来应对经济危机。在《就业、利息和货币通论》中他在继承前人理论的基础上，采用宏观分析的方法，从总需求的角度来分析国民收入的决定，认为失业存在的原因是有效需求不足，正因为如此，所以国家干预显得尤为必要，在他看来，这是避免现行经济形态之全部毁灭的唯一切实可行的办法。他还用总量分析法从宏观层面上论证了要实现宏观利益的均衡状态，必须借助政府干预的力量，即通过政府制定相关的宏观经济政策来协调个人利益与宏观利益的关系来最大限度地保证宏观利益的顺利实现。因此，凯恩斯的《就业、利息和货币通论》实际上是一个主张政府主导经济，宣扬宏观经济利益的理论体系。

总的来说，凯恩斯的宏观利益理论主要是试图通过政府干预的方式使个人利益与社会利益协调起来,但他主张以国家干预的方式来达到目的,而在他之前的经济学则大多数信奉市场调节的神话,主要是通过对个人利益获取的同时来自然而然地促进宏观利益的增加。凯恩斯则在肯定个人利益与市场调节机制的同时,更强调宏观利益与国家计划的作用,主张通过促进宏观利益(解决总需求不足)的方式来实现个人利益(失业)的均衡。因此,市场调节与政府干预都不否认个人利益与宏观利益的协调,只不过是所采用的方式方法不同而已。

四、新古典综合派的利益思想

1948 年,萨缪尔森出版的《经济学》集马歇尔的微观经济学理论和凯恩斯的宏观经济理论之长综合起来构建了一个新的理论框架,形成了其综合性的明显特色。其综合性主要体现在三个方面:其一是首要任务是弄清"混合的"资本主义的行为。他将现代资本主义经济称为"混合经济",即个人利益与国家利益、微观利益与宏观利益等的混合(洪远朋等,2006);其二在理论内容上,他以马歇尔的微观经济学与凯恩斯的宏观经济学为基础,吸收了货币主义、供应学派、理性预期学派的经济思想;其三,他主张通过结合市场调节与计划调控两种手段来达到调节利益的目的。用他的话来说就是:"我们的经济是私人组织和政府机构都实施经济控制的'混合经济':私有制度通过市场机制的无形指令发生作用;政府机构的作用则通过调节性的命令和财政刺激得以实现。"(萨缪尔森等,1992)事实上,马歇尔在他的《经济学》第五版中首先把自己的理论体系称之为"新古典综合学派",并在 1961 年的美国经济学年会上,对其理论的核心部分、理论体系及其研究方法作了较为详细的解释。

五、其他利益理论

(一) 利益相关者理论

任何利益都是特定主体的利益,而利益主体的表现形式多种多样,它可以表现为个体、群体、集团,也可以表现为阶层、地区、国家、联盟等。而与某种利益相关的主体之间往往会在社会交往中形成一种特定的利益关系,一旦这种特定的利益关系形态相对固定下来,便会形成一种所谓的利益格局(即社会利益结构),这种利益格局很大程度上决定了不同社会成员和群体之间的利益分配以及占有的份额。这种围绕着某个特定利益而形成的利益格局中的不同利益主体，其实也就是学术界所提出的利益相关者。利益相关者概念及理论的研究最初源于企业或公司治理实践。据说，为利益相关者服务的思想最早是在1927年由通用电气公司的一位经理在其就职演说中提出(刘俊海，1999)。随后在1963年，斯坦福研究院首次提出利益相关者的概念。1965年，美国学者ANFOFF最早将该词引入管理学界与经济学界，认为“要制定出一个理想的企业目标，必须综合平衡考虑企业的诸多利益相关者之间相互冲突的索取权，他们可能包括管理人员、工人、股东、供应商以及分销商”。而利益相关者理论作为一个较为成形的理论，学术界一般认为它是在20世纪60年代基于对美、英等国奉行“股东至上”公司治理实践的批判中逐步发展起来的，当时的“股东至上”的治理模式认为，股东拥有企业，企业的运行必须仅仅为股东的利润最大化服务。利益相关者理论兴起的原因主要在于，当时坚守“股东至上”或股东中心理论的英美等国经济迅速滑坡，而奉行利益相关者理论的德、日等国经济迅速崛起。研究者认为产生这种局面的原因之一在于股东中心理论使企业经理始终处于严重的短期目标之中，损害公司雇员等利益相关者和企业长期发展的利益。而利益相关者理论认为利益相关者拥有企业，企业的经营活动应注重公司利益相关者的利益要求。利益相关者理论获得长足发展的另一个原因则是由于美英等国兴起一股公司之间敌意收购(Hostile Takeover)，这种行为在很大程度上是以重组公司高层管理人员、收缩规模、裁减员工为代价的，因此极大地损害了企业管理人员、一般员工、供应商、社区等企业利益相关者的利益。同时德国和日本的公司通过和金融部门、雇员、董事会建立长期的合作关系所取得的成效，使利益相关者的治理引起了人们的关注(林萍，2009)。利益相关者理论在20世纪60年代兴起后，在此后的几十年间有了很大的发展，并且逐渐从企业或公司治理领域向不同领域延伸。如在旅游领域方面，1999年世界旅游组织把“利益相关者”概念正式列入《全球旅游伦理规范》，从而大大推动了研究者对利益相关者概念在旅游领域的研究。20世纪90年代中期以后利益相关者分析方法开始广泛应用于自然资源管理的实践。该分析方法的主要目的是找出并确认系统或干预中的“相关方”，并评价其利益，这里的利益包括经济利益及其在社会、政治、经济、文化等方面的利益(李小云等，2007)。事实上，在现实生活中，随着越来越多的关于环境问题的冲突不断出现，也极大地推动了人们对于冲突的管理研究，而利益相关者分析，尤其是利益相关者参与决策制定过程，已经成为一种很常见的现象。环境与资源问题中的利益相关者分析主要涉及利益相关者的特征行为分析（目标函数和策略空间）、组织框架、各利益集团的环境参与机制、利益相关者对环境资源政策工具的反应和相应的分配效应，以及利益相关者的权利保障和冲突解决机制的建立等。

虽然学术界对利益相关者理论的研究尚存在许多争议之处，如利益相关者的界定、分类等方面尚没有形成一个统一的标准或共识，但是很多学者都认为，对利益相关者分析是很有益处的，具体表现在：帮助了解复杂的问题；帮助发现可能存在的相互影响；是决策制定中的一种管理工具和预测可能发生冲突的工具（Grimble and Wellard，1996；Engel，1997；Rollling and Wagemakers，1998）。总之，利益相关者理论的提出，在某种程度上对公众参与的公众确定有了很大的理论帮助，为多元共同治理提供了很好的理论依据。

（二）利益集团理论

1. 利益集团概念及理论的发展演变

所谓利益集团（INTEREST GROUP），又称为利益团体、压力集团或院外活动集团，它涉及社会学、政治学以及经济学等不同的学科，因此，它可以说是一个综合性的概念范畴。关于利益集团（INTEREST GROUP）的概念，最早源于西方的政治学领域。早在18世纪，美国的一些政治学家就已经关注到社会中出现的利益集团，并开始研究这些利益集团在政治和社会中的作用。其中詹姆斯·麦迪逊被认为是诸多重要的美国理论家中研究利益集团理论的第一人，随后的美国政治科学之父亚瑟·本利特则系统地提出了利益集团的政治理论，并指出社会的政治常态是集团间的压力均衡。此后的David Truman、Wilson、Moe等一批政治理论家则进一步论证了利益集团是连接社会与政治的中介体（史小龙等，2005）。总而言之，如果说，西方的众多学者们在20世纪50年代在政治学领域开创了利益集团理论系统研究之先河的话，那么20世纪60年代前后，经济学家对利益集团问题的关注则承担了其微观基础的研究任务，并形成了利益集团较为系统的经济理论。其中尤以公共选择学派的研究成果占了多数，主要是唐斯（1957）的《民主的经济理论》、里克尔（1962）的《政治联盟理论》和尼斯坎南（1971）的《官僚政治与代议制政府地》等都是早期研究利益集团理论最有影响的文献（李纬等，2009）。而曼瑟尔·奥尔森(1965)的三部代表作:《集体行动的逻辑》(1965)、《国家的兴衰》(1982)、《权力的繁荣》(2000)则堪称利益集团理论研究的典范之作,其对利益集团理论的独到分析,赢得了经济学界的广泛推崇。

2. 利益集团的定义

有关利益集团的定义,由于各自的侧重点不同,学者们在观点上存在着一些差异。詹姆斯·麦迪逊在《联邦党人文集》中为利益集团下了这样的定义:"为某种共同的利益的冲动所驱使而联合起来的一些公民,不管他们占全部公民的多数或少数,而他们的利益是损害公民的权利或社会的永久的和总的利益的。"(汉密尔顿,1980)这种观点认为利益集团中局部利益的存在,实际上是以公共利益的损害为代价的。而阿尔蒙德则是从利益集团的成员特质上来定义的,他认为利益集团应该是:"因兴趣和利益而联系在一起,并意识到这些共同利益的人的组合";罗伯特·达尔则更进一步,他认为利益集团是"任何一群为了争取或维护某种共同利益或目标而一起行动的人,就是一个利益集团。"哈蒙·齐格勒的观点则认为:"一群人自觉地联合起来,加强自己的力量,在同本组织有关的问题上商讨共同对策并且为达到自己的目的而采取行动";戴维·杜鲁门则主要是从政治学的角度来界定的:"利益集团就是有着共同态度的团体,对社会上其他团体提出一定要求……如果通过政府或者向政府机构提出要求,它就成为政治性的利益集团。"综合以上学者们的观点,利益集团主要存在几个方面的共同点:其一是作为利益集团的成员或一分子,他们必须具有共同的利益,即利益是他们连接的纽带;其二是具有共同利益的成员,为谋求共同利益的实现,需要共同努力争取。

至于利益集团的类型,根据规模或成员数量的多少,有大集团与小集团之分;根据集团的强弱地位,可以分为强势集团或压力集团与弱势集团,强势集团或压力集团往往能对政府重要公共决策产生重大影响。据利益集团是否具有外部性,可以分为狭隘集团和共容集团,在奥尔森看来,狭隘利益只产生分配效果,其结果会导致经济和社会衰退;而只有共容利益才能促进一国持久繁荣(李纬等,2009)。此外,奥尔森还提出了分利集团的概念,这种集团的存在就是为了从社会利益中为本集团谋取更大利益。

3. 利益集团的理论研究

如前所述,利益集团是个综合性的概念范畴,涉及社会学、政治学、经济学等多门学科。利益集团的研究始于政治学领域,并在 20 世纪 50 年代已形成较为系统的理论体系，政治学学者们采用整体主义的方法论通过对利益集团的研究提出了各自独特的见解观点；而经济学学者们则采用个体主义方法论对利益集团的微观基础进行研究，其相关研究成果主要集中在公共选择理论与制度经济学理论。

(1) 利益集团理论的政治学研究

利益集团是资产阶级民主制度的产物，其存在是西方多元化社会的现实反映，这点得到了大多数学者的肯定。但利益集团一开始之所以备受关注是由于其所造成的负面影响。詹姆斯·麦迪逊在给利益集团定义时就指出，利益集团的局部利益常常是与公共利益相违背的，即其存在往往是以公共利益为代价的。由于利益集团的存在也是源于人类对自身利益的考虑，因此利益集团不会自然而然地消亡，也不能够强行让其消亡。为此，麦迪逊提出了利益集团之间"遏制与平衡"的概念。他认为，必须依靠一个利益集团的"野心"与另一些利益集团的"自私倾向"相互对立的办法来使"利益集团的祸害"受到遏制(奥恩斯坦，1981)。

关于利益集团的政治学理论大致经历了早期的利益集团政治理论、多元主义理论、精英主义理论，以及后多元主义理论等阶段。其中早期的利益集团政治理论比较注重民主制度的研究，而以本特利为代表的多元主义理论提出者则在其 1908 年发表的《政府过程》一书中提出，公共领域的一切方面如法律过程、政党、公共舆论乃至政府本身都是集团力量在发挥作用，政治常态其实就是利益集团之间相互制衡的结果。而政府及相关部门则作为各利益集团的作用媒介，政府组织则在其中起着调整和协调各种利益的工具。戴维·杜鲁门则综合詹姆斯·麦迪逊与本特利的观点，提出利益集团的存在是民主的基础。罗伯特·达尔则在承袭本特利和杜鲁门的研究基础上提出了"政治的或称为规范的多元主义理论"(张弛等，2007)。多元主义理论认为利益集团与政府之间存在着矛盾的关系，即既希望增强集团的竞争实力，尽量多摆脱政府的约束，同时又试图从本集团的利益出发，尽量去影响政府决策去朝自己有利的方面发展。此外，多元主义集团理论还有一个很重要的观点就是认为政治生活的常态是利益集团之间及利益集团与政府之间相互博弈的结果。政府的每一项重大决策实际上或多或少地都会受到相关利益集团的影响。与此观点相对立的是，精英主义集团理论则认为精英阶层控制着政府的重要决策。然而这种观点在 20 世年 70 年代末遭到了广泛的批评，因此它的生命力并不长久，很快就在80年代被后多元主义集团理论所取而代之。研究院外活动和政府决策的学者们发现事实并不像精英主义理论所认为的那样，由精英主宰重要决策，许多学者借用环境利益集团对公共决策发挥重要作用的经验事实来反驳精英主义的观点。詹姆斯・威尔逊和他的学生在《管制的政治》中提出，环境保护主义者和其他利益集团是一种有组织的抵消的游说力量，他们降低了具有统治地位的经济利益在某些政策领域的影响。

(2) 利益集团理论的经济学研究

经济学对于利益集团的研究相对比较晚，但是由于利益集团追求本集团的利益的立足点非常符合传统经济学理论的经济人假设，因此关于利益集团的经济学研究进展较为迅速，很快成为利益集团理论研究的最为重要的生力军之一。事实上，尽管经济学领域没有率先提出利益集团的概念，但其实很早就出现过类似的集团的影子，如马克思关于大企业控制国家的思想，加尔布雷斯关于大工业寡头对政府政策导向的影响和作用；乔安・罗宾逊在不完全竞争经济学理论中对厂商的勾结行为的研究等等(张弛等，2007)。在早期的利益集团理论中，一般认为集团(或组织)的存在是为了增进其成员的利益的，因为具有共同利益的个人或企业组成的集团通常总是具有进一步增进这种共同利益的倾向。如果个人无法通过纯粹的个人行为来获取利益的话，那么他可以通过加入某个集团或组织并通过代表其利益的集团来实现或增进他的个人利益，作为集团的成员会从自身利益出发采取一致的集体行动。但美国马里兰大学的经济学教授曼瑟尔・奥尔森并不这样认为，他在其《集体行动的逻辑》(1965)采用成本—收益法来分析集团成员采取一致集体行动的可能性，他认为如果集团中的一位成员如果采取行动所付出的成本与集团的收益相等价，而作为付出成本的成员个人只能获得行动收益极小的份额的话，那么他可能会选择“搭便车”坐享其成，而且集团越大，分享收益的人越多，为实现集体利益而参与集体行动的个人所能分享的收益就越少，从而使得集团成员参加集体行动可能性更小，这就是所谓的“集体行动的困境”，其道理与我国的“一个和尚挑水喝，两个和尚抬水喝，三个和尚没有喝”是一样的。由此奥尔森反推得出，小集团有时更有效率，更有可能增进集团成员的利益。此外，奥尔森提出集团行动的实现还可以通过采取“选择性的激励”措施来实现，这些“选择性的激励”可以是积极的，也可以是消极的，就是说它们既可以通过惩罚那些没有承担集团行动成本的人来进行强制，或者也可以通过奖励那些为集团利益而付出努力的人来进行诱导。(陈宇等,2007)针对曼瑟尔·奥尔森的小集团要比大集团在获得集体利益方面更有效率的观点,提出了不同的看法,罗伯特·萨利兹伯里等人提出了政治企业家的理论,即把利益集团的组织者视为政治企业家,既要在集体行动中承担必要的成本,又期望在集体行动中获得收益。罗伯特·萨利兹伯里认为奥尔森关于集体行动的观点的不足在于过分强调物质利益,忽视了物质利益以外的其他利益,如观念利益和团结一致的利益,政治企业家在承担集体行动的成本为集团谋求利益时,他不但可以获得物质利益,还可以获得包括成就感、名声和荣誉等非物质利益(王家清,2007)。

虽然奥尔森等诸多学者对利益集团理论做了比较系统的研究,也涉及了利益集团影响决策的问题,但是没有将利益集团的分析与宏观上的制度变迁过程联系起来。此后,新制度经济学派诺斯等人在其《经济史上的结构与变迁》(1971)中就利益集团之间的博弈与经济制度变迁的关系进行了专门的研究,并提出制度演进的方向与一个社会中利益集团之间的博弈过程及其结果密切相关。从静态上看,制度演进的方向是由社会结构中处于强势地位的利益集团或压力集团所决定的。而强势集团之所以能够决定制度演进的方向,在于其通过一定的方式如赎买或强制的方式来获取国家政权的支持。与政治学对利益集团的研究相比较,诺斯等经济学家对利益集团在制度演进中的作用的研究有很大不同。政治学研究的利益集团是在制度均衡状态下的利益集团,假定政府的角色是在利益集团之间寻找平衡,因此尽管某一项决策还是照顾到所有利益集团的利益的,但诺斯将利益集团作为研究的基本单元对待时,他关注的则是制度变迁过程中的利益集团,假定各利益集团的势力是不平衡的。因此有的学者把诺斯等人所说的利益集团称之为"压力集团"。压力集团本身是利益集团的一种,但只有社会中的强势利益集团才有力量对政府形成压力,以各种手段获得政府支持。值得注意的是,压力集团的出现往往是一个社会中利益集团之间力量失衡的结果与表现(涂晓芳,2008)。

而20世纪60年代后期诞生的芝加哥学派则对利益集团在公共决策方面的作用比较关注。其中施蒂格勒在先人研究的基础上就早期利益集团对政府决策影响进行了扩展,套用奥尔森的集体行动理论重新解释了管制如何被产业所俘获的问题,强调了产业集团比分散的消费者更有政治影响力。贝克尔则通过各个利益集团在政治决策过程中的博弈,认为利益集团之间的竞争与合作有利于纠正市场失灵和降低社会损失(张弛等,2007)。

不管怎样,在现代社会利益的不断分化造就了不同的利益集团已成为不可否认的事实,并且各种利益集团对政府公共决策的影响不断加大。但是正如一个硬币有其两面一样,各种不同利益集团的存在,也有其积极与消极的两面:一方面,利益集团在很大程度上都履行着利益表达的功能,为政府的决策提供了众多的信息,有助于公共政策的合理化。同时,利益集团之间的相互制衡又起到了有效的纠偏作用;另一方面,如前所述,利益集团又在某种程度上扮演着分利集团的角色,它们在为本集团或集团成员谋求利益时又会带来公共利益的损害。

第五节　本书的理论分析框架

一、相关利益主体的确定

为了抓住问题的重点,本书采用相关利益理论及抽象分析法,对环境治理的利益相关主体进行简化、确定。值得一提的是,这些主体一般指那些对于环境问题的影响至关重要,并且是当前环境治理中的主要决策主体。

二、相关主体的利益分析与利益集团的形成

确定环境问题中的相关主体之后,首先应该弄清各主体的利益,包括他们参与环境治理的利益动机以及约束条件。由于各主体有着自身共同的利益诉求,因此,根据利益集团相关特征的分析,环境各相关主体事实上已经形成了不同的利益集团。

三、相关主体的利益关系分析

既然围绕着环境问题,衍生出了不同的利益,继而又形成了不同的利益集团,因此,要制定环境治理的制度政策,那么厘清相关主体利益集团之间的利益关系就显得至关重要。

四、相关主体利益的协调与均衡

针对各相关主体的利益关系结构或利益格局对环境问题的影响,探讨各

主体的利益的协调与均衡的实现条件。

具体理论框架如下图 2－1：

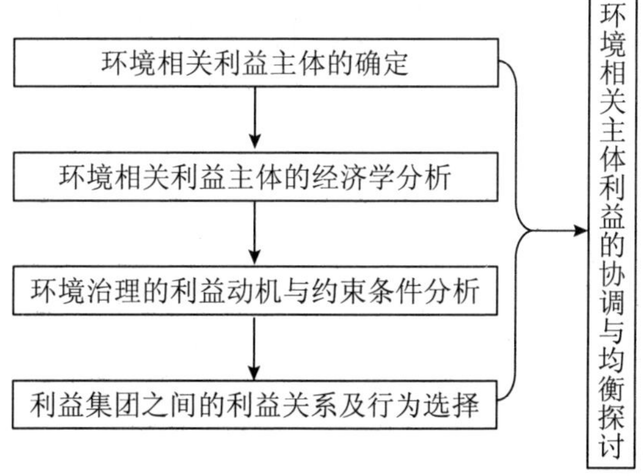

图 2－1　本书的理论分析框架

第三章　环境相关主体的经济学分析

环境问题自古有之，但是人们对于它的认识却并不是一蹴而就的。自人类社会存在以来的很长一段时间里，甚至到了马克思所处的资本主义工业化初期，人类所面临的问题依然是人类自身生存与生活资料不足的问题，再加上社会生产力还比较落后，科学技术还不发达，使得人们对于环境问题的关注还不够，认识也相对比较肤浅。直到后来，随着时间的推移以及西方工业化革命的不断发展，人们对环境问题的认识才得以不断深化、提高。事实上，从 20 世纪 30 年代以来一直到现在，环境问题始终为西方资本主义社会所关注，围绕环境问题而展开的社会运动和理论探索也从未停止过。由于资本主义是与工业革命或工业技术的发展相伴而生的，并且在全球范围内爆发的“八大公害事件”都直接地与特定的工业部门和科学技术联系在一起，因此，人们在刚开始反思生态环境灾难时都不由地把矛头指向了科学技术。在分析资本主义生态灾难的原因时，绿色生态运动和绿色理论也都将科学技术作为重点批判的对象（注：相对而言，我国对于环境问题的认识则更加滞后，在新中国成立之初，由于当时还没有实行改革开放，人们对于环境问题的认识也很有限，并且习惯以意识形态的思维方式来思考问题，一度认为环境问题是资本主义社会的事，与我国无关，多数人则把环境问题简单地视为卫生问题）。法兰克福学派的霍克海默和阿道尔诺在《启蒙辩证法》中指出科学技术的进步实现了人类从自然界的分离和人类对自然界的统治与支配。而第一个真正把科学技术与生态环境灾难系统地联系在一起的却是美国生物学家蕾切尔·卡逊，她在其著作《寂静的春天》(1962)中指出，农药、杀虫剂(DDT)等化学药品的滥用，造成了生物的灭绝，自然生态的失衡，甚至已危及人类的生存。德国经济学家舒马赫(1973)也认为科学技术与自然是相互矛盾的，现代巨型的科学技术剥夺了人类的创造性与乐趣，并提出应采用“介于镰刀与拖拉机之间”的中间技术；巴里·康芒那(1997)则断言每一项科学技术都增加了“环境与经济利益之间的冲突”，现代科学技术是“一个经济上的胜利，但它也是一个生态学上的失败”。随着人类对于环境问题认识的不断深化，人们开始慢慢地意识到环境问题已不仅仅是简单的技术问题。马尔库塞在对科学技术反思的基础上提出了“技术的资本主义使用”的理论观点，并且他还在其《反革命与造反》中对环境问题进行了比较深入的论述，他认为，出于资本的逐利本性，贪婪的资产阶级对于技术理性无节制的利用使得大自然屈从于商业组织，迫使自然界成为“商品化了的自然界、被污染的自然界、军事化了的自然界”(李清宜，1993)，不仅破坏了生态平衡，甚至直接威胁到人类的生存与发展。1972 年，以米都斯为代表的“罗马俱乐部”发表的《增长的极限》中则指出现代工业化国家的生产方式必将使世界经济崩溃，“无限的经济增长”是当今全球环境恶化的根源。事实上，自 20 世纪 70 年代以来，越来越多的人从环境与人类经济活动的相互关系出发开始把环境问题当作经济问题来看待，这种观点认为环境问题不仅仅产生于技术领域，在技术领域之外也存在着大量的环境问题，环境问题之所以要当作经济问题去研究和解决，主要在于它是人类各种经济活动的产物，并且随着经济的高速发展以及经济活动范围的不断拓展，曾经被认为可以无限供给的环境资源越来越被视为一种稀缺的资源。人类的经济活动除了需要劳动力、资本等等，还需要水、空气、土地、矿产等自然资源，而这些资源在人们看来曾经都是取之不尽、用之不竭的，现在却越来越成为一种稀缺资源了。因此，环境问题说到底是如何合理地开发和利用稀缺环境资源的经济问题，而这又涉及相关经济主体的行为选择问题。

本章内容首先根据国外环境治理经验，结合本国环境治理实践，首先在众多环境利益相关主体之中限定了居民、企业与地方政府为与环境问题影响最直接、最重要的三个经济主体，并运用经济学理论对环境问题中的居民、企业以及地方政府逐一进行分析。

第一节 环境相关利益主体的选定

自人类社会问世以来，人类与自然环境的互动就从未终止过。人类文明经历了从自然中心主义的原始文明、亚人类中心主义的农业文明、人类中心主义的工业文明三个阶段直到现在既重视人类改造与利用自然的主观能动性，又讲求人与自然协调发展，共生共荣的生态文明阶段。从各个发展阶段来看其核心内容是人类与自然的关系，而围绕着人类与自然的关系而展开的生产经营活动（经营活动）最终目的是为了满足人类的生存与发展的需要。因此，可见人类社会各经济主体所从事的生产经营活动与自然环境密切相关，二者的关系主要体现在：一方面，任何经济活动的开展都要受到自然环境的制约，即必须在自然环境允许范围内进行；另一方面，作为经济主体的人类的生产经营活动又有力地影响到自然环境的变化，自然环境的恶化与改善在很大程度上取决于人类的生产方式或经济行为的合理性。自然环境是人类赖以生存与发展的基础，那么工业革命以来，自然环境的不断恶化主要是谁造成的？又跟哪些经济主体关系比较紧密呢？我们知道，相关利益者理论是针对企业或公司治理提出来的，意即为了公司或企业的长远发展的利益，企业不能过分偏重股东利益，即眼前利益，而应同时关注到企业相关主体的利益。后来，慢慢地相关利益者理论被引入其他许多领域，如旅游业、林业、环境保护等领域。自然环境是人类赖以生存与发展的重要基础，应该来说它与全人类乃至所有生物都息息相关，可以说相关者可谓不可计数，但自然环境的恶化在很大程度上则主要归绺于人类不合理的经济活动。当然不同的国家有着不同的经济体制与国情，因此经济活动与自然环境的关系有着各自的特殊规律可循。就我国而言，当前在环境治理（建设）方面存在几个明显的特点：(1) 我国地方政府的政绩主要还是以 GDP 考核体制为主，尽管环境保护目标责任制虽然已经开始实施，但并未能发挥多大的作用，各地的经济发展模式基本还是沿袭“先污染后治理”或者“以环境换增长”的老一套。(2) 庞大的人口规模与物质生产资料的相对匮乏之间存在着矛盾，我国目前的国情是一方面人口众多，对物质生产资料有着日益增长的需求；另一方面我国目前还是发展中国家，经济发展相对缓慢，且东西部经济发展水平差距较大。(3) 相对西方国家而言，我国的环境治理与保护工作更为艰巨和困难。西方发达国家在工业化初期，世界所面临的资源环境的压力并不大，它们可以利用全球各地的资源来发展本国的工业，同时又可以把本国的污染行业逐步转嫁到发展中国家中去，并且西方国家的环境污染问题是在长达数百年的工业化过程中逐步出现的，可以边发展边治理。与西方国家相比，我国经济尚处于发展阶段，工业呈现“压缩型”特点，西方发达国家几百年时间里发生的环境污染问题，在我国却在短短几十年时间里爆发出来，可见我国环境问题的严重性。那么在以上我国现实国情的约束条件下，哪些经济主体的选择或决策行为对我国生态环境的影响最为直接最为重要呢？为了研究我国环境问题产生的内在逻辑，我们首先有必要解决的问题是确定环境问题中有哪些经济主体。

按照世界银行的分类，环境管理参与者主要可以分为：政府、市场和社区。当然，许多学者从各自的研究角度和研究目标出发，对于环境管理参与主体的分类存在着许多不同的看法。如 Gloria E.和 l.James Peyton 在《环境正义的一个概念化模型》(Helfand and Peyton，1999)一文中，在关于工业企业的选址模型中，把参与主体分为工业企业、社区和地方居民。其中，企业具体地点的选址是由社区和工业企业共同决定的，而地方居民则可以通过选举、游说、捐款等方式来影响社区的决策，也可以向企业的管理者施加压力。显然，他们选择的是社区自治的方式，社区的权力很大，它可以决定污染企业的去留，可以管理污染企业的排污行为。此外，国情不同，参与环境管理的主体也会有所不同。例如在我国，地方政府才有权利审批和管理污染企业，因此要对工业污染进分析，离开了地方政府必定是不完整的。事实上，国家环保总局(现为环境保护部)环境与经济政策研究中心主任夏光，作为国内较早研究环境污染问题的学者，他在其《环境污染与经济机制》(1992)中研究环境污染问题时，选择了污染企业、地方政府和国家三个主体。他既特别强调地方政府对环境事务的责任，同时又很重视国家偏好结构的重要性，他提只要国家赋予环境质量较大的权重，则无论目前环境污染如何严重，终会得到改观(夏光，1992)。也有的学者认为，环境问题实则是个经济问题，它是由人类的经济活动造成的，而经济活动的主体主要是由企业(生产者)、居民(消费者)、政府构成的。因此认为环境问题参与管理的主体应该由企业、居民与政府来构成。这三者的利益目标函数是不同的，再加上三者之间存在的广泛的物质关系、货币关系和信息关系相互作用与相互影响，形成了各自的行为方式，从而最终形成一股影响环境问题的合力，环境质量的好坏状况在很大程度上取决于各自力量的此消彼长。综上所述，由于环境问题的复杂性，使得环境相关利益主体非常多，为了研究的简便，本书根据我国现实国情与经验事实，把对环境问题影响最直接最重要的主体确定为地方政府、企业与居民。

之所以把地方政府作为环境相关主体之一，首先主要在于随着中央权力下放后，地方政府主体性地位增强，有了一定的自主决策权，其决策与行为对当地的环境问题起着非常重要的作用。我们知道，根据管辖范围的大小，政府可以分为中央政府与地方政府。从地方层面来看，中央政府更多是属于宏观调控者，其对地方的环境问题的影响或作用虽然也很重要，但是对环境问题影响最直接、最明显的还是地方政府。地方政府作为环境管理的参与者，其利益是多重的，一方面它的主要利益是公共利益，另一方面由于地方政府是委托代理链条上的一个环节，代理者自身也有其自身的利益。其次，有关环境相关者——企业，本书则认为市场中的企业是环境问题的主要责任者之一，因为企业作为经济人，它代表了资本，其自身的逐利本性使得它们在从事经济活动过程中不断通过环境污染行为把内部成本转化为外部成本。再次，关于环境相关者——居民，这个概念在许多研究中称为公众或社区，本文采用经济学术语，称之为居民（即消费者），它也是环境公共物品的消费者，其内容包括个体消费者和环境非政府组织①。

从理论上来讲，环境问题对相关经济主体的影响，主要体现在两个方面：首先从长远利益来说，包括居民、企业与地方政府在内的整个人类都是环境问题的受害者。早在一个半世纪之前，恩格斯就曾说过，人类征服自然的每一次胜利，都遭受到大自然的报复。环境问题主要是人类生产活动造成的人与自然关系冲突的结果，人类作为大自然的一分子，也不可避免地要遭受到环境污染所带来的损害。其次从短期利益来看，居民是环境问题最直接的受害者，而对于企业来说，则是某种意义上的受益者，因为眼前的经济效益才是其最为重要的利益，它通过环境污染行为把内部成本有效地转化为外部成本或社会成本，这样，本来应由其独自负责的成本变成了由全社会共同承担了，这种由企业的生产活动所造成的外部性问题是市场机制无法解决的，因此需要政府的介入。为此，就需要权威的合法机构——政府或地方政府来对环境问题所导致的居民与企业之间的利益关系进行协调。政府对环境问题的干预诚然可以解决一些市场机制所无法企及的问题，但是政府调控也存在一些诸如信息成本与执行成本过高而导致政策失效的问题，这也就是所谓的政府失灵。那么市场调节与政府干预的界限在哪里呢？为此，有人提出，应当由非政府组织或居民的参与来填补他们之间的空档，作为解决环境问题的重要

---

① 注：由于环境非政府组织在我国发展尚处于起步阶段，还不是很成熟，并且在环境治理与保护中所起的作用还不是很突出，其独立性尚不明显，因此本书也把其归入居民。

补充。因此，从短期来看，居民、企业、地方政府分别扮演的是受害者、受益者及调节者的角色。

从当前的环境污染现状来看，虽然生活污染的比重逐渐加大，但根据邹东涛教授主编的《中国企业公民报告(2009)》蓝皮书，目前我国工业企业仍是环境污染的主要源头，约占总污染比重的70%。特别是近几年，全国各地环境污染事故频频发生，从淮河污染到太湖蓝藻再到岳阳砷中毒，环境质量状况恶化的势头不但没有得到有效遏制，而且有愈演愈烈之势，这与我国相对完备的环境法体系和相对完善的环境法制度形成强烈反差。一般认为，环境污染问题如此严重，企业是最为直接的责任相关者，此外，另一个重要原因则应归绺于地方政府执法不力。地方政府在环境问题上的无所作为，导致舆论媒体兴起一股对地方政府进行环境问责的强大声势。国家环保部副部长潘岳在2006年9月评论甘肃徽县群众血铅超标和湖南岳阳县砷超标事件时直言："分析两起重大环境事件的原因，看似责任在企业，实则根源在当地政府，在地方保护主义，'政府不作为'是导致污染事件的根本原因，有关政府和部门责任人负有重要责任。"(易志斌，2009)这是因为在我国现行的以GDP为核心的政府绩效考核制度下，地方政府在面临经济增长与环境保护的两难选择时，存在着片面重视经济增长而忽视环境保护的内在激励。特别是实行分税制以后，我国把中央政府统一财政改革为分级财政，强调各级财政分灶吃饭，实行包干制，中央政府与地方政府的利益分离，地方政府开始成了相对独立的利益主体，大大地调动了地方政府发展本地区经济的积极性，追求经济增长和财政收入最大化成为各级地方政府行为的基本目标。追求自身利益最大化和片面追求经济增长的倾向使得地方政府与当地企业在利益上存在着某些一致性，地方政府对企业环境污染行为的限制在某种程度上就意味着自身利益的减少，因此当某个地区发生严重的环境污染事故时，地方政府不但很少去制止当地企业破坏生态环境的行为，而且还经常会与当地污染企业同流合污，形成联盟共同对抗当地居民(公众)的反污染行为，在这明显的利益博弈中，呈原子化松散状态的居民显然处于弱势地位，因而很难有话语优势。

第二节 政府、厂商、居民的经济学分析

经济行为主体一般指的是在资源稀缺的条件下，为谋求自身利益的最大

化,在经济活动中能独立作出决策的个人、经济单位或经济组织。也有的学者认为,经济主体是指在市场经济活动中能够自主设计行为目标,自由选择行为方式,独立负责行为后果并获得经济利益的能动的经济有机体(史世鹏等,2000)。还有的学者认为,经济行为主体是在一定的资源约束下,为追求其特殊的经济利益目标而采取一切可能的行动的一切个人、经济单位或经济组织(郭其友,2003)。在市场经济中,从事经济活动的主体成千上万,数不胜数。人们一般把它们分为三大类,即政府、厂商与居民,其中政府主要负责经济运行和经济关系的管理调节,同时也是国民总收入的分配主体;企业则从事生产经营活动,担负着提供物质产品和服务的重任,是社会的生产经营主体;个人是生产要素的提供者,又是消费主体。在市场经济活动中,这些经济主体相互作用、相互制约,从不同层面影响着社会经济的运动,同时它们的经济行为也对自然环境造成了不同程度的影响。接下来将对这三大经济行为主体的内涵和它们的利益目标与行为特征作一般的理论分析。

一、居民的经济学含义

有关经济学中居民的内在含义,学术界存在着许多不同的理解和看法。国内外许多学者都认为居民的角色不仅仅是消费者,它同时还扮演着要素所有者、消费者、劳动者、投资者等多种角色,也就是说它是一个集要素供给、收入、消费、投资等多种经济行为于一体的市场主体。可见居民的概念内涵非常复杂,学术界对此仍没有达成共识。要真正弄清居民的内涵,我们有必要把它与个人、家庭一起做个比较分析。在理论界,人们最先认识到的是企业和政府的市场主体地位及相互关系,这点并无多大的疑义。但对于居民作为市场主体的角色定位,却不是很明晰。不同的经济理论体系对于居民的市场地位、市场角色问题的讨论颇多,并且还未达成广泛的共识。至于谁是与企业、政府相并列的关系?个人、家庭还是居民?学术界存在三种主要的观点:

其一是个人主体论。在宏观经济理论中,不少学者都把个人作为与厂商、政府并列的市场主体。如美国经济学家斯蒂格利茨(2000)在其理论体系中,把个人视为与厂商并列的微观主体,在他看来,它既是产品市场的消费者、同时又是劳动市场的劳动者以及资本市场的借款者和放款者。而在古典经济学家亚当·斯密的经济人思想中,“个人”被视为理性经济人,它兼负厂商与居民的双重角色。国内有些学者,如徐向艺等(1993)也把个人作为市场主体，是指劳动者、消费者和投资者的市场角色。还有的学者则认为在社会主义经济理论中，个人决策与组织决策、个人利益与集体利益或组织利益是高度一致的，实际上并没有个人的主体行为和市场角色。因此，把个人作为与企业、政府并列的市场主体或经济主体，往往难以区分个人与组织的关系（黄如良，2006）。因此，这种个人主体论的观点很容易造成一些概念上的混淆，因而把个人与厂商、政府相并列作为经济主体，并非是一个科学的提法。

其二家庭主体论。由于家庭是人类社会最早出现的经济组织，并且在经济发展中一直扮演着重要的作用。事实上，在企业诞生之前，家庭作为经济主体，就已经是一个集生产、消费、投资等多种功能于一体的经济单位。在农业社会，家庭曾经是生产资料的占有单位，是生产劳动的组织单位，是劳动产品分配和交换单位，又是消费单位，是社会关系的总和（潘允康，2002）。所以认同家庭是与厂商、政府同等地位的市场主体的学者也不乏其人。如王国刚（1997）在分析经济活动的主体结构和行为特征时，也是把家庭作为与企业、政府并列的市场主体来理解的，在他看来，家庭主要是作为劳动力再生产单位、劳动要素输出单位和消费者存在的。从前面的论述中就很好地说明了家庭在经济活动中扮演的角色是多种多样的，而在当前的一些主流经济学教科书中，大多数只把家庭与个人一起当作消费者来看待。因此，这种角色的多样化特点使得家庭和个人一样，容易造成角色与概念上的混乱，让人们弄不明白家庭是生产者还是消费者。

此外，随着现代科学技术的发展，社会分工与专业化的深化，以及市场经济的冲击下，曾经作为基本经济单位——兼任生产与消费功能的家庭也不断地发生变化，传统意义上的家庭不断发生分化或瓦解，家庭成员的独立性不断增加，传统社会中的许多家庭功能都已被现代社会中具有更高效率的市场和其他组织所取代，家庭在现代社会已远不如在传统社会中那样重要（贝克尔，1981）。

因此，把家庭视为与企业、政府并列的市场主体，并不能全面、准确地把握居民的市场主体地位，难以反映居民的经济社会现实（黄如良，2006）。

其三，居民主体论。在主流经济学理论中，居民一般是指能够独立作出消费决策的个人或家庭，是消费者。但在国民经济核算体系中，居民是一个特定的概念，它一般包含两个层次的含义：其一，“居民”被定义为与“外国人”（这里所说的人既包括自然人也包括机构法人）相对应的一个概念，它主要指在一个国家经济领土范围内拥有一定的活动场所，从事一定的经济活动（生产、经营和消费等）持续一年以上的机构和个人。在第二层次上，居民在国民经济中被当作一个部门概念，所谓部门就是经济单位的集合体。在宏观经济学中，主要包括简单型（两部门）、调节型（三部门）以及开放型（四部门）三种经济运行模式，其中，居民与厂商是最基本的两个部门。在宏观经济学中，居民是指以家庭为其存在形式构成消费和储蓄的基本经济活动单位。

如前面定义中所述，在经济学研究中，居民可以是个人，也可以理解为家庭，新古典经济学也把家庭行为等同于个人行为。在经济活动中，家庭和个人都可以算是最小的经济单位。一般认为，居民对其拥有的生产要素的配置能够进行独立的决策。也就是说，在市场经济条件下，居民对其拥有的生产要素的使用有较大的选择领域，可以在法律、法规允许的范围内，按照居民所确定的目标和所具备的条件，作出他认为最佳的决策。尽管居民的决策独立性、范围等会受到一定的制度约束，但它们的决策状况影响着经济运行（郭其友，2003）。

近些年来，居民作为消费者的地位与厂商、政府并列的主体在国内学术界越来越被认可与承认。我国较早关注居民问题的学者尹世杰、减旭恒也是从居民的消费问题入手的。事实上，自 20 世纪 90 年代以来，有关居民消费、投资、储蓄、资产选择及相互关系的论著和研究成果日益增多，居民经济学研究队伍日益壮大。其中大多数文献成果主要集中在居民消费、储蓄、劳动供给、收入、资产选择及行为变迁的研究。也有的学者对居民的市场地位与角度进行了研究。如魏杰等（1994）两位学者较早就提出“居民是市场主体”的观点，并分析了居民的市场主体性质，说明了居民作为市场主体的要素所有者和消费者角色及行为特征，但未系统论述居民主体论的思想，而且他们也把家庭（农户）视为市场主体（黄如良，2006）。而黄家骅（1997）则被认为是国内明确提出居民主体论并对其进行了较为系统论述的经济学者，他明确指出居民是与政府、企业相并列的市场主体，提出了“居民市场主体论”“居民要素贡献论”“居民主体产权论”“居民投资增长论”“政民关系论”，并较为系统全面地论述了居民的市场主体地位和行为特征。

因此，综上所述，本书中的居民主要同家庭或个人以及消费者一起以同等意义上来使用的，即主要作为消费者来进行研究的。本书的居民包括公众、环境非政府组织等等。

二、厂商的经济学含义

企业一经产生，其市场主体的地位便得到了西方经济学界的一致公认，其在市场经济中的作用也引起了众多经济学家的关注。如亚当·斯密早在1776年就已经在其《国富论》中注意到了企业在社会财富创造中的作用；马克思则通过对资本主义企业的考察，揭示了企业在资本主义经济发展中的作用；诺斯、钱德勒等人(1999)也都强调了企业在市场发展和经济成长中的贡献。虽然企业的地位及其在经济活动中的作用在学术界已经得到公认，但是有关厂商的定义却并不完全一致。长期以来，在传统的西方经济学理论中，厂商一直被当作一个黑箱，一个尚有待于解开的谜，一端输入各种生产要素，另一端却是效益的产出，而厂商在经济活动中仅被视为一个为了追求自身利益最大化的整体。

后来学术界在对新古典经济学生产理论批判的基础上，逐渐加强了对企业内部组织方式和生产行为的解释，企业的黑箱才慢慢地打开。一般来说，企业作为一个经济组织或经济实体，它与行政组织和社会组织等存在着很大的不同。企业直接从事包括加工、商业、服务、建筑、金融等各种各样的经济活动，相比之下，政府相关行政机构虽然也通过制定经济政策、经济法规、经济计划等方式来对经济进行管理与调控，甚至也会身体力行地参与到某些特定的经济活动中去，但它们不是单纯的经济组织，其所属的公务人员也不能直接从事营利性的经济活动。企业与政府的另外一个很重要的区别是企业还是一个营利性的经济组织，企业必须依靠自有资金，实行独立核算，自负盈亏；而政府机关则是公益性组织，其财政收入源于税收，本身不以谋利为目的。正因如此，所以企业与政府存在不同的利益目标。在自身利益的驱动下，企业成为市场上最具活性、最具拓展力量的经济实体，并承担着生产、分配、交换以及消费的多重角色。在市场运行中，消费者的需求通过企业被引向更深层次，它不仅使一般产品和劳务转化为商品，而且把社会的一切生产、分配、交换和消费都纳入市场领域。社会的一切市场经济关系，在这里都找到了其存在的基础(吴敬琏等，1993)。此外，企业作为微观经济运行主体，它还是国民经济的基本单位，并在宏观经济运行与国民经济发展中发挥着非常重要的作用。其生产经营活动构成了宏观经济活动的微观基础，而且它的每一项市场活动都直接或间接地关联着社会经济活动的基本比例关系，国家宏观调控的意图最终也要通过企业的市场活动来实现。

在制度经济学中,企业则被用来作为交易成本划分的界线,或者被当作一系列契约的集合。但在学术界,企业作为一个独立的经济行为主体被得到广泛的认可与接受,即企业被视为为谋求自身特定利益的实现而进行选择或决策的经济组织。具体地说,企业是在专业化社会分工的基础上,为了满足人们日益增长的物质与文化的需要,不断进行技术创新和管理创新,不断提高社会劳动生产率,尽量通过低投入实现尽可能高的效益产出来创造物质财富与精神财富,从而实现利润最大化的自主经营、自负盈亏、具有独立经济利益的经济组织或经济单位。

企业作为一个重要的市场主体,它们本身所具有的独立核算、自负盈亏、自主决策的特点决定了其有着自己独立的经济利益,它们在经济活动中总是考虑着自身利益的最大化,因此,它们的生产经营活动就难免会与国家的宏观利益存在不一致,甚至完全对立的情况。国家或政府作为市场经济的主要调控者,它必然要以从国家的宏观经济利益为重,以社会宏观经济运行的协调和持续发展为出发点对市场经济进行调节,因此,在实施宏观调控的过程中,国家很难面面俱到,从而出现一些本来对宏观经济运行有利的政策,对某一些企业的生产经营却不一定有利,这样就可能导致企业与政府之间的利益发生冲突与摩擦,就可能迫使企业采取一些“钻空子”“打擦边球”的机会主义行为。例如,政府对某些产业实行限制发展或削减政策,往往会通过财政税收政策或货币政策工具,甚至采取行政手段,强制企业限制产量或关、停、并、转,但企业为了自己的经济利益,就可能与政府展开博弈,或者用其他一些不正当的手段对政府的调控政策阳奉阴违。

三、政府的经济学含义

国家与政府的研究几乎在所有的社会科学中都难以避免,但有关二者的概念与内涵却一直未曾得到很好的区分。在经济学中也面临着同样的问题。要弄清国家与政府的概念,首先得从它们的产生过程说起。有关家庭的起源,恩格斯发表的《家庭、私有制和国家的起源》中有着较为深入的论述,在书中他详细地阐述了从家庭的产生、私有制的形成直至国家形成的历史过程。虽然国家与政府经常容易混淆,但二者还是存在一定的区别与联系的。首先就“国家”来讲,它更多地体现为一个地域性的概念范畴,在古代,它一般指是由城墙四周围起来，中间有一定的人口和持戈的武士组成的都城。而现代意义上的国家，它不但包括一定的领土范围，而且还包括居住在领土之上的居民以及管理居民的政府机构，其中领土、居民、政府三者之间的关系还必须是相互联系、相互作用的，因此，国家是由政府、居民和领土构成的有机实体，是在一个国家的范围内，由一定阶级占统治地位的公共权力机关。而政府则指在一个国家的范围内，凌驾于社会之上的、带有一定阶级性的统治机关与公共权力机关，它包括立法、行政和司法三权。就这一意义而言，国家等于政府。马克思(1972)在《哥达纲领批判》中，把政府理解成是一个因社会分工而从社会分离出来的机构。他针对德国工人党的"国家"的概念写道："事实上，他们是把'国家'了解为政府机构，或者了解为构成一个由于分工而和社会分离的独特机体的国家。"

政府一直以来充当管理经济的主要调控者，但在古典经济学家看来，政府的干预显得多余，而且适得其反。亚当·斯密认为，经济活动最好尽量通过市场机制来调节，政府干预越少越好，但他也不是完全反对政府干预。在他看来，政府的作用尽管有限，但也具有三个非常重要的功能：一是保护社会免遭外国的入侵；二是建立司法机构；三是建立和维护那些私人企业家不能从中获利的公共工程和机构。也就是说政府的干预仅限于一些公共领域。而在宏观经济学中，政府被视为一个调节经济运行与经济关系的市场主体，担负着整个宏观经济的调控任务。

由于政府长期以来一直担负着整个国家经济运行与经济关系的调控职责，使得人们通常把政府视为公共利益的代表者和维护者，政府除了公共利益外，没有其他自身的利益诉求。然而自经济人假设引入到制度经济学与公共选择经济学中后，这种观点开始发生了分化。在公共选择学派认为，政府虽然是公共利益的主要代表者和维护者，但它也有自身的利益诉求。并且公共利益的提供者也并不是仅有政府一方，还包括政府以外的一些社会团体，如社区、非政府组织，甚至还可以是一些以营利为目的的企业。一般来说，政府利益主要体现在以下几个方面：首先，政府作为社会公共事务的管理者、社会公共产品的提供者，它所代表的是公众的利益，其产生与存在的目的是为了公共利益，否则其存在就失去了合理性；其次，政府特别是地方政府作为社会组织，有着自身的利益目标。其中一般政府的自利性尤其是阶级社会中的自利性来自统治阶级意志与全社会公共意志之间的差距和背离，而地方政府的自利性还来自地方利益与中央利益的差异，即当中央利益与地方利益有差异时，地方与中央可能会发生利益上的博弈与冲突；再次，政府官员以及公务人员在现实生活中也有自身的利益需求，这些需求利益有物质性的，如金钱、住房、社会福利；也有非物质性的，如精神嘉奖、荣誉称号；还有一些既有物质性，又有非物质性的特殊利益需求，如安全、晋升等，就是兼具两者特性的利益需求（涂晓芳，2008）。

第三节　环境相关主体的经济学分析

一、环境问题中居民的经济学分析

在工业革命之前，环境资源几乎被认为是取之不尽、用之不竭的。工业革命以来，随着各国工业化与城市化进程的不断加快以及经济的持续高速增长使得环境污染、生态退化等问题不断加剧，环境资源越来越成为人类生存所需的稀缺资源。根据马斯洛的需求层次论，当居民的基本需求得到满足后会有更高层次的需求，经济的发展大大的提高了居民需求层次，而日渐恶化的自然环境也催生了居民对良好环境的消费需求。越来越多的环境经济学家都把良好的环境（环境质量）视为一种与私人物品不同的公共产品。因为根据公共产品理论，环境质量具有两个同时并存的重要特点，即消费无排他性或非竞争性。就是说一旦公共产品被生产出来，它可以供一个以上的人共同消费，要排除其他人消费这种产品比较困难。例如一个地方的空气质量很好很新鲜，那么居民甲呼吸新鲜空气时不会影响居民乙或其他居民呼吸同样质量的空气。但是从另一个角度来看，环境公共物品作为一种公共资源却又是有竞争性的，如一个污染性的企业在生产经营活动中，对自然环境污染或破坏了以后，自然环境的舒适性就不复存在，从而导致作为消费者的居民无法像环境污染之前那样享受舒适的自然环境。

至于居民对环境公共物品（环境舒适性或环境质量）的需求，由于在现实中不存在有效的环境质量市场交易，因此对环境公共物品（环境舒适性）的需求就不可能像对私有物品的需求那样明显。王金南（1994）把环境公共物品的需求同私人物品的需求做了一个比较，他认为环境公共物品的社会总价值或总效用就是所有个人效用函数的垂直叠加，而私人物品的总效用则是所消

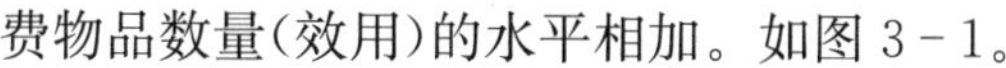
费物品数量(效用)的水平相加。如图 3-1。

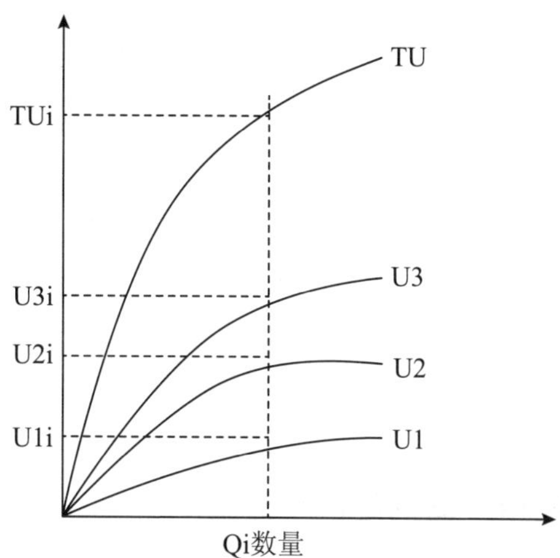

图 3-1　环境公共物品总效用曲线:个人效用垂直相加

虽然作为消费者的居民对良好的环境公共产品有着共同的利益需求,但是因为居民是松散的、原子式的群体,还没有结成一个正式的利益集团或组织,充其量只能算作一个潜在的利益集团,即一个或者是通过对集团中的个人进行强制,或者是对那些个人进行积极的奖励,从而被引向为其集团利益而行动的集团。曼瑟尔·奥尔森(2007)认为,在这样的大集团中,因为它们有采取行动的潜在的力量或能力,但这一潜在的力量只有通过"选择性激励"才能实现或被动员起来。而同为环境公共产品的消费者——居民,因为他们所属的就是这样一个成员庞大的潜在利益集团,根据曼瑟尔·奥尔森的观点,在这样的利益集团中,集团所属的单个成员(居民)很难有参与环境治理的动力。因为舒适的自然环境固然很美好,并能使每个居民获得效用的满足(居住和生活的舒适性),但是每个成员单独参与环境治理的成本太大,以至于远超过他从舒适的自然环境中获得的效用或收益,所以作为集团所属的个体成员,面对日益稀缺的环境公共产品,他更可能选择"搭便车"的行为。把居民参与环境治理的行为用函数模型表示的话,可以首先假设环境总效用为 TU,n 个居民的效用为 X_1、X_2、X_3、$X_4 \cdots X_n$,则环境总效用的函数表达式为:

$$\mathrm{TU}=f(X_1,X_2,X_3,X_4,X_5 \cdots X_n)$$

再假设环境治理的总成本为 TC,n 个居民参与环境治理的成本分别为

y_1、y_2、y_3、y_4…y_n，则环境治理总成本的函数表达式为：

$$TC=f(y_1,y_2,y_3,y_4\cdots y_n)$$

根据前面所述，环境总效用是诸多单个居民的效用总和，居民数量越多，则环境总效用越大。而相对来说，环境治理的成本则是相对固定的，并不会因居民数量的增多而增多。再假设单个居民参与环境治理的成本为 Yi，单个居民的平均治理成本为 Ya，一般来说 Yi 必然大于 Ya，而单个居民从生态环境中获得的效用为 Xi，则 Yi－Xi＞0。因为如果 Yi－Xi＜0 的话，就会大大激励每个居民参与环境治理，但是这种情况现实中很少见。因此曼瑟尔·奥尔森的研究中得出的结论是大集团中个体成员采取集体行动的可能性未必比小集团成员的激励大。

二、环境问题中厂商的经济学分析

工业革命以来的经验事实证明，人类生态环境的恶化根源在于人类不合理的生产方式和生活方式。其中以追求经济利益最大化的企业是造成生态环境不断恶化的重要元凶之一。根据西方经济理论，企业的最根本目标就是追求自身利益的最大化。对每个企业来说，它只有自己的经济利益，没有别的利益。如果把同个行业中所有企业的经济利益视为一个集体利益的话，那么这样的集体利益又可以分为相容性集体利益与排他性集体利益，前者一般指利益主体在追求这种利益时是相互包容的，如处于同一行业中的企业向政府寻求更低的税额及其他优惠政策时利益就是相容的，即所谓“一损俱损，一荣俱荣”。用博弈论的术语来说，这时利益主体之间是正和博弈。而后者则指的是利益主体在追求这种利益时是相互排斥的，这种关系呈现在竞争性的特点。如果把环境承载容量比作一块大蛋糕的话，那么这些企业都可以算作这块蛋糕的分利集团或分利者，其中一家企业排出污染废弃物，则意味着自然环境可容纳其他企业的污染废弃物的空间就少了，这时利益主体之间则是种零和博弈的行为。

环境污染作为企业中普遍存在的一种经济行为，它有着其特殊性，它与企业其他经济行为不同的是环境污染并不是企业的主观动机的结果，而是企业在生产经营活动中相伴而生的一种经济行为。如果企业停止生产行为，其对环境的污染也随之终止。从两种行为的效果来看，企业的生产经营行为可以为企业实现经济利益，而环境污染行为则不能为企业直接创造经济效益，但是因为这种行为可以向企业外部(社会)转嫁生产成本，因此也可以算是对企业有利的行为。只不过这种行为给社会带来了社会成本，造成了生态退化与环境污染，给周边居民的生活、工作甚至生命财产安全造成了威胁。这种因环境污染对社会造成的负面影响反过来又会影响到企业的社会形象，从而有可能使该企业的产品在销售过程中受到当前市场中环境意识不断提高的居民群体的抵制。由此可见，企业已不太可能像以前那样可以随心所欲、无所顾忌地污染环境，他们也不得不开始考虑居民的环境利益了。

因此，从经济学的角度来看，环境资源是一种典型的公共物品。在市场作为资源配置手段的市场经济条件下，各市场主体为追求自身利益的最大化，往往自私地利用环境和自然，并把对环境和自然的损害后果转嫁给社会，使得某些人类共有的资源被少数人或者集团利用去换个人或集团利益的牺牲品。这种市场主体的经济动机和公共利益冲突的存在，是导致环境问题出现的深刻原因。

那么企业应该如何把握其生产行为，从而使得对生态环境的污染最少呢？当然最佳的选择可以采取集生态效益、经济效益、社会效益于一体的生态休闲产业。其次可以在生产过程中采取循环经济、清洁生产等生产方式，但是这样有可能会导致企业成本的上涨。从整个社会来看，由于种种条件的限制，能够真正实现生态效益、经济效益与社会效益于一体的生态产业还是比较少的，大部分主要还是污染性工业企业。接下来让我们看看这些污染性企业应该如何在实现经济效益最大化的前提下控制污染行为。根据厉以宁与章铮(1995)的环境经济学理论，我们引进了最优污染水平的概念。

首先最优污染水平的理论前提首先假定彻底消除污染是不可能的(暂不考虑环境容量)，理由主要有四点：(1) 认为环境污染的广泛性。无论生产过程还是消费过程，物质废弃物和能源废弃物的产生难以避免。(2) 环境污染治理技术的局限性。这种局限性表现在：一是许多环境污染治理技术尚没有为人类所掌握；二是有些环境治理的污染技术可能会产生二次污染；三是治理环境污染的技术本身需要物质，甚至需要稀缺资源的投入；四是所有的环境污染治理技术都不可能做到百分之百的回收污染物(目前，只有比较复杂的生态系统才能比较充分地利用废弃物)。此外，笔者根据“杰文斯悖论[①]”的

① 注：“杰文斯悖论”由英国经济学家威廉姆·斯坦利·杰文斯在其《煤炭问题》中提出，他根据对燃料(主要是对煤的研究)中论证得出：提高自然资源的利用效率，只能增加这种资源的需求，从而使生产规模的扩大，进而又利用了更多的资源。

推理，认为先进环境治污技术的应用有可能会导致污染的增多，而不是减少。

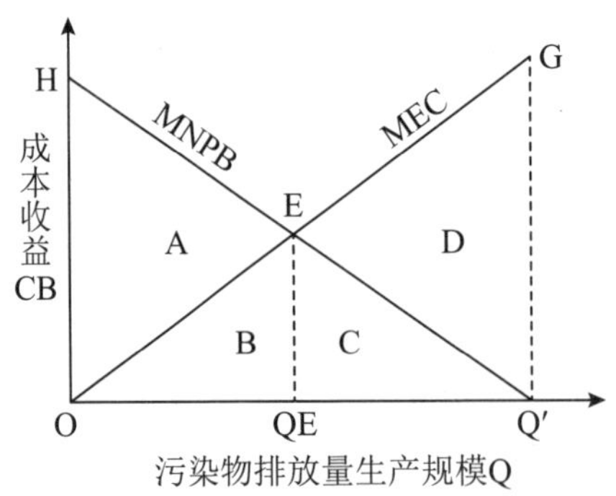

图 3-2　科斯定理示意图

图中 3-2 中，横坐标 Q 代表污染物排放数量，同时也代表与污染物有关的生产规模（一般地说，生产规模越大，污染物排放也越多）。纵坐标 C、B 则代表成本和收益。MNPB(marginal net private benefit)曲线代表边际私人纯收益曲线。在图 3-2 中，Q 是自变量，C 和 B 是因变量。所谓边际私人纯收益就是指厂商从事上述生产活动所得到的边际收益减去他所支付的边际成本之后的差额。MNPB 线向右下方倾斜，意味着随着生产规模的扩大，边际私人纯收益是逐步下降的（造成这种下降的原因是随着生产规模的扩大，边际生产成本将递增，同时该商品的市场价格将随着产量的增加而下降，从而导致厂商的边际收益下降）。MEC(marginal export cost)曲线是边际外部成本曲线，MEC 曲线向右上方倾斜，意味着随着生产规模的扩大，污染物排放量的增加，边际外部成本是逐步上升的。E 点是 MNPB 曲线和 MEC 曲线的交点即均衡点，该点所对应的生产规模或污染物排放量是 QE。A、B、C、D 分别代表其所在三角形区域。

厂商之所以会生产污染环境的商品，其目的是为了追求最大限度的私人利润，即私人纯收益。而只要边际私人纯收益大于 0，厂商扩大生产规模就有利可图。所以，厂商希望将生产规模扩大到 MNPB 曲线与横坐标轴的交点 Q′，这时厂商从生产该商品中得到的私人总收益，就是 MNPB 曲线与横坐标轴、纵坐标轴相交而构成的三角形区域 OHQ′，即 A+B+C。同时，厂商生产造成的环境污染，迫使社会为此支付外部成本；当生产规模和污染物排放水平达到 Q′点所表示的水平时，社会所支付的总外部成本就是由 MEC 曲线、横坐标轴和通过 Q′点的横坐标轴的垂线 GQ′所构成的三角形区域 OGQ′，即 B+C+D。

图 3－2 表明，由于外部性的存在，在私人成本和社会成本(社会成本是全社会包括厂商在内所支付的成本)、私人纯收益和社会纯收益(社会纯收益是全社会从厂商从事的生产中所得到的总收益减去它所支付的总成本之后的差额)之间，就出现了不一致。社会成本相当于私人成本加上外部成本，社会纯收益则相当于私人纯收益减去外部成本。在图 3－2 上，社会纯收益相当于 (A+B+C)－(B+C+D)＝A－D。

图 3－2 还表明，在生产规模和污染物排放数量达到 QE 点所代表的水平时，社会总收益 A－D 达到最大值。因而 QE 被称为最优污染水平。所谓最优污染水平是指能够使社会纯收益最大化的污染水平。

三、环境问题中地方政府的经济学分析

本书中地方政府的概念指的是省、市、县等各级地方权力机构。地方政府作为凌驾于社会之上的公共权力机构，它在社会经济活动中有着其特殊的地位：一方面，作为政府，它是公共利益的代表者和维护者，但它又不同于中央政府，因为它除了公共利益外，还追求地方利益；另一方面，地方政府本身又是独立的经济、社会、政治行为主体，身份的多重性决定了其行为和功能的复杂性，它除了调节微观经济主体——企业与居民的经济行为外，它还是一个经济人，即追求自身利益的最大化的行为主体。

就环境污染问题来说，地方政府显然不是这些问题产生的直接根源，但是地方政府的环境公共政策或制度，不管是针对污染性企业的宏观调控还是微观规制也好，都会对企业的污染环境行为产生重要的影响，企业对周边环境污染的轻重在很大程度上取决于政府的环境公共政策或制度的合理性。但是环境公共政策制定的是否恰当不仅仅与企业的经济行为有关，而且还同地方政府本身的利益目标有关。事实上，尽管中央政府很早就一再强调不要重蹈西方发达国家先污染后治理的老路，而要结合本国国情走一条内涵效益型的新型工业化道路，但是由于当前从中央到地方一直以来都较为偏重 GDP 的经济发展目标，使得许多本来颇具合理性的环境公共政策并没有取得预期的治理效果，甚至不少有关环境治理的政策制度几乎沦为一种摆设。例如 2009 年 6 月 11 日中央电视台《经济半小时》报道了西南山区数十亿水电工程

的事件，即金沙江流域所在的鲁地拉水电站和龙开口水电站虽然 6 月份被环保部叫停，但是实际上仍然没有停工。而且这两座水电站建设的案例还只是冰山一角，据记者调查，在这之前也有许多大型水电站的建设事实上也是先开工后搞环境影响评价，这样的环评充其量只是一种形式，之所以这样，主要是地方政府要经济增长，而企业需要经济利润，二者在这个问题上存在着类似的利益目标，从而使得环评工作难以开展。

根据公共选择理论，地方政府也是一个有着利己打算的经济人，只不过它们是在政治市场上活动而已，地方政府作为公权机构，也有着自身的利益打算，而且其利益成分比较复杂，其中包括经济利益（经济增长的利益）、环境利益、政府官员自身晋升的利益（晋升）等等。也就是说地方政府官员们的行为同市场上经济人的行为极为相似，他们同样像经济人追求经济利益那样追求政治利益，政府官员们不仅需要关心在任期内地区经济利益的实现程度，更关心自身的利益，包括中央的嘉奖、官员的升迁等。简单地说，地方政府在环境治理中的利益可以概括为两个主要的方面：环境利益（公共利益）与经济利益。当然这两大利益目标并不是截然分开的，它们在很多时候是相互重叠的。我们可以用 A 和 B 两个圆圈分别代表当地居民的环境利益和地方政府的经济利益，其中当地居民的环境利益也是地方政府所追求的公共利益，具体参见图 3－3。从以上图形可以看到，其一，A 图比 B 图要小，主要是为了说明在当前以 GDP 为主的政绩体制之下，地方政府官员为了追求政绩，他们需要更多的 GDP，所以相对而言，地方政府对经济利益的重视程度要远大于居民的环境利益，所以在地方政府看来，经济利益 B>居民的环境利益 A；其二，A 图与 B 图有公共的交集，交集部分的大小说明经济利益与居民环境利益的重合性，交集越大，说明二者重合部分大，反之则小。地方政府之所以偏重经

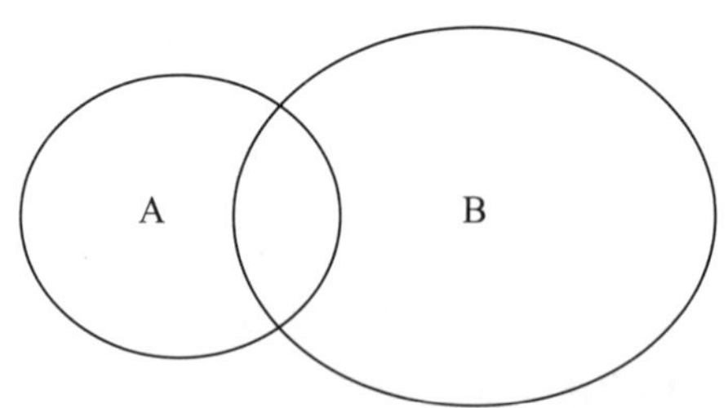

图 3－3　环境利益与经济利益

济利益，另外一个重要的原因是地方政府官员任期的短期性与环境治理的长期性之间的矛盾。我们知道，地方官员任期有着时间年限的规定，而很多的生态环境问题不会在短时间内显现出来，而且治理起来也不是短期内可以解决的，这就决定了地方政府官员利益的短期性与环境利益长远性的矛盾。此外，根据有限理性的理论，由于环境的不确定性、信息的不完全性以及人的认识能力的有限性，经济人不可能知道关于未来行动的全部方案，不可能把他所有的价值考虑统一到单一的综合效用函数中，也无力计算出所有备选方案的实施后果。因此，现实中的人总是在有限信息和有限计算能力的约束条件下，在已知或有限的备选方案中选择所谓的最佳方案。同样，地方政府作为经济人，它也要受到有限理性的制约，一方面地方官员的知识与能力也是有限的，他们不可能把握环境问题中的所有完备的信息；其次作为环境污染的主体，企业基于自身利益的考虑也不会如实透露企业内部所有的污染信息，甚至很有可能刻意隐瞒污染信息，此外加上环境问题后果显现的滞后性以及复杂性，使得地方政府与污染性企业的信息严重不对称，从而导致地方政府容易低估一些工程项目污染的严重性，高估环境开发活动的经济效应。

第四章　环境治理的利益动机与约束条件分析

任何经济主体的行为选择或决策都不可能是随心所欲的，他们必然都是在一定的约束条件下根据各自的选择或决策来实施行为以期达到自己合意的结果，并且各经济主体所作出的抉择也不是毫无缘由的，都是在一定动机或利益驱动下进行的。我们知道，环境（质量）作为公共产品的一种，它具有公共产品的一般性特点，正因如此，所以它牵涉到诸多相关利益主体，而且每个主体围绕着环境问题都有着各自不同的利益目标，并且同时它们也面临着不同的约束条件。特别是在当前我国正面临着经济转型与经济发展的双重任务，即处于计划经济向市场经济、落后的农业社会向现代化工业社会转型过程中，在这一过程中，旧体制的某些部分已经被冲破，但其他一些部分仍然在继续发挥作用，这就使得我国的环境问题与西方国家存在着很大的不同，有的学者认为，同西方发达国家相比，我国的环境问题呈现出复合型、压缩型、结构型特征。西方发达国家上百年逐步出现、分阶段解决的环境污染问题，却在我国最近的20多年发展过程中集中爆发，而且我国解决环境问题的时期，正好又处于工业化、城市化快速发展时期（邹民生等，2007）。因此，在相当长的时间内，中国的环境污染问题都将十分突出。显然，鉴于我国环境问题与西方国家存在的差异，环境相关利益主体的约束条件也必然会有所不同，因此有必要通过制度与政策的制定来改变各相关主体的约束条件，进而使经济主体的行为发生改变，以期带来环境质量的改善。那么我国环境相关利益主体面临了哪些约束条件呢？接下来本书就环境相关主体参与治理的约束条件进行分析，以便更好地把握它们在环境问题中相互作用的内在逻辑，进而让我们更好地解释它们在环境治理中的行为活动。

第一节　居民参与治理的约束条件

从经济学角度来看，环境质量实质是一种公共产品，环境的恶化实则是一个环境公共资源不断短缺的问题，在今后相当长的一段时期内，环境公共品的供给与需求将处于一种相对稀缺的非均衡状态，并且，如果不尽快采取有力的政策或措施来改善环境的话，未来将会更严重。而居民作为环境公共产品的消费群体，他们的效用满足程度在很大程度上与生态环境的好坏状况密切相关。据联合国发起的一项环境报告说，从水污染到空气不清洁等环境问题，正在成为全世界许多地区数以百万人死亡和生病的重要原因(廖福霖，2003)。随着我国经济发展水平以及居民文化教育程度的不断提高，居民参与环境权益维护的积极性也日益高涨。一方面，随着本国工业化进程不断加快以及西方发达国家污染产业向我国的转移，我国制造业发展异常迅猛，并因此获得了“世界工厂”的称号，在工业品大量制造，大量出口的情况下，我国环境污染和生态破坏的范围与强度也随之增大；另一方面，随着生活水平和富裕程度以及文化教育水平的不断提高，居民的环境权利意识也越来越强，居民的需求层次也不断提高与多样化，希望通过改善生态环境来提高生活质量的呼声也越来越高。事实上，许多学者在初步研究了西方发达国家环境保护发展的历程和现状后，通过各国环境保护战略实施的比较，注意到一个显著的不同：环保状况比较好的国家和地区有个普遍现象，即环境社会学研究跟进绿色思潮和运动较紧，非政府环境保护组织(ENGO)异常发达(库拉，2007)。由此可见，居民的行为活动对于环境治理具有颇为重要的作用与影响。总而言之，环境治理所涉及的最重要的利益是居民(公众)的环境利益，即公共利益，因此，居民(公众)拥有参与环境治理较强的动机，而且居民的参与有着其他经济主体所不能比拟的独特优势，它是权力寻租无法突破的障碍。那么我国居民参与环境治理的工作为什么没有西方发达国家那样成功呢？本书认为在当前我国现行的政治与经济体制以及现阶段经济发展水平的社会大背景下，居民参与环境治理面临着以下几个重要的约束条件：

一、眼前利益的制约

如前所述，根据不同的标准，利益有着不同的种类，其中，根据利益效用期限的长短，可以分为长远利益与眼前利益。长远利益与眼前利益期限的长短并不是指具体时间的长短，而主要应该指利益的可持续性，一般来说，长远利益是可持续的，而眼前利益是短暂的，转瞬即逝的。马克思曾说过，人类常常过分关注于最近、最直接的眼前利益，而导致了生态退化与环境破坏，最终必然遭到自然的报复。因此在环境问题中，环境利益就是长远利益，而注重眼前利益则是人类生产经营活动中的短期行为。居民在参与环境治理方面，所面对的不仅仅是环境利益，同时还要受到眼前利益的制约。特别是对于经济发展较为落后并且又对环境资源较为依赖（所谓“靠山吃山，靠水吃水”）的地区而言，居民很容易陷入长远利益与眼前利益的两难境地（长远利益即当地居民世代的生存与发展，而眼前利益主要指当地居民日常的衣食住行等眼前必要的生存需求）。就以就业来说，在经济转型时期，我们经常会遇到环境保护与就业之间的某些矛盾。比如说，在某些城市与农村，有一些工厂的环境污染防治工作很差，它们不断排放污水、有害气体、废渣，使周围的环境遭到破坏。当地的居民向政府提出申诉，要求关闭这些工厂，但得到的答复往往是：把这些工厂关闭了，工人失业了，那就会造成社会问题，还不如维持这些工厂的存在，慢慢治理环境，减少污染，以免工人失业。这是对已经建成的工厂而言的。至于准备兴建的新工厂，由于要求一开始就有环境保护方面的设施，于是将增加较多的投资。有人认为，每家工厂所需要的投资增多了，在总投资为既定的条件下，可以兴建的工厂数目就少了，可以吸收的就业人数也就少了（厉以宁等，1995）。显然，从长远来看，永久关闭这些排放“三废”的重污染性企业对当地居民的生存与发展是至关重要的，但是如果通过行政命令强制关闭这些工厂的话，对于一些经济状况本来就不好的居民来说，不要说长久的生存与发展，就连眼前的温饱问题都难以解决。例如20世纪80年代在美国西北太平洋沿岸地区，为了拯救最后几片原始森林，就曾经在林业工人与目标单一的环保主义者之间爆发了一场激烈的斗争。在依靠林业生活的地区，“保护论者”被谴责为“人民的敌人”，而环保主义者则站在自身的立场上把伐木工人和其他林业工人称为“自然的敌人”（福斯特，2006）。事实上，这种情况不仅发生在环保主义者与当地居民之间，在国家，甚至西方发达国家之间也时有发生。当国内经济不景气或一国政府受国内某些压力集团的影响时，各国也会在经济发展与环境保护之间的选择中发生动摇，作出一些有利于经济发展不利于环境保护方面的决策，因为经济发展有利于保持一国的就业率以及良好的经济效益。如日本20世纪90年代经济萧条时期依然增加二氧化碳的排放，2001年3月布什政府则宣布《京都议定书》存在"致命缺陷"，决定单方面退出气候协议便是很好的证明(福斯特，2006)。而时隔16年之后，为了维持本国的经济利益及就业率，美国总统特朗普在2017年6月1日在白宫宣布，美国将退出《巴黎气候协定》。

二、信息约束

虽然西方经济学的生产要素中没有提到信息要素，但在现代市场经济中，信息的重要性日益突出。在新古典经济学领域内似乎唯有价格信息比较受到重视，价格以外的许多信息却被忽略掉了，这与当今越来越发达的现代市场经济活动显然是不相适应的。事实上，在当前越来越激烈的市场竞争中，有关经济决策的信息渐渐变得越来越稀缺，而且获取信息需要花费一定的代价和成本，甚至有些信息，即花费很大代价也不一定能获得，这就产生了信息不对称问题。环境信息的不完全性和不对称性则是导致环境问题的重要根源。在传统的经济学中，假定信息是完全的，而且是无成本的。每个经济主体都拥有他所需要的信息。既然信息是完全的，不同经济主体之间的信息也必然是对称的。如果某个经济主体不了解这些信息，也可以免费从市场上获得。但这些假设与现实市场并不吻合，现实市场上信息是不完全的，而且是不对称的，在环境保护领域则表现得尤其明显。其结果，环境信息的不完全性导致有限理性和信息成本，而环境信息的不对称性导致逆向选择和道德风险(李新等，2007)。在环境问题中，信息主要指"包括环境、生物多样性的状况和对环境发生或可能发生影响的因子(包括行政措施、环境协议、规划项目及用于环境决策的成本——效益和其他基于经济学的分析及假设)在内的一切信息。[①]"政府作为环境公共产品的主要提供者，在环境治理中起着主导作用，但是仅仅依靠政府的力量是远远不够的，还需要广大居民的参与，环境质量实际是与居民(公众)的利益紧密相关的，因此，环境保护事业本质上是一种公众(居民)事业，而公众(居民)真正拥有环境事物参与权和监督权的前提则是能够拥有充分的环境信息。

① 注：欧洲经济委员会环境政策委员会于1998年6月25日在欧洲环境第四次部长级会议上通过的《奥朗斯公约》对"环境信息"的概念的界定范围最为完整和宽泛。

目前，就我国而言，信息的有限性是居民参与环境治理的一个重要约束条件。所谓“知此知彼，百战不殆”，居民虽然具有较强的参与环境治理的动机，但是由于对环境污染的原因、程度以及污染主体等信息了解得不充分，缺乏有力的证据，因此很难真正身体力行地参与环境治理、维护自身的环境权益。其主要原因有以下几个方面：

(1) 居民自身知识和能力的局限性给环境信息的识别与获得带来一定的难度。虽然新中国成立以来，居民整体的文化素质与受教育水平得到很大提高，但是大多数居民对环境问题仍然不是很了解或者只知其一不知其二，不能真正看清环境问题危害的根源与本质，从而使得我国居民参与环境治理的意识依然较为薄弱。有的学者，如张妮妮(2009)通过对德国环境运动与环境运动制度化、政党化的分析，提出德国环境运动的发展与绿色制度的建设的一个重要原因在于德国具有较高参与意识与知识水平的中产阶级，因此主张采取多种政策措施扩大中产阶级的比例，培育地方与民众的环境意识，充分发挥公众参与生态文明建设的自觉性。相反，如果居民环境相关科学知识水平的提高则会大大增强居民参与环境权益维护的自觉性与积极性。比如，在2007年发生的厦门海沧PX化工项目事件中，最积极向政府建议PX项目迁址的是以全国政协委员、中国科学院院士、厦门大学化学系教授赵玉芬为代表的包括田中群、田昭武、唐崇悌、黄本立、徐洵6位院士在内的科学家们以及其他具有高度社会责任感的科研工作者，正是他们从专业角度告诉了民众什么是PX(对二甲苯)工程，否则普通民众一般不太可能知道PX是怎样的一个项目。赵玉芬联合百余名全国政协委员(其中包括几十所著名高校的校长以及十多名院士)在2007年3月的全国两会上提交的“关于厦门海沧PX项目迁址建议的提案”中明确指出，“PX”全称对二甲苯，属于危险化学品和高致癌物，而在厦门海沧开工建设的PX项目中心5公里半径范围内，已经有超过10万的居民。该项目一旦发生极端事故，或者发生危及该项目安全的自然灾害乃至战争与恐怖威胁，后果将不堪设想。厦门大学环境科学研究中心教授袁东星则对项目可能产生的危害性进行了艰难的求证，并根据初步估算，加上翔鹭石化在厦门已经投产的PTA(苯二甲酸)项目，一旦PX也开始生产，每年将有大约600吨的化学物质不可避免地泄漏到大气中，而且还认为即使这个项目采用的是世界上最好的环保生产设备和工艺，也无法控制这化工企业每年600吨的跑冒滴漏现象。以上案例说明，很多环境问题需要特别相关的专业科技知识，如果没有专门领域的专家学者，一般的居民很难获得这些信息，因此就不能完全弄清环境问题的严重性，从而会使他们参与环境治理的主动性与积极性大打折扣。

(2) 企业的故意欺瞒行为是影响环境信息获得的一个重要因素。企业作为自身利益最大化的追求者，出于对自身企业形象的考虑，必定采取一些有利于自身的行为举措。一方面，企业作为生产者，它对自身的生产技术或生产方式非常了解，拥有其内部关于环境污染方面的大部分信息，因此对于生产过程或产品使用过程以及产品使用后的废弃处理可能会造成哪些生态与环境问题，他们必定心知肚明，不过由于害怕这方面的信息公开后，会损害企业自身的社会形象以及出于居民对企业产品销售可能采取的抵制行为的担心，必然会采取虚报或瞒报的行为；另一方面，作为消费者的居民虽然他们很关心自身在消费过程中所能获得的效用的大小，但是由于自身知识与能力的局限，他们不可能辨别所有企业的环境污染信息及其对生态环境可能造成什么样的危害。这种居民与企业的环境污染信息的不对称导致环境风险的不确定性显著增加，进而会加剧拥有大量环境信息的经济主体(企业)的机会主义行为。所幸的是，我国政府为了解决信息不对称的问题，以便约束企业这种机会主义行为，出台了一系列法律法规。1989 年我国的《环境保护法》的第 31 条中首次对企业环境信息公开做了相关规定：即因发生事故或者其他突然性事件，造成或者可能造成污染事故的单位，必须立即采取措施处理，及时通报可能受到污染危害的单位和居民，并向当地环境保护行政主管部门和有关部门报告，接受调查处理。但是很显然这条规定是针对正在发生或已经发生的环境污染问题所作的规定，属于被动式反应，没有涉及企业的日常环境信息公开。2003 年颁布的《清洁生产促进法》对环境信息公开作了进一步规定。该法第 17 条和第 31 条明确指出，省、自治区、直辖市人民政府环境保护行政主管部门，可以按照促进清洁生产的需要，根据企业污染物的排放情况，在当地主要媒体上定期公布污染物超标排放或者污染物排放总量超过规定限额的污染严重企业的名单，为公众监督企业实施清洁生产提供依据；列入污染严重企业名单的企业，应当按照国务院环境保护行政主管部门的规定公布主要污染物的排放情况，接受公众监督。2006 年 3 月，国家环境保护总局为了将《环境影响评价法》规定的公众参与制度具体化，专门颁布了《环境影响评价公众参与暂行办法》(简称《办法》)，在《办法》里环保总局对建设单位向公众公开披露环境信息的时间、内容和方式等方面的内容做了详细的规定。此外，我国环保部门与证券会还针对上市企业环境信息公开专门制定了一系列的规范制度。具体有环保总局《关于对申请上市的企业和申请再融资的上市企业进行环境保护核查的规定》(环发[2003]101 号)、证监会 2002 年发布的《上市公司治理准则》和 2006 年发布的《上市公司证券发行管理办法(征求意见稿)》。但是其中均没有明确要求企业就其环境守法情况进行报告和披露。而国务院 2005 年颁布的《国务院关于落实科学发展观加强环境保护的决定》(国发[2005]39 号)第 27 条虽然提出，“企业要公开环境信息，对涉及公众环境权益的发展规划和建设项目，通过听证会、论证会或社会公示等形式，听取公众意见，强化社会监督。”但是对于环境信息公开并没有提供具体意见。目前我国企业进行环境信息披露时可遵循的制度性标准主要是国家环保总局发布的关于环境信息公开的文件和上海证券交易所发布的《上市公司环境信息披露指引》。根据环保总局《关于加强上市公司环保监督管理工作的指导意见》(环发〔2008〕24 号)和《上海证券交易所上市公司环境信息披露指引》，发生重大环境事件的上市公司，必须及时披露事件情况及其影响。被列入环保部门的污染严重企业名单的上市公司，应披露污染物超标及相关治理信息。对环境影响较大的行业公司，应定期披露企业环境方针目标、资源消耗、废物排放、环保设施等方面(田翠香等，2009)。尽管如此，相对西方国家来说，我国的企业坏境信息披露制度建设仍然处于起步阶段，还存在诸多不完善的地方。具体主要体现在我国企业环境信息披露制度只牵涉到规模相对比较大但数量比较有限的上市企业，而占多数的广大中小型企业则被排除在外，有关企业环境信息公开的立法仍然存在严重不足且缺乏足够的权威性，现有立法缺乏系统性，而且立法内容不完善，许多重要的程序、制度、保障和救济措施仍然一片空白；另一方面，从企业披露的信息内容来看，披露的环境信息量较为有限，并且内容分散、缺少定量信息，不利于信息使用者进行分析；在披露的行为来看，出于经济人自利的打算，企业缺乏披露环境信息的动力，即使有披露，也是有所选择的，即选择一些正面的环境信息，而对于一些违规、违法等负面的信息则隐而不报。

(3) 地方环保部门个别官员与污染企业存在着权钱交易关系，为企业环境污染信息进行隐瞒提供了可能。环保部门通常在普通居民看来，曾经是个“清水衙门”，因此一般不会轻易把它与深恶痛绝的腐败联系在一起。但是随着我国社会经济的快速发展与环境保护制度建设的推进，加上居民经济收入的增加以及生活水平的提高，人们对环境质量的舒适性要求越来越高，居民依靠环保法律维护环境权益的愿望越来越迫切，客观上使环保部门手中的权力越来越大，从而为环保部门的官员与污染企业的权钱交易提供了可能。环保部门业务涵盖的范围很广泛，具体包括工程项目的审批、环境影响评价、验收到产品的论证、各种达标评比升级、日常污染监测、排污费征管、行政处罚等等。环保执法部门的行政权力也逐步从最初的环境守护式的被动执法转向相对积极的主动出击型的主动执法，并且管理触角向社会生活的各个领域延伸。在这样的情形下，个别环保部门与被监管单位权力寻租的现象时有发生，据 2009 年 4 月《瞭望》的报道，最近几年，环保系统的腐败案件呈现出明显的上升态势。据统计，2002 年至 2008 年 6 月，22 个省（区、市）环保部门有 487 人被立案查处，且案件数和涉案人数逐年上升。例如，2007 年，环保系统违纪违法案件比 2006 年增长 88％，受到党纪政纪处分的人数比 2006 年增长 216％。

（4）政府环境信息披露制度的不完善及执行不力也是影响居民环境信息获得的重要因素。环境问题已成为各国政府关注的焦点，这点不言而喻。但是不同的国家之间，环境治理体制与模式存在着较大的差异。概括起来，环境治理模式大致可以归结为两种：一种自下而上型。这种模式主要在居民环境意识比较强、环境运动比较活跃的西方国家。如德国、意大利等等；另一种是自上而下型。这个主要在发展中国家。例如我国环境治理模式就是典型的政府主导来推动的。当然，现在也有两种模式兼而有之的国家，即自下而上型与自上而下型相结合，这主要是因为环境问题已取得政府与社会的共识。在我国，由于居民的环境意识还不是很强，环境运动也不是很活跃，环境治理与保护工作主要还是依靠政府来推动。事实上，自 20 世纪 70 年代以来，我国政府在环境相关制度建设方面已经取得了很大的成绩，其中政府环境信息公开工作也取得了长足的发展以及良好的成效。虽然我国目前没有制定单独的环境信息公开法，但现有的环境保护的相关法律法规已为这项工作的推进奠定了坚实的保障基础。例如，近几年出台的《清洁生产促进法》《环境影响评价法》《关于发布〈环境保护行政主管部门政务公开管理办法〉的通知》《关于企业环境信息公开的公告》（见附录）等，都对环境信息公开提出了具体要求。《国务院关于落实科学发展观加强环境保护的决定》中规定："实行环境质量公告制度，定期公布各省(区、市)有关环境保护指标，发布城市空气质量、城市噪声、饮用水水源水质、流域水质、近岸海域水质和生态状况评价等环境信息，及时发布污染事故信息，为公众参与创造条件。”此外，在行政管理上，中央政府已建立了一个相对比较系统完整、自上而下的环境管理体系，并且在许多地区积累了丰富的环境信息公开的经验，现在的环保机构足以承担各种信息公开手段的操作；在技术和方法方面，我国环境相关管理部门也已经具备了一定的硬件和软件，许多省市均已建立了环境信息中心。目前政府环境信息公开的内容主要包括环境政策法规的信息披露；环境政策法规制定过程中的公众参与和出台后的广泛宣传等；环境公共工程的信息披露，即由政府投资的生态建设和污染治理工程的公开；环境质量状况的信息披露，如每年公布环境公报，每月公布大江大河水质状况，每天公布城市空气质量等。但同时，我们还应看到我国环境信息公开制度的建设还处在初始阶段，还很不完善，要真正成为一项长期存在并切实可行的环境管理手段，还需要一个相当长的路要走。目前我国环境信息公开制度存在的问题主要表现在几个方面：首先，在环境信息公开的立法建设方面，还比较滞后于环境信息公开的需求，全面完整的环境信息公开制度建设还有待时日；其次，环境治理工作方面还存在着“九龙治水”(即多头管理)的现象，缺乏统一、独立的管理机构。由于环境问题的复杂性，常常牵涉到诸多不同的部门，因此机构重叠导致的“九龙治水”现象经常会发生，正因为如此，所以有时不同部门之间会存在责权利不清的问题；再次，个别地方出于对地方形象的考虑，常常会对本区域内的环境污染问题采取“堵”“捂”等方式来限制环境污染信息的公开发布，环境信息不透明不公开的做法有时反而导致一些负面的小道信息处处传播。例如2004年3月四川沱江污染事件、2005年11月黑龙江松花江污染事件、2005年12月广东北江污染事件等，均造成了严重的环境损害，加上当地政府信息公开不及时，使得社会上充斥着种种流言，更是造成了极其恶劣的社会影响，并给人们的心理带来了巨大的恐慌。这三起重大的污染事件虽然分别处于不同流域，但却有着一个重要的共同之处，即都存在信息披露不到位，甚至严重隐瞒信息等问题；此外，地方政府即使不是有意隐瞒某些不利的环境信息，它们在制定有效合理的环境标准和控制污染排放信息时，也需要耗费大量的人力、财力、物力等搜寻成本，来收集企业的污染信息。由于企业的经济利益目标与政府的环保要求不相一致，因此企业缺乏治理动机，不一定愿意提供准确信息，甚至有可能夸大防治污染的成本而少报污染信息，这样更是加大了政府环境信息公开工作的难度。

三、权益约束

伴随着经济增长所带来的环境污染问题不断恶化，极大地损害了居民的切身利益，全国各地因环境问题而引起的纠纷在近年来呈现不断上升的势头，因此作为环境问题的最大受害者，参与环境治理与保护的愿望是很强烈的。但是诸多事实表明：居民在参与环境维权的道路一直不那么顺畅，甚至可以说很艰难。其中的一个重要原因在于居民诸多环境权益的缺失。那么居民有哪些环境权益呢？本书认为居民参与环境治理的权益主要表现在以下几个方面：

(1) 居民参与环境治理的最基本的前提是居民的环境权。环境权理论最初是西方国家在20世纪70年代前后在环境问题对公民生存权益的不断侵害的背景下产生的。其中以1969年美国密歇根大学萨克斯教授以“公共财产论”和“公共信托理论”为依据提出的“公民环境权论”最具代表性，并获得了学术界广泛的认可。环境权理论于20世纪80年代引入中国，在这之前，1979年颁布的《环境保护法(试行)》第8条曾规定：“公民对污染和破坏环境的单位和个人，有权监督、检举和控告。”由此可见，我国很早就有过立法确立公众的环境权利，但只限于监督权、检举权和控告权，并且没有对公众如何行使这些权利、如何保障公众的这些权利作出相关规定。我国首次通过立法的形式确立了中国公民比较详细的“环境权益”的法律是在2003年9月1日起实行的《环境影响评价法》。该法第11条规定：“专项规划的编制机关对可能造成不良环境影响并直接涉及公众环境权益的规划，应当在该规划草案报送审批前，举行论证会、听证会，或者采取其他形式，征求有关单位、专家和公众对环境影响报告书草案的意见。但是，国家规定需要保密的情形除外。”

(2) 居民参与环境治理的第二个重要权利是知情权。环境知情权是指公民和社会组织收集、知晓和了解与环境问题和环境政策有关的信息的权利。环境知情权是行使上述环境监督权的基础，如果公众不能获得所需要的环境信息，就无法作出正确的判断，也就无法行使监督权利和其他权利(夏光，2002)。由于居民受教育水平与科技文化素质的局限，或者由于居民知识和能力的限制,居民获取环境信息存在一定的难度,加上地方政府与企业出于自身利益的考虑,都存在隐瞒或选择性公开环境信息的可能性,因此,在这种环境信息不对称的情况下,居民所能获得的环境信息就非常有限。特别是对环境有影响的政府决策和工程建设,公众还不能从公开渠道顺畅的获得相关信息。尽管已经实行环境状况公报、空气质量周报等公共信息发布制度,但这些信息还相当粗略,缺乏和企业直接相关的具体监测数据。而且根据现行政策,许多信息不能向社会公布。即便是相关的当事人,污染受害者委托环监部门完成的检测结果也要报环保部门审查后才能交委托人。政府垄断环境信息,既当"裁判员",又当"运动员"的现象甚为普遍。由于和环境侵权者存在着某种特殊的利益关系,某些部门进行环境监测往往不能从根本上保证执法的独立性,也会使环境纠纷处理的公正性受到损害(丁卫国等,2007)。总的来说,当前我国居民缺乏对环境相关利益事务的知情权益,这样就使得居民对涉及环境利益的事务和基本情况知之甚少,从而对公民在维护自己基本权益方面形成了盲区。

(3) 居民缺乏对重大项目设计和可行性研究的参与权益,以及对重大项目实施过程的监督权益。如前所述,我国在 1979 年颁布的《环境保护法(试行)》第 8 条规定中就已明确指出,公民对污染和破坏环境的单位和个人拥有监督、检举和控告的权利。后来修订的《环境保护法》也规定:"一切单位和个人都有保护环境的义务,并有权对污染和破坏环境的单位和个人进行检举和控告。"从中都可以看作是公众环境监督权的一个原则规定,可以说,法律规定已赋予社会组织和公民个人对损害环境的行为进行监督的权利。但是在实践中,个人或某个社会组织对一些环境问题的监督很难起到一种有效的约束,毕竟每个环境问题背后都隐藏着复杂的利益关系,牵涉到诸多相关主体的利益。但是可喜的是,广大的媒体舆论在环境监督方面开始发挥了越来越重要的作用。例如,2005 年发生的"圆明园湖底反渗事件"就是由兰州学者张正春通过《人民日报》率先报道引发的,随后许多网络媒体纷纷转载,《南方周末》《中国青年报》等也纷纷跟进,继而在全社会引起了重大反响,最终引起有关部门的介入,使得该工程停工。

(4) 居民环境利益表达的渠道尚不够畅通。由于居民处于松散的原子化状态,加上现实中,地方政府为了确保本地区的经济增长与财政收入,经常会与企业发生利益的合作,形成利益的联盟,使得居民在环境问题上缺乏话语权，或者说居民缺乏对重大事件的求诉权益，他们不能及时将自己的求诉要求和建议反馈到相关的政府部门和机构。或者说他们向环保相关部门反映的环境事件常常得不到及时有效的处理，这样就有可能造成信息不畅通和公众的非理性行为。居民的环境利益也因此无法得到保证。这应该是当前居民环境权益所遭受的最大的困境。

此外，居民作为环境污染问题的最为直接的受害者，按理说参与环境治理的愿望是很强烈的，但是根据曼瑟尔·奥尔森(2007)的观点，即“除非一个集团中人数很少，或者除非存在强制或其他某些特殊手段以使个人按照他们的共同利益行事，有理性的、寻求自我利益的个人不会采取行动以实现他们共同的或集团的利益。”意思就是说在一个人数众多的大集团中，个体成员缺乏单独采取集体行动的激励，除非被强制或其他特殊手段。面临人类共同的环境问题，居民有着共同的利益，居民人数众多，规模庞大，而环境问题较为复杂，治理起来非常困难，在居民这样一个人数众多的大集团中，个体成员如果要单独行动的话，其付出的成本可能要远大于其获得的收益，因此，个体成员或单个的居民参与环境治理还会为“集体行动的困境”所制约。

第二节 厂商参与治理的动机与约束条件

企业在经济活动中扮演着生产者的重要角色，也是经济活动中最重要的行为主体。根据传统经济学中的经济人假设，企业的目标是经济利益最大化。在诸多的经济主体中，企业是造成生态环境污染的主体，当今世界大多数环境问题都同企业活动有关(廖福霖，2003)。根据邹东涛教授主编的《中国企业公民报告(2009)》蓝皮书，目前我国工业企业仍是环境污染的主要源头，约占总污染比重的70%。因此可以说，针对日益恶化的生态环境问题，企业理应承担最大份额的社会责任，因此也最应该积极主动地参与到环境治理活动中来，但恰恰相反，在众多的经济主体中，企业却正是最缺乏治理动机的。因为环境治理事关公共产品的供给问题，存在着明显的外部效应，如果单个企业参与环境治理的话，它所付出的成本有可能大于其所获得的收益。因此，企业不可能像居民与政府那样积极地参与到环境的治理活动中来。那么企业在生产经营活动中，有哪些因素会激励其积极主动地参与治理活动呢？又有哪些因素会妨碍其这样做呢？接下来我们就企业的治理动机与约束条件进行逐一分析。

一、企业参与治理的动机

（一）市场份额驱动

如前所述，企业的终极目标是实现经济利益最大化。而实现经济利益最大化的过程需要通过各种经济行为与活动来进行，比如赢得消费者，占领市场份额等方式来促进产品的销售。随着居民环境意识的增强，居民的生态需要被激发出来，人们开始对所消费的产品提出了更高的要求，对产品的消费偏好已不仅仅局限于产品本身的实际用途，还希望产品更安全、更可靠、更舒适。在西方发达国家，消费者在选择同类产品的时候，越来越倾向于选择环保业绩比较不错的企业的产品，由消费者选择所带来的价格弹性又会进一步影响企业的经济效益（鲁明中等，2005）。由此可见，居民在消费的时候不仅仅会对产品本身质量进行选择，同时还会把自己对产品生产商的社会形象也纳入偏好之中。据一份欧美国家的调查结果表明，70％的消费者认为“企业对社会的承诺是他们购买产品或服务时考虑的一个重要因素”，超过50％的消费者表示他们会对没有社会责任的企业采取负面行动，20％的消费者表示他们过去已经采取行动来“惩罚”这类企业（周国银等，2002）。从目前国内市场来看，居民对于绿色产品、环境友好型产品的需求上升已是不争的事实，特别是近年来在食品方面，由于食品安全问题频频发生，更是催生了居民对绿色食品强烈的需求。消费者通过对环保或绿色产品的选择可以很好地激励企业控制污染，如果企业不重视产品的环保作用，则将遭受消费者的抵制和排斥，很多的研究证实消费者比较愿意选择那些他们认为对环境有所帮助的产品（张炳等，2009）。国内市场尚且如此，在国际市场方面，西方国家对产品质量的要求更高了，许多国家为了保护本国的生态环境（当然也不排除一些“绿色贸易壁垒”的目的），对于那些超过本国环境标准的产品，它们常常会采取环保公约、法律、法规、标准或标志等形式，对外来商品进行准入限制，甚至要求与保护生态环境、自然资源、人类健康有关的产品，从初级原料准备、生产制造、包装、运输、销售到消费品使用及废弃物处理的全过程，都必须达到当地的环保标准。在这样高标准的条件之下，我国许多中小企业因为产品无法达到目标市场的环境标准而被拒之门外。因此，在这样的情况下，企业就不得不采取创新技术或者通过其他的方式生产环境友好型的产品。

（二）产品竞争驱动

对于处于激烈的市场竞争中的企业来说，其核心的竞争力主要还是体现在产品的竞争力上。所谓“产品是企业的生命”，一个企业产品的好坏决定着其未来的生存与发展。随着环境保护运动的广泛开展以及居民生态环境保护意识的不断增强，今天的产品质量的概念已增加了“绿色”“环保”等新的内涵，变得更加丰富了，居民的需求偏好也逐渐从单纯满足基本使用需要的产品转向环境友好型产品或绿色产品，这就迫使企业不得不提高产品的质量层次以满足居民更高标准的要求。甚至有些具有一定社会责任的企业，如沃尔玛于 2008 年 10 月在北京召开全球供应商大会时，宣布要建立一个对环境和社会发展负责的“绿色供应链”，通过与供应商签订新的协议，要求所有厂家必须承诺遵守所在地法规，包括减少水和能源的消耗、减少包装以及开发更加环保的产品，以达到严格的社会责任和环保标准（自然之友等，2009）。为了遏制“产品大量出口、污染留在国内”的现象，国家环境保护部采取了限制性措施，制定了新的“双高”目录（即“高污染、高环境风险”名录），对列入“双高”名录的产品建议取消其出口退税并禁止加工贸易。此举已被财政部、税务总局采纳。2007 年 6 月，列入“双高”目录的 50 多种产品被取消了出口退税，使得这些产品出口量下降了 40%。而 2008 年初环保部发布的包括 140 多种“双高”产品则涉及 20 多亿美元的出口额。通过这种措施，大大增加了“双高”产品的成本，从而削弱了该产品的市场竞争力。这样，企业为了提高产品的市场竞争力就不得不削减污染，作出有利于生态环境可持续发展的生产行为。

（三）市场投融资驱动

市场对企业环境治理行为的另一个较为重要的激励因素就是企业的投融资问题。其中目前关于投资者的投资选择对企业环境治理行为作用研究的相关成果比较集中的是考察股票市场对企业环境行为信息的反应。企业污染强度高或者环境表现差会给投资者一种生产效率不高的信息，投资者也会权衡由于污染处罚和污染责任赔偿而带来的潜在损失，这种权衡的重要性随着新的股票市场和国际金融手段的发展而愈加明显(张炳等，2007)。一般来说，公司制企业的市场价值与其股票价格的变动密切相关，而股票价格则随着公众对生态环境保护的需求日益高涨，逐渐开始受到企业环境治理行为的影响。那些能够顺应时势，紧跟时代发展潮流，愿意自觉参与环境治理、节约自然资源、为人类健康方面付出更多努力的公司及产品，更容易获得市场的青睐并得到股民的支持，进而使得公司的股价不断上涨。其次，我国环保部还在企业上市问题方面，不断完善上市公司的环保核查制度，并于 2007 年印发了《关于进步规范重污染行业生产经营公司申请上市或再融资环境保护核查工作的通知》，成功地阻止了 10 家存在严重环境污染劣迹的企业上市。2008 年环保部制定了《上市公司环保核查行业分类管理名录》，其中明确规定包括造纸、煤炭、钢铁、火电、采矿、化工、电解铝等十四类涵盖 100 多个企业类型在内的重大污染行业必须通过环保核查，方能上市。这项旨在通过限制污染行业企业上市融资来推动企业积极参与生态环境治理的措施还得到了证监会的大力支持，例如上海证交所还专门发布了《上市公司环境信息披露指引》。再次，为了切断环境污染企业的信贷资金来源，有效遏制污染产业的发展，促进污染产业向环境友好型产业发展，2007 年国家环保部门与中国人民银行、中国银监会共同制订了《关于落实环境保护政策法规防范信贷风险的意见》，并还与中国人民银行一起印发《关于共享企业环保信息有关问题的通知》，将 1.8 万家企业的环境违法信息纳入了银行征信系统。中国银监会则向银行机构公开了环保总局区域流域限批的名单，要求其停止向污染严重的违法企业贷款。据不完全统计，五家大型银行共收回不符合国家节能减排政策的企业贷款 39.34 亿元(自然之友等，2009)。我们知道，资本是企业从事生产经营活动最重要的要素之一，国家环保部门从企业的投融资方面来限制污染行业企业的发展，可以说是把住了其命脉。这些企业为了更好地生存发展，获得更多的社会资金的支持就不得不大力控制自身的污染行为或逐渐考虑向环境友好型产业转型发展。

(四) 社会效应驱动

马克思说过，资本如果有百分之五十的利润，它就会铤而走险，如果有百分之百的利润，它就敢践踏人间一切法律，如果有百分之三百的利润，它就敢犯下任何罪行，甚至冒着被绞死的危险。如果说工业化初期，企业（资本）为了赚取经济利润，可以不择手段，丝毫不顾他人或社会的利益的话，那么今天，企业（资本）这种行为可以说已经得到很大的改善了，虽然企业（资本）的根本目标仍然是为了追求经济利润，但它们同时也不得不考虑企业相关利益者的利益了。在今天激烈的市场竞争中，企业之间的竞争也不仅仅限于价格之间的竞争了，还包括非价格竞争，如包装、交货条件、售后服务、企业社会形象等等。如果说经济利润是企业不懈追求的物质利益的话，那么企业的社会形象就是企业的非物质利益。事实上，随着社会的不断进步，企业也不再是简单的营利性的经济组织了，它还承担着许多社会义务、责任和权利，并对社会各个面方面产生重要的影响。企业的角色、身份与定位在社会发展过程中也都发生了变化，西方管理学界对于现代企业角色定位的反思的基础上，甚至提出了“企业公民（Coporate Citizenship）”的概念，认为企业应该像公民一样，在社会中享受着一定权利，同时也承担着一些义务和责任，并且通过履行自己的职责和义务获得自身的发展（曹凤月，2007）。此外，它还被用来解释企业为了表达对人类、社区以及环境的尊重，所做出符合道德及法律规范的发展策略，并且“企业公民”这一理念已经广泛地渗透在西方企业经营管理中了，它在成熟企业的企业策略中体现为“公益策略”。公益事业虽然并不直接带来利润，但它对企业的潜在促进作用却是非同一般。根据美国的《策略管理报》对469家来自不同行业的公司的调查结果显示：资产回报率和公司的社会公益成绩有非常显著的正面相互关系；销售回报率和公司的社会公益成绩也有显著的正面相互关系。可见参与公益事业对企业绩效也具有非常积极的影响。而环境治理与保护作为公众事业，也是一项利国利民的公益事业，关系着每一个公民，包括企业公民的切身利益。企业参与这项公益事业的重要意义主要体现在两个方面：首先，在当前激烈的市场竞争中，企业要想获得持续的获利能力，必须自觉承担社会责任，塑造良好的企业形象，赢得居民的接纳与认可，从而可以大大拓展企业的持续发展空间，提升企业品牌的美誉度和知名度；其次，企业参与环境治理的公益活动，不仅能彰显企业的社会价值取向，并且将企业关注生态环境的价值取向传播给社会大众，向社会展示自身高度的社会责任感，同时还可以增强企业内部员工的凝聚力和归属感以及荣誉感。

二、厂商参与治理的约束条件

（一）生产成本约束

企业作为经济活动中最重要的微观主体，它最关注的是最直接的经济利益，它缺乏参与环境治理的动机或激励。因为在传统经济学理论里，企业在生产经营过程所造成的环境污染是一种外部成本，这项成本之所以冠之以“外部”，意味着其不是在企业内部发生的成本，企业也没有为此付出代价，但它对于社会来说却是一种负效应，要治理或者去除这种负效应带来的影响，需要全社会为之付出代价，因此，相对企业而言，这是外部承担的成本，即外部成本（费用）或环境成本（费用）。而企业内部发生的成本叫私人成本（费用）。当然，这里“私人”的意思是指经济学意义上的个人，也就是能够独立作出经济决策的主体，它可以是一个生产者、企业、消费者以及家庭等。而另外一个概念社会成本（费用）则是私人费用与外部费用之和。简而言之，社会成本是企业从事某个生产活动所带来的社会真正承担的全部费用（王金南，1994）。举一个简单的例子来说明这三者之间的关系：假设某造纸厂每年生产100万吨纸，生产要素为300万元，由于该造纸厂要排放出大量的污水，使得下游每年渔业损失和庄稼收成损失共计500万元，则该造纸厂生产100万吨纸的私人费用是300万元，外部费用为500万元，而社会费用为800万元。一般来说，从经济学角度考察，至少在短期内，污染削减成本会加大企业的成本负担，挤占有限的资源，减少生产性投资，从而影响企业的竞争力（钟水映等，2005）。因此大多数企业参与环境治理会受到生产成本的约束，而这与企业经济利益最大化的目标是相违背的，因此它们缺乏治理激励是很正常的。

在此用简单的数学模型来说明，假设某一造纸厂，其全部的生产费用为C_1，如果它自己治理废水污染，则其治污成本为C_2，如果它不打算对废水进行处理，则社会要为此损失或付出成本C_3。现再假定造纸厂产量为Q，产品价格为P（刘文辉，2007）。

(1) 假设企业的利润为R_1。若企业不治理废水污染，则企业的利润为：

$$R_1=P\times Q-C_1$$

此时社会总福利F_1为：

$$F_1=R_1-C_3=P\times Q-C_1-C_3$$

（2）假设企业的利润为 R_2。若企业对生产所排出的废水污染进行处理的话，那么此时企业的利润为 R_2（假定产量一直保持不变）为：

$$R_2 = P \times Q - C_1 - C_2$$

而社会总福利 F_2 为：

$$F_2 = R_2 - C_3$$

由于企业对废水进行了处理，因此也就没有社会成本，即 $C_3 = 0$，则上式可以变为：

$$F_2 = R_2 = P \times Q - C_1 - C_2$$

（3）将 R_1 减去 R_2 得：

$$R_1 - R_2 = C_2$$

（4）将 F_2 减去 F_1 得：

$$F_2 - F_1 = C_3 - C_2$$

从以上的论述中可以说明，造纸厂将内部成本外部化的话，将获得超额利润 C_2，但社会则要为此承担 $C_3 - C_2$ 的环境成本（费用）；如果造纸厂自行处理废水污染的话，那么意味着它不但得不到超额利润 C_2，而且还要支付成本 C_2。

综上所述，污染企业如果将内部成本外部化的话，它可以获得超额利润。因此，根据企业的逐利本性，企业缺乏治污激励是符合其经济人利益的。即便企业出于社会责任考虑，愿意实施污染问题治理，或者说根据“谁污染，谁治理”原则，某一造成环境污染的企业即使愿意承担环境治理和清除污染的责任和费用，但由于污染一旦造成之后，涉及的地域广，这个企业无法靠自身的力量来完成广泛范围内的环境治理任务（厉以宁等，1995）。

（二）环境规制约束

本书中所说的环境相关主体参与治理的约束条件，有两层含义：其一是与环境问题相关的各利益主体参与治理过程中所面临的阻力因素或者困难；其二是环境相关主体参与治理的压力或者推力。这里接下来要论述的便是各利益主体参与环境治理的制度压力。正是由于环境保护相关政策与制度的存在，才使得企业的环境污染行为有所顾忌或收敛。如果企业所在国家或地区的环境规制的压力超过企业的承受能力的话，企业也可能会作出“用脚投票”即逃离的决策或选择。许多研究表明，由于发达国家的环境标准日益严格，从事污染密集型产品生产的企业要承担高昂的治污成本，特别是石油加工、造纸、金属冶炼等行业，污染控制费用已经占到企业总成本的1/4或1/3。因此，许多跨国公司倾向于将这些高污染行业转移到发展中国家（中国21世纪议程管理中心可持续发展战略研究组著，2009）。据统计，日本已将60%以上的高污染产业转移到东南亚和拉美国家，美国也转移了39%以上（曾凡银等，2004）。显然，西方国家严厉的环境规制与高标准的环保标准已经成为该国污染产业转移的一个重要原因，而发展中国家比较偏重经济增长，其环境管理标准较低，往往成了发达国家污染产业转移的“污染天堂”。这充分表明了环境保护管理政策对于控制环境污染、保护环境的重要性。

随着工业经济在全球范围内的普遍发展，环境容量即使在落后的发展中国家也逐渐成了一种稀缺的公共资源。当市场机制的自发作用不能诱导出企业的污染控制行为时（即在市场失灵的情况下），政府作为公共利益的维护者，便理所当然地成为环境公共产品的供给者，必须将环境保护问题纳入政府的管理议程，通过行政、法律手段或环境经济政策手段，强制或鼓励企业参与环境治理，以促进环境容量资源的可持续利用。这对于政府来说，不仅是政府的地位和角色所决定的，也是政府的利益所在。

改革开放前，我国经济处于典型的粗放型增长状态，农轻重比例严重失调，其中重工业所占比例严重偏高，环境污染问题非常严重。十一届三中全会以后，我国实行了改革开放，在吸引外资的过程中，各地政府出于区域经济发展的渴望，为了追求地方GDP的增长，对所引进项目的环境影响并没有给予应有的重视，这就使得西方发达国家的许多污染产业不断向我国转移，在促进地方经济增长的同时，也给我国生态与环境造成了极大的负面效应。欣慰的是，我国政府很早就意识到保护环境的重要性，并于1973年成立了国务院环保领导小组及其办公室。从此以后，我国政府通过学习借鉴国外先进环境管理手段与经验的基础上，结合本国的国情开始制定一系列的环境保护相关政策，到现在已建立了以“八大制度”为核心的相对完善的环境监管体系（谢丽霜，2006）。主要体现在以下几个方面：

1. 环境影响评价制度

环境影响评价制度（EIA）起源于美国，其核心内容主要是要求政府相关部门在制定对人类环境具有重要影响的方案和实现重要计划、批准开发建设项目时，必须编写环境影响报告。由于这种环境管理方法很有效，后来为许多国家相继采用。1979年，我国在借鉴国外先进环境管理经验的基础上，在

《中华人民共和国环境保护法(试行)》对该项制度以法律的形式加以规定。根据环境影响评价制度，一切企、事业单位的选址、设计、建设和生产都必须充分注意防止对环境的污染和破坏。在进行新建、扩建和改建工程时，必须向环境保护部门和其他相关部门提出对环境影响的报告书，经审批后方可进行设计。根据这一制度要求，环境影响报告书应该在可行性研究阶段完成。编制环境影响报告的目的在于，在项目的可行性研究阶段，就对项目可能对环境造成的近期和远期影响，拟采取的防治措施进行评价，论证和选择技术上可行、经济、布局上合理，对环境的有害影响较小的最佳方案，为领导部门决策提供科学依据。

2.“三同时”制度

“三同时”制度最初在国务院1973年批准的《关于改善和保护环境的若干规定(试行)》中提出，并于1979年被列入《环境保护法》。该制度明确规定，所有单位在进行新、改、扩建项目投资时，必须将有关的环保设施与主体工程同时设计、同时施工、同时使用。同时，我国的建设项目环境保护管理办法中还规定，进行改建、扩建和进行技术改造的工程都必须对建设项目有关的原有污染，在经济合理的条件下同时进行治理。

3. 排污收费制度

排污收费制度指国家或地方环境监督管理部门依照环境法律、法规以及环境标准的规定对排污者征收费用的一套管理制度，其目的在于促进排污者加强环境管理，节约和综合利用资源，治理污染，改善环境，并为保护环境和补偿污染损害筹集资金。我国早在1978年就根据“污染者付费”的原则提出了实施排污收费制度，1979年颁布的《中华人民共和国环境保护法〈试行〉》正式予以规定。此后经过20多年的不断完善和发展，目前已制定了包括污水、废渣、噪声、放射性等5大类100多项排污收费的标准，并对排污费的征收对象、征收范围、征收标准、收费计算方法、征收程序等都作出了较为详细的规定。制度设计的本意是强化政府环境管理对经济手段的运用，但在实践中，排污收费是依靠政府的行政权威来实现的，本质上仍然是一种政府干预行为。该制度的实施对企业参与生态环境治理产生了一定的激励作用，尽管现行的排污收费制度存在一些内在缺陷，但总体上仍然不失为一种较为成熟、行之有效的环境管理制度。

4. 排放污染物许可证制度

这一制度包括了排污申报登记、确定污染物总量控制目标和分配排污总量削减指标，核发许可证以及监督检查执行情况等内容。排污申报登记是指由排污者向当地环境保护行政主管部门申报其污染物排放和防治情况，并接受环境保护主管部门及时准确地掌握有关污染物排放和污染防治情况的准确信息。环境保护许可证，是指从事有害或有可能有害环境活动之前，必须向当地环境保护主管部门提出排污申请，经审查批准发给许可证后，方可进行该项活动。许可证可以是有偿发放的，也可以是无偿发放的，企业在获得许可证前后，必须履行许多环境技术标准。

5. 污染集中控制制度

污染集中控制就是一个特定的范围，为保护环境所建立的集中治理设施和采用的管理措施，是强化环境管理的一种重要手段。特别是城市工业开发项目较为集中的工业区以及居住小区的建设项目，为保护环境质量所建立的集中供热以及工业及生活污水处理等设施。这种控制是与城市建设密切相关的。以此进行污染控制比传统的单个点源的分散处理，更有利于人力、物力、财力解决重点污染问题，有利于采用新技术提高污染治理效果，有利于提高资源利用效率，有得于节省防治污染的投入。

6. 环境污染限期治理制度

环境污染限期治理制度是指对已存在的危害环境的污染源，由法定机关作出决定，责令其在一定期限内治理并达到规定要求的措施。目前我国环境保护法律规定的限期治理主要有两类：地处特别保护区域内的超标排污的污染源和造成严重污染的污染源。该规定对企业也有重要影响。造成严重污染的污染源，如果在规定期限内不能完成治理目标的，则可能被勒令关闭、停业、企业将无法继续经营。例如，2014 年，环保部针对京津冀及周边地区制定出台《京津冀及周边地区重点行业大气污染限期治理方案》，要求该地区 492 家企业、777 条生产线或机组在 2015 年内全部完成整改，整改重点产业包括电力、钢铁、水泥、平板玻璃等行业，涉及大唐发电、中国石化、中国石油、首钢股份、河北钢铁许多大型国有及 A 股上市企业。

7. 环境保护目标责任制度

该制度确定了一个区域、一个部门或单位环境保护的主要责任者和责任范围。通常规定各级政府最高领导对当地的环境质量负责，企业的领导人对本单位的污染防治负责，确定他们在任期内环境保护的任务目标并列为政绩进行考核。该制度明确了政府部门和排污单位的环境责任。政府负责城市规划和城市环境综合整治，而企业负责对污染物的治理。

8. 城市环境综合整治定量考核制度

城市环境综合整治定量考核制度就是指通过实行定量考核，对城市政府在推行城市环境综合整治中的活动予以管理和调整的一项环境监督管理制度。在1988年国务院环境保护委员会发布的《关于城市环境综合整治定理考核的决定》中规定，该制度从1989年起开始实施，它是以规划为依据，以改善和提高环境质量为目的，通过科学的定量考核的指标体系，来达到保护和改善生活环境和生态环境这一目的。该制度把城市的综合治理列入市长的任期目标，并作为政绩的考核内容，以此来促进各级政府官员对环境工作的重视。城市环境综合整治的定量考核体系主要包括城市环境质量指标，城市污染控制能力指标和城市环境技术设施水平指标。

第三节 地方政府参与治理的利益动机与约束条件

环境保护法规定："地方各级政府，应当对本辖区的环境质量负责，采取措施改善环境质量。"这就决定了环境保护的主体是政府。我国自20世纪70年代环境保护工作开始摆上政府议程以来，一直到现在相当长的一段时间内，环境治理与保护的工作都是由政府来承担的，政府作为整个社会经济活动的调节主体，主要通过行政手段、经济手段以及法律手段等方式来实现环境治理与恢复的目标。特别是在计划经济时期，政府在环境治理与保护工作方面承担了大部分的责任和义务，许多本应由社会和公众承担的责任都推给了政府，本来也可以由市场来调节和引导的事情也主要由政府来完成。这样的结果导致政府在环境治理与保护中承担的责任越来越重，社会也因此而对政府产生了很大的依赖性，导致环境治理缺乏自我发展的内在机制（聂国卿，2006）。在市场经济体制发展尚不完善时，由政府来承担环境治理的责任有一定的合理性。即使在市场经济发达的国家，由于环境问题主要是由市场失灵造成的，所以政府的干预也是必不可少的。当然，这里所谈到的"政府"主要是指一般意义上的政府。政府还可以分为中央政府与地方政府，它们二者尽管都是公共利益的代表者和捍卫者，但也存在一些利益的差异。一般来说，中央政府的利益主要是指宏观利益或整体利益，地方政府的利益主要是局部地区的公共利益，即狭隘的地方利益，同时还包括地方政府官员自身的利益。此外地方政府作为地方公共利益的权威机构，它是一个集政治利益、经济利益、社会利益等多重利益的结合体，它既有提供环境公共品的意愿或动机，也有发展经济、保障社会就业的良好愿望；而作为政府机构，一方面，它与中央政府有着共同的利益，另一方面，它的地方利益也会与中央政府的宏观利益发生冲突。最终，地方政府这些不同利益之间的矛盾与冲突就体现在环境治理方面上，便成了其参与环境治理的动力与阻力因素。

一、地方政府参与治理的利益动机

（一）公共利益的驱动

如前所述，政府是公共利益坚定的捍卫者和维护者。从理论上讲，它除了公共利益外，没有其他的利益。而地方政府则主要负责当地所在辖区的公共利益。公共利益的内容涵盖很广，根据现代经济学理论来看，公共利益具体体现在公共物品（Public Boods）上，即社会公众可以共同享用的产品。它主要包括国防、治安、法律制度、公共基础设施、基础义务教育、公共卫生保健、社会保障和公共福利制度以及环境保护等等。其中近年来随着工业污染的加剧，环境保护越来越为政府与社会所关注，环境质量的恶化大大影响到周边居民的生命与财产安全。对此，作为公共利益的维护者，地方政府责无旁贷地要担当起环境治理与保护的重任。当然，环境治理工作是个复杂的系统工程，它涉及众多相关者的利益，地方政府也不是唯一的责任者，根据“谁污染，谁付费”的原则，作为实施环境污染行为最重要的主体——企业也难逃此责。但是谁最有可能承担得起治理环境的职责呢？据调查资料表明，在有关谁应该在治理环境方面承担主要责任、发挥主要作用的问题方面，75%的被调查者首选地方政府，他们认为地方政府是所居住城市的衣食父母，环境治理工程是服务造福一方百姓的有益之举，与地方政府的政绩密切相关，所以地方政府应发挥主要作用。14%的被调查者则认为中央政府也要承担相应的责任，主要是制定一些指导性的政策，给地方政府保驾护航。对企业和民间环保组织被调查者并不乐观，特别是对外资企业能否在环境治理方面起主要作用被调查者并不看好，回答人数只有 0.2%（郭兴旺等，2007）。由此可见，作为污染所在地的权威机构，地方政府应该是最主要的环境治理工作的协调者，企业则不被公众看好，这主要是因为企业缺乏治理的动机。

近些年来，随着经济的发展与文化教育事业的大力发展，居民已不满足于衣食住行等基本的需求了，他们对环境公共产品的需求也日趋强烈，参与环境治理与保护的积极性也不断增强。由于网络技术与信息技术的快速发展，各种形式的新媒体不断涌现出来，这些新媒体与传统媒体一起使得居民监督政府的环境治理与保护工作成为可能，迫使各地政府不得不加大环境治理力度。

（二）政府绩效的驱动

任何个人及组织的行为都是在一定的制度激励与约束下，根据自我利益最大化原则来选择和进行的。在改革开放之初，国家为了提高地方搞好经济建设的积极性，更好地促进地方的发展，实行财政改革，把原先中央政府的统一财政改革为分级财政，强调各级财政分灶吃饭，实行包干制，其实质是将一个大公有经济分解为若干个小公有经济，等价于在地方政府及地方社区之间界定产权，使得每个社区变成一个综合“企业”，地方政府变成该社区公有经济的“中央代理人”和剩余索取者。这样一种公有经济的分割自然会改进委托人的监督效率和代理人的努力水平，推动经济增长(盛洪，2003)。同时，这项政策也由此使中央政府与地方政府的利益关系发生分离，某种程度上成为两个不同的利益主体。在这种行政分权体制下，地方政府的人事任免权力虽然还是牢牢控制在中央政府手中，但中央政府对地方政府的财政控制力却随之减弱。目前要求各级地方政府改善环境质量最现实有效的环境管理制度是从 1990 年开始推行的“环境保护目标责任制”。该制度通过确定一个区域、一个部门或单位环境保护的主要责任者和责任范围，并根据各地区的实际情况，确定责任制的考核指标和方法的方式来加强各级地方政府对环境治理与保护工作的重视和领导，从而把环境保护真正纳入各级政府、各部门及企业事业单位的重要议事日程，纳入国民经济和社会发展规划及年度工作计划，疏通了环境保护资金渠道，使环境保护工作落实到实处；易于协调和调动政府各部门共同参与的积极性，改变了过去环境保护行政主管部门孤军作战的局面。该制度还有一个重要特点就是目标责任层层下放，主要分两个主要的层次：其一是即要求下一级地方政府的行政首脑必须与上一级地方政府的行政首脑签订环境责任状，并纳入地方政府及其官员的政绩考核体系。这种行政层级之间签订的环境目标责任书主要分为本届政府任期环境目标和年度工作指标两部分;其二是各级地方政府首长与本辖区内的重点企业法人代表签订的环境目标责任书,明确地方政府行政首长和企业法人代表对本地区、本企业环境质量应负的责任,着眼于区域、流域和行业的环境综合整治和改善,把环境保护的各项任务目标化、定量化、制度化。环境目标责任制考核的办法是每年年底由上一级政府组织对下一级政府年度责任目标完成情况进行考核,考核结果向社会公布,并实行严格的奖惩制度。环境保护目标责任制自1989年在部分省市开始试点实施,并取得了显著的效果,目前这项制度已在全国各地普遍实行(彭近新等,2003)。虽然这项制度实施以来,遭受到各方面的批评,没有取得预期的效果,但是该项制度的确立,至少把环境治理成效也纳入了政府官员的政绩评价体系,或多或少也推动了各级地方政府对环境保护工作的重视。

二、地方政府参与治理的约束条件

在传统的西方经济学里,经济增长与自然资源的关系问题一直为诸多的经济学家们所关注。自20世纪30年代以来,环境污染问题开始慢慢进入各国政府与学者们的视野,有关经济增长与环境保护的协调问题逐渐成为各国关注的焦点。学术界关于经济增长与环境保护的关系大体存在三种主要的看法:其一,主张先发展经济后实行环境保护。这种观点认为,只要经济搞好了,物质需求解决了,人们的环境意识会自动增强,并自觉采取环境保护措施保护生态环境,到时环境就会自然变好。其中最具代表性的解释当数1992年由美国经济学家GROSSMAN和GREUGER受库兹涅茨曲线的启示提出的环境库兹涅茨曲线(EKC曲线)理论。按照环境库兹涅茨曲线的解释,在经济发展过程中,环境总会有一个先恶化后改善的变化。即一个国家或地区的整体环境质量在经济发展初期,随着国民经济收入的增加而恶化或加剧,当经济发展到一定水平时,环境质量的变化会出现一个拐点,其后,环境质量随着国民经济收入的继续增加而逐渐好转。第二种观点则认为经济增长与环境保护不是非此即彼的对立关系,二者可以协调发展,例如可以通过发展生态产业、循环经济等方式把经济效益与环境效益有机地统一起来。这种观点代表了目前大多数学者的看法;第三种是为了保护环境,经济增长应保持相对稳态的观点。实际上,早年的约翰·穆勒就在其《政治经济学原理》中提出了"静态经济"的理论,在他看来,所谓的静态经济是财富与人口保持稳定的一种状态，静态经济并不意味着经济的停滞不前，人类的精神文化、道德和社会进步仍然具有广阔的发展空间(钟水映等，2007)。另一个代表性理论则是20世纪70年代罗马俱乐部提出的“增长极限论”。该理论认为在人口、农业生产、自然资源与环境污染等五种因素的共同作用下，世界经济的增长与发展最终将受到限制。

我国政府则主要是依据第二种观点来发展经济的，秉持经济增长与环境保护同步发展的观点，反对走西方国家“先污染后治理”的老路，EKC曲线固然有一定道理，但是也有许多弊端，如有的学者就认为“先污染后治理”的前提是环境污染必须是可逆的，才可能符合EKC曲线，而现实中，有些生态环境破坏了以后，要恢复到原来的状态已经是不可能的了。因此我们不能坐等到经济发展到一定程度才来治理环境，而必须边治理边发展，在发展中兼顾生态环境的保护问题。当然，在实践中，尽管中央政府一直提出要避免走西方国家“先污染后治理”的老路，但真正要让各级地方政府既要承担发展地方经济的责任，又要兼顾保护环境的重任还是具有很大的难度，毕竟很多问题都要靠发展经济来解决，尤其是在当前我国现行以GDP为核心的政治经济体制和环境考核制度下，地方政府基于理性的选择多数还是在沿袭片面重视经济增长而忽视环境保护的老路。即使要转变粗放型的经济增长方式，但苦于技术等条件的限制，短期内仍然难以奏效。之所以会这样，主要存在以下几个方面的因素：

(一) 地方财政收入的约束

自1978年中央政府实行分级财政包干制，即中央把应用于国有企业的承包责任制用来处理中央与地方的财政分配关系以来，各级地方政府就越来越成为一个相对独立的利益主体，由此使中央政府与地方政府的利益分离，某种程度上成为不同的利益主体，地方政府为了实现自身的快速发展，努力谋求自身利益的扩大，从而导致中央财政收入逐年减少(于进川等，2009)。为此1994年中央政府开始实行分税制，分税制虽然使得中央财政收入占总财政收入比例和占GDP比重的下降趋势得到抑制，但却发生了两个明显的变化，其一是中央财政收入占GDP比重不断呈上升趋势，其二是地方财政收入则每况愈下，困难重重。据杨之刚(2006)所作的统计数据表明，从1994至2003年历年的数据看，全国财政收入占GDP的比重在实施财税改革的第一年——

1994年仅为11.2%，到了2003年则提高到18.52%，是1994年以来的最高值；从整个发展趋势来看，全国财政收入占GDP的比重是呈逐年上升势头。1994年财税改革“提高两个比重”(即提高财政收入占GDP的比重，提高中央财政收入占国家财政收入比重)的目标已经实现。

杨之刚(2006)在研究中还发现，全国不同地区，2003年的本级财政收入占GDP的比重都没有超过全国18.52%这一水平，这充分表明中央政府财政收入占GDP的份额要高于不同地区的地方政府。当然，由于不同地区经济发展水平的差异，2003年各省级单位的财政收入占各省GDP的比重也存在较大差距，即使同一个省份的不同地区，各地政府财政收入占GDP的比重也会有所差别。在调研中发现，在经济不发达的中西部省份，政府级次越低，财政状况越不容乐观。包括各级城市政府在内的地方财政支出重点就是保工资、保政府运转，用于其他方面特别是城市基础设施建设方面的资金微乎其微。这些级次的城市政府财政被称之为“吃饭财政”。

从以上的数据来看，我们可以发现自1994年中央实行分税制财政后，地方财政收入下降得很多，许多地方，特别是中西部地区的一些地方政府财政更是面临着入不敷出的境况。当然，分税制实行的另一个作用，则更加突出了地方政府在财政上的独立性，这就使得地方政府具有更多的经济管理职能与更大的财政权、决策权，地区利益的实现也比以往任何时候都更需要地方政府的持续关注和努力争取。地方政府作为以地区利益为核心的经济人，它从本行政区利益出发所作出的一切政府行为都被视为合乎理性的选择。

就环境问题而言，其直接原因在于企业经济行为中伴随的环境污染行为，地方政府不合理的环境管理和决策行为则是间接原因。而地方政府的环境管理与决策行为则是在现行的制度约束以及自身的利益结构条件下作出的。根据公共选择理论，地方政府作为经济人，一方面作为国家机器整体的一部分，具有代表国家利益的职能，另一方面作为所在地方的行政首脑，又代表着明显的地方利益；此外地方政府官员还有着自身的个人私利。在这三者之中，地区利益是地方政府的核心利益，它不仅包括经济利益，而且还包括政治利益、社会利益、文化利益以及环境利益等等。总之，地区利益是多元利益元素的集合，在这各种利益目标中，很显然，经济利益是重中之重。因为地方政府各项目标的实现，加上政府机构管理日常运转所需的成本，无一不对地方财政构成巨大的压力。从地方财政收入来源来看，除了来自国家下拨的款项、补贴、投资以及外债外，自身主要依靠利润、税收和资金等有限收入支撑着。总之，实行财政包干制和分税制后，地方与中央财政“分灶吃饭”，在某种程度上斩断了联结地方政府与中央政府的经济脐带，地方政府吃国家大锅饭的可能性降低了。地方政府外在财政来源减少后，相对于地方政府正常运营的成本则并未降低，其承担的职能不是少了，反而有可能变多了，在这种情况下，地方政府的财政日益紧张就不足为怪了。由于强大的财政支出和拮据的财政现状所决定，地方政府的目标结构中最突出的目标就是实现经济增长，扩大财政收入，在各项目标难以兼顾的时候，经济增长成为压倒一切的目标，环境质量可能被作为经济增长的代价而被部分地放弃了（夏光，1992）。因为进行环境治理，势必要影响到一些企业的正常生产，这样就会影响企业每年上缴给地方政府的税收额度。

（二）地方就业的约束

有关环境保护与就业的关系问题，在我国著名经济学家厉以宁和其学生章铮合著的《环境经济学》(1995)中有许多详细的论述，厉以宁和章铮认为环境保护不必然造成就业人数减少，并提出对于环境保护与就业的关系问题应该从近期与长期来看。从近期来看，环境保护过程中，政府对一些污染企业或可能造成污染的企业采取关、停等强制性措施，的确不利于就业人数的增加，甚至会加剧失业现象的产生；但从长期来看，重视环境保护，反而有利于就业人数在长期内稳定、持续的增长，特别是环境保护产业的发展对于就业的促进作用更是显著。这里提出的地方就业与环境治理的关系问题则是着眼于短期考察的，因为我们知道地方官员有限的任期制度某种程度上决定了地方政府的短期决策行为。也就是说，充分就业是地方政府其中的一个重要目标，在环境治理过程中必然要关、停、整顿等一些污染企业，这样势必会造成当地失业人数的增加，而失业的增加不但可能给当地社会造成不稳定的因素，而且意味着当地居民收入的减少，进而影响到消费需求的下降，经济受到影响。这种结果是当地政府官员所不愿看到的。特别在当前我国人口众多，就业形势非常严峻，各地都普遍存在着大量的剩余劳动力，失业问题严重，在这种情况之下，如果不能创造一些就业岗位来缓解就业压力的话，不但会影响居民的收入问题，而且还可能影响当地的社会稳定。

（三）政府绩效的约束

我们知道，国民收入理论最初为美国经济学家库兹涅茨与英国经济学家斯通所提出，其后，它还凝聚了诸多经济学家的辛勤付出，1953 后初步成形后，在联合国的主持下，还历经数次重大修改。目前它已成了全世界最通行的国民经济核算体系。一般认为它具有三个重要的作用：一是它可以用来衡量一国或地区的经济发展程度；二则它可以为一国或地区决策部门提供决策依据；第三，它还可以为经济研究相关部门或学术机构提供参考资料与数据。总之 GDP 的重要性非同一般，它作为一个衡量经济发展的核心指标，为各国所广泛采用。美国著名经济学家萨缪尔森将 GDP 比作描述天气的卫星云图，能够提供经济状况的完整图像，没有像 GDP 这样的总量指标，政策制定者就会陷入杂乱无章的数字海洋而不知所措（贾恭惠，2006）。在我国，GDP 也是国民经济核算体系中最重要的总量指标。目前，在对各级政府的行政管理绩效考核体系中就是以 GDP 为核心指标的，考核指标具体主要包括 GDP 总量、人均 GDP、吸引的外商直接投资总额、上缴税收等等，这种考核办法在衡量各个地区的经济发展水平与发展程度方面提供了横向比较的可能，同时也对促进各地之间的经济竞争或经济竞赛，推动各地经济发展方面发挥了较为积极的作用。但是久而久之，却使各级地方政府出现了过于追奉 GDP，甚至唯 GDP 至上，把 GDP 神化的现象，在人们的眼中，GDP 考核制度变成了衡量当地政府官员能力大小以及官员加官进爵的法宝，本来 GDP 是为地方服务的一套考核体系，现在却发生了异化，反倒成了官员俯首膜拜的神龛了，使得各级地方政府的大多数决策行为都唯 GDP 马首是瞻，而相对忽视了 GDP 以外的其他事务。例如，为了提高本行政区域的经济总量，增加政府的财政收入，对一些企业的环境污染行为睁一只眼、闭一只眼。事实上，GDP 并没有那么十全十美，它本身存在着许多缺陷，并且一直以来都在遭受着诸多经济学家的批评。比如，从经济学角度来看，GDP 的衡量其本只限于经济活动中的那些市场化、货币化的部门中进行，而对于非市场活动却并有给予应有的考量，例如地下经济以及一个家庭为孩子雇用了一个大学生家教或花钱请一个保姆照顾老人等等，这些并没有纳入 GDP 中。最为典型的是现行的 GDP 并没有把企业生产活动中所造成的生态破坏与环境污染损失包含在内，换句话说，它只反映了私人成本，并没有反映出社会成本。据中科院早年的一项报告表明:我国环境污染的规模居世界前列。见表 4－1。

表 4－1　中国部分环境污染造成的经济损失估算(1995)

损失项目	损失货币价值(亿元)	占全部损失价值的比重
大气污染	301	16.05%
1. TSP 对人体健康	171	
2. 酸雨对农作物	45	
3. 酸雨对森林	50	
4. 酸雨对建筑材料	35	
水污染	1 428.9	76.21%
1. 南方水网	51	
2. 北方农村	30.5	
3. 工业缺水	750	
4. 渔业损失	340.6	
5. 农业损失	206.6	
6. 旅游业损失	50.2	
其他	145.2	7.74%
1. 固体废弃物	68	
2. 乡镇企业	75	
3. 环境公害事故	2.2	
总计	1875	

注:计算以 1995 年份为准,所得数据仅是部分可计算的环境损失。

资料来源:中科院环境与发展中心的《90 年代中期中国环境污染经济损失估算》

(以上资料转引自:贾恭惠,何小民,等.环境友好型政府[M].北京:中国环境科学出版社,2006:173－174.)

表 4－1 可知,1995 年环境污染造成的经济损失达 1 875 亿元,大约占当年 GDP 的 3.7%。而 1 875 亿元的经济损失中尤以水污染所造成的损失最大,占总损失的 76.21%,其次为大气污染造成的损失,占 16.05%,再次为其他原因导致的损失,占 7.74%。

针对我国现行的以 GDP 为核心的政府绩效考核体系的缺陷与不足,中央政府于 1990 年开始推行"环境保护目标责任制",把环境保护也纳入了政绩考核指标体系之中,要求下一级地方政府的行政长官必须对上一级地方政府的行政长官负责汇报环境保护工作并签订环境责任状，并纳入地方政府及其官员的政府绩效考核制度中。这项制度的实施，对于各级地方政府及官员的经济决策行为发挥了一定的制约作用，但并没有取得预期的效果，原因在于现行环境目标责任制中的环境政绩考核是在省级地方政府以下的各级政府中来实行的，作为外部监督力量存在并具有更强的环境偏好，能够自觉追求经济与环境协调发展的中央政府，并不介入任何一级地方政府的环境政绩考核（谢丽霜，2006）。由于省级以下各级地方政府隶属于同一个省级行政辖区，且各级地方政府在发展经济过程中有着共同追求经济利益的强烈愿望或者有着共同的利害关系，因此上下级地方政府之间签订的所谓的环境保护责任状，很容易沦为一种形式上的摆设，从而使上下级地方政府之间的环境指标考核实际上演变成了同一主体之间的内部考核或自我考核。其结果，中央政府监督或制约地方政府的环境行为的政绩考核制度最终变成了一句空话或一种形式，因此，中央政府制定的环境责任目标责任制度对地方政府没有起到多大的制约作用。此外，环境污染问题的显现也有一个相对缓慢的过程，并且即使地方政府采取各种措施实行环境治理与保护，其效果也不太容易衡量，而经济增长则可能有一个比较明确具体的量化数据，这就使得地方政府在追求政绩时，更侧重经济增长而忽视环境保护。

第五章　环境相关主体博弈与均衡分析

我们在前面已提到过，环境污染问题的出现最初被认为是技术原因造成的，后来随着人们对环境问题认识的不断深化，对于其产生的根源的看法发生了改变，更多地是把它当作一个政治问题来看待了。有人认为环境污染问题只会发生在资本主义国家，而不会发生在社会主义国家。例如波兰著名经济学家奥·兰格就曾经认为：社会主义经济由于能够将社会成本内部化，所以不会发生公害。而西方法兰克福学派的代表人物马尔库塞及其学生莱斯则率先把生态危机与资本主义制度联系起来，认为生态危机的根源在于资本主义制度。到了20世纪末期，随着资本主义国家内部的生态灾难在全球范围内蔓延，激起了不同学术领域对资本主义制度的强烈批判，其中以奥康纳的双重危机论、克沃尔的生态社会主义、福斯特和伯克特的马克思生态学理论最为典型。那么推行社会主义制度的东欧社会主义国家内部为什么也会发生环境污染问题呢？对此，莱斯在其《自然的控制》(1972)中为社会主义国家进行了辩护，他认为社会主义国家出现的环境问题完全是因为资本主义对社会主义实施冷战的结果，使得社会主义国家对待自然问题不得不在政治上、军事上和经济上与资本主义国家基本保持一致，从而自然就出现了与资本主义基本同样的环境灾难和生态危机（刘仁胜，2007）。日本著名的环境经济学家宫本宪一(2004)则认为大多数现代社会主义国家并不是从非常成熟的资本主义中诞生的，可以说是在封建社会末期或资本主义的不成熟阶段诞生的，并未经过市民革命或只经过了不完全的革命形态，因而具有特殊的性质。因此，技术水平与生产力水平都比较低下，生产关系也处于不成熟阶段，并且他通过对波兰和中国的调查发现社会主义国家的公害也正在发生，为此他把社会主义国家公害发生的原因归结为生产关系问题。因此，从当前的环境问题发生的现状来看，不管在社会主义国家还是资本主义国家，都不可避免地存在着这种现象。当然不同的政治制度，其环境问题发生的机制肯定存在很大的差别,即使在一个国家或地区内部除了受其政治制度的影响外,同时还要受到其经济体制的制约。从理论上看,任何经济发展过程总是在一定的经济制度框架内进行的。经济制度或体制作为人们从事经济活动所遵循的规则和秩序,实际上就是对各种稀缺资源的配置进行决策并执行决策的有关行为规则和组织方面的安排。任何经济主体都是在一定的制度约束条件下,根据自身的利益目标来作出相应的行为和决策来谋求各自不同的目标和效果。不同的政治和经济制度,对经济主体起着不同的制约作用,反过来,一定的政治与经济制度则反映了各相关经济主体力量的均衡状态。厉以宁等(2001)认为经济体制的类型不但会影响经济主体决策的合理性,而且还会影响人们的行为动机,进而影响他们从事合理经济活动的积极性。环境问题作为人类经济活动在追求经济利益过程中所伴随而来的一个附加的恶果,其在不同的政治和经济制度也有着各自不同的表现形式。接下来,我们要着重阐述的是在我国不同经济体制的大背景下,各经济主体的利益目标及其利益关系对环境问题可能造成的影响。

第一节　计划经济体制下的利益格局与环境问题

一、国家利益为主导的单一利益格局的形成

对于计划经济时期利益格局的分析,我们不得不从计划经济体制的选择说起。新中国成立后我国计划经济体制的选择问题曾经引起了许多学者们的关注。一国或地区所采用的经济体制,在一些人看来可能是决策层主观选择的结果。其实,在这些人为的因素背后,是经济环境和经济条件的影响在发生作用,是一种客观选择的结果。我国老一辈经济学家宋涛(1995)就曾指出,具体到经济体制的问题,它是经济发展的客观要求做出的选择。人们的决策,只不过是这种客观选择的主观反映。当时我国计划经济体制选择的主要缘由大致可以从以下三个方面来进行解释:(1) 内忧外患。自第二次世界大战后,美国与苏联东西方两大阵营形成了冷战局面,美国积极推行扶蒋反共的对华政策。特别是新中国成立之初,以美国为首的西方资本主义国家对我国实行经济制裁与封锁;而我国刚刚结束长期的战乱,国内还存在许多不安定的因素,国外则面临着西方资本主义国家的敌视;(2) 工业落后。我国长

期处于半殖民地半封建社会，生产力非常落后，经济极不发达，工业化水平极低，还没有建立起一个包括国防军事工业在内的相对系统完整的现代化工化体系，还不能制造钢铁、飞机、汽车，不能制造发电设备、冶金设备等等，如果不能改变这种极端落后的工业化水平，社会主义制度的优越性就很难体现出来，社会主义制度的真正确立也就难以保证；(3) 经济混乱。在经济建设方面，新中国刚刚成立，战争过后，民生凋敝，百业待兴，国家经济十分困难。特别是这种情况下，一些不法投机分子趁机囤积居奇，在市场上哄抬物价，造成市场上物价的频频波动，导致百姓怨声载道，严重影响了社会的稳定，因此为了打击投机倒把的不法行为，就必须对经济实行集中统一的管制。综上所述，正是新中国成立初期我国所面临的复杂的经济、政治和军事形势(政治冷战、经济封锁以及夹缝中求生存的需要)决定了我国应该实行能够保证人力、财力、物力的最大动员能力的高度集权的计划经济，以达到实现强大的军事目标来保障国防安全，社会稳定的目的。也就是说新中国成立之初实行计划经济是为了确保国家利益(外保国土完整，内保社会稳定)的需要。我国著名经济学家宋涛(1995)从工业化的角度论述了选择计划经济体制的原因。首先他指出发展现代工业化对一个国家的重要性，同时还明确指出由于社会主义国家所面临的国内外形势决定了应该优先发展重工业，以便能够在资本主义国家的合围之中求得生存。但是，一方面，重工业建设项目的投资规模一般比较大，建设周期长，效益产出慢，因此需要比轻工业更多的资金；另一方面，由于当时国际经济封锁以及社会主义国家自身的经济发展滞后，资金匮乏。那么发展重工业的资金从何而来呢？对此，他提出可以通过统购统销的方式来对农产品进行国家管制，确保通过农产品价格的“剪刀差”的措施来实现农业部门剩余产品向工业部门转移。同时为了强制积累，抑制消费而实行的低收入、低消费的平均分配政策，使得人们的生活水平大体上都能在维持温饱的前提下获得较高的积累。此外，为了确保强制积累起来的资金能够在重工业部门使用，又采取剥夺企业的自主决策权，实行统一决策，统收统支的方式来控制和支配企业资产。而以上这三个方面正好符合计划经济体制的基本特征。另一位著名经济学家林毅夫(2008)也认为重工业优先发展策略是传统经济体制形成的逻辑起点。同时，他认为在 1949 年新中国成立之初，中国与 1929 年斯大林领导下的苏联一样，都是以快速发展重工业和军事工业、实现富国强兵为目标，并且起步条件同为落后的农业国。因此在两国目标相同、条件一致的情况下，中国借鉴苏联在短时期内迅速建立起完整工业体系的经验来优先发展重工业，是一种实事求是的做法。林毅夫(2008)通过对重工业优先发展策略与计划经济体制的逻辑关系做了更加深入的阐述后，认为在一定的限制或约束条件下，为了保证资源的最大动员以及剩余的最大化以投资于重工化的优先发展，发展中国家宏观上扭曲价格信号、行政上计划配置资源、微观上剥夺企业自主权的“三位一体”体系是最优的制度安排。

总的来说，在我国改革开放前长达20多年的计划经济时期里，国家利益在我国社会主义建设事业始终占据着主导地位，社会经济生活中各方面的利益都必须始终服从国家利益或整体利益，并向国家利益倾斜。只有在国家利益得以保证的前提之下，再适当兼顾其他主体，如企业、居民或个人等的利益。在这样的情况下，必然也使得计划经济体制下，整个利益格局表现出几个明显的特点：一是生产资料公有制(全民所有制和集体所有制)形式决定了利益与利益主体的单一化，决策实行集权制或集中管理制，利益的表现形式主要以国家利益为主，其他代表“局部”“狭隘”利益的个体利益或群体利益得不到承认，也不允许存在和发展，因而难以形成任何有独立利益诉求的群体，或者说，仅存在自在的利益群体，而不存在自为的利益群体(卢斌，2006)；二是在分配制上坚持平均主义与“吃大锅饭”，即其他经济利益或物质利益分配上实行平均主义政策。社会主义公有制基础上的收入分配制度决定了计划经济时期我国居民与居民之间的利益关系均等化。据计算，我国城镇居民收入分配的基尼系数：1957年至1978年的基尼系数都在0.16上下波动，而农村的居民收入分配的基尼系数在1952年至1978年都在0.22～0.23之间；全国居民的收入分配基尼系数：1961—1978年间在0.31上下波动(洪远朋等，2006)。这说明在二十多年的计划经济时期，我国居民收入分配程度是比较平均而且固定的；第三是利益关系的纵向权威性。从20世纪50年到70年代末，即计划经济时期，我国的利益关系主要围绕着中央与地方进行，主要以国家利益为重心，地方利益则为辅，地方利益服从国家利益。这种利益格局的形成源于计划经济体制，一方面，中央政府通过指令性计划来配置资源，另一方面，地方的局部利益无条件服从中央政府的调配。在这种利益格局之下，地方政府的主体意识淡化，没有自身独立的利益诉求，它与中央政府形成的一条纵向的服从与被服从的、高度集中的纵向隶属关系又把仅存的企业、个人等少数行为的特殊利益统合到国家利益这一整体利益的范围中去。

二、计划经济体制下的利益格局与环境问题的关系

从以上计划经济体制的选择缘由来看，其根源最终也是基于利益的考量。在当时复杂的国内外形势之下，国家利益与政治利益是最重要的，其他企业的经济利益、个人的物质利益等都是相对次要的，更不用说居民的环境利益了。计划经济相对市场经济来说，它最大的特点是高度集权化，即价格人为控制、资源计划调配、企业由政府管理。在这种高度集权的指令性计划之下，最终使得政府、企业与居民的利益趋向一致，企业与居民的经济利益都得服从于国家利益。因此可以说，在计划经济体制下，真正意义上的主体是政府，企业与居民只是有限的主体。国家拥有真正的决策权，而企业则在信息不对称与权力不对称的条件下与政府形成了一种服从与被服从的关系。政府主管部门对下属企业的生产能力等方面不可能非常了解，因此，下属企业掌握的信息多于政府主管部门，但是政府所掌握的权力要远大于企业，在政府下达生产计划或企业上报生产计划编制时，企业的主体性仅表现在可能的瞒报或漏报的行为方面。而作为企业员工或居民，其自主权则仅限于工作的主动性与积极性方面。在这样高度集权、高度整合的以国家利益为主导的总体利益格局之下，从理论上来讲，采取自上而下的行政指令对环境问题的治理来说是可以起到一定积极作用的。但是由于当时国家的主要利益是“内忧外患”(即国家安全与稳定)，相对而言，企业与居民的物质或经济利益就显得较为次要，而在居民生存尚不能完全保障的情况下，环境利益更是不用提了。因此，基于国家利益的考量，政府并不可能把环境治理作为重点工作来抓，相反，由于政府过于重视国家利益，反而造成了生态环境决策的重大错误，如“大跃进”运动中提出15年内“赶英超美”，在全民大炼钢铁的形势下，全国包括“小高炉、小铜炉、小土炉”等大小设备一起上，据统计数据表明，1958年7月底建成3万多座，到9月份已建成60多万座。不但工厂、公社，甚至部队、学校和机关都建起了土高炉，办起炼铁厂(余扬斌，2009)。土法炼钢不但给钢铁工业造成了重大的经济损失，而且还因森林大量砍伐造成了严重的生态环境问题。此外，计划经济时期的企业明显缺乏参与环境治理的激励，因为这个时期的企业由于没有自主决策权，不用自负盈亏，其唯一的成绩或政绩(企业管理人员当时相当于政府官员)主要体现在对上级政府主管部门所下达的计划的执行完美程度，至于对企业的生产行为是否造成环境问题是不负责的，即便

部分企业存在着环境治理的良好意愿，但无权作此决策。对于企业员工来说，由于他们的工资待遇比较低，而且有着一个比较固定、统一的标准，因此他们就连生产都没有什么积极性，更不用说要让他们参与环境的治理与保护了。

当然，学术界还存在着一种普遍的观点，即认为计划经济体制要比市场经济体制更容易造成严重的环境问题。有的学者，如彭子美(2000)通过对苏联和中国二十多年实行计划经济体制的实践来看，提出计划经济制度中没有任何有效的机制可以约束计划者和计划执行者任意破坏环境的行为，也没有任何有效的机制来自动地纠正计划所导致的环境破坏问题。他还从几个主要方面提出了几点理由：其一从产权制度来看，他认为计划经济制度缺乏约束机制的重要表现就是缺乏一套行之有效、明晰可辨的产权制度。而缺乏明晰的产权制度就无法明确企业或居民对生态环境所应负的责任，从而容易使人陷入"公地的悲剧"。总之，产权模糊是环境资源遭到滥用的重要原因，尤其是土地、矿产资源的产权模糊导致对环境的掠夺和生存环境的恶化；其二，从激励机制的角度来看，计划经济制度的缺陷在于计划者、管理者和工作人员的利益目标与制度所需要的利益目标不相一致，即他们的利益是不相容的。它在动态上只会强化把资源配置到非生产性的地方上去，强化避免风险的倾向，其结果就是导致资源配置浪费严重，技术创新意识薄弱，生产率严重下降。从而进一步导致资源滥用、生态环境的破坏；第三，从信息的角度来看，计划经济体制无法充分、高效地开发和利用具有公共产品性质的环境资源。相对于市场经济来说，计划经济制度难于及时、有效地反映资源相对于人类需求的稀缺程度，而市场经济则可以通过价格机制来实现这一目的。因此计划经济体制无法合理地开发、配置宝贵的环境资源；最后，从费用或责任分摊的角度来看，在计划经济条件下，滥用环境资源的直接责任者往往是国有企业，但是由于在计划经济体制下，国有企业只是执行政府指令的载体，不具有独立的决策权，因此环境问题的根源在于政府的决策行为，最终责任者还是在掌握企业决策权的政府本身。

第二节　转轨时期的利益格局与环境问题

一、转轨时期的多元利益格局的形成

当一个经济所追求的目标很单一的时候，便无须对资源的流向和资源的

使用进行选择，只要采用动员的方法，将社会资源往实现这个目标的方向集中就行了，这对于单一目标的实现当然是颇为有效的（李金亮，2001）。苏联与我国实行计划经济的实践便是很好的例证。从20世纪30年代到50年代中期，苏联之所以能够在较短的时间内实现工业化，并且发展形势似乎比资本主义国家还要好，其中最重要的原因就在于计划经济体制所隐含的强大的资源动员能力。因此可以说，计划经济体制在社会主义国家初期工业化快速发展过程中所发挥的重要作用是显而易见的。大凡实行计划经济体制的国家，在初始阶段都获得了不错的经济增长速度，但是由于这种体制本身存在诸多不可避免的缺陷，随着社会主义经济建设的发展和国民经济内在结构的变化，这种体制也随之变得愈来愈不能适应社会生产力发展的要求，大多数社会主义国家经济越往后发展，其增长也越来越困难，人们在低效益的经济运作中，生活也变得越来越贫困。见表5-1。

表5-1　若干计划经济国家和市场经济国家的GDP增长率

计划经济国家	GDP增长率					市场经济国家	GDP增长率				
	A	B	C	D	E		A	B	C	D	E
苏联	5.7	5	5.2	3.7	2.7	美国	3.3	4.6	3.1	2.3	3.7
东德	5.7	2.7	3	3.4	2.3	西德	7.9	5	4.4	2.1	3.6
波兰	4.6	4.4	4.1	6.4	0.7	加拿大	4.6	5.7	4.8	5	2.9
匈牙利	4.6	4.2	3	3.4	2	法国	4.4	5.6	5.4	4	3.2
捷克	4.8	2.3	3.4	3.4	2.2	日本	7.9	10	12.2	5	5.1
罗马尼亚	5.8	6	4.9	6.7	3.9	英国	3.3	3.1	2.5	2	1.6
中国	7.9	4	7.1	7	6.2	意大利	5.6	5.2	6.2	2.4	3.9

注：A=1950—1960；B=1960—1965；C=1965—1970；D=1970—1975；E=1975—1980。

资料来源：罗伯特·C·格雷戈里《比较经济体制学》1994中文版。

从表5-1中的数据可以发现，实行计划经济制度的社会主义国家在20世纪50年代保持了较好的增长势头，一直到70年代末，各个社会主义国家的经济增长率也一直保持着相对平稳的状态，但是到了60年代以后，各国的经济增长率开始普遍放缓，整体增长水平从50年代的平均5%点多下降到只有2%点多。

从学术界对计划经济体制的研究来看，一般都认为计划经济体制对于一国在特定时期发展特定产业目标时具有较为积极的作用，并且都对计划经济体制所独有的强大资源动员能力给予了一致肯定，但是同时也认为计划经济存在许多致命的缺陷，主要体现在：其一，缺乏有效的利益激励。在计划经济体制中，“集体利益”和“公共利益”被普遍强调，利益表现形式较为单一，所有的个人与组织的利益都要服从于国家利益，一般不承认个人利益、局部利益的存在。对于个人来说，主要的利益激励是政治动员与精神鼓励，而对于企业来说，则必须无条件服从政府主管部门的指令性计划，企业本身既无生产经营的自主决策权，也无财务上的独立支配权，因此也就不存在内部利益动力和竞争上的外在压力。社会主义的按劳分配原则被事实上的平均主义分配方式所取代，严重抑制了企业经营者和生产者的积极性、主动性和创造性。微观经济主体普遍缺乏活力，使社会主义国民经济整体也难以焕发生机（肖巍，2005）。其二，无法掌握充分的信息。在计划经济体制下，一般认为信息是完备的，也就是说政府制定的计划是在完全信息的前提条件下制定的，因此计划一般被认为是正确无误的。但是在实际中，政府不可能收集到非常完全的信息，一方面政府要准确无误地收集散布在社会各个具体领域的大量数据是非常困难的，需要付出极大的搜寻成本，事实上几乎不可能做到。就拿改革开放前来说吧，国家计委（现为国家发展和改革委会员，简称：发改委）直接管理的产品有数百种，按产值计算约占总产值的半数以上。但由于技术上的困难，所管理的产品只能管到品种，其规格、花色都无法管。例如钢材这个产品，据 1982 年资料，全国共有 15 大类、300 多个品种、1700 多个组距（指钢材的尺寸）、2 万多种规格。国家计委（现为发改委）和冶金部只能管到品种层次。更细的国家管不了，又不让地方和企业自主经营，因此生产和需求脱节的情况十分严重；事实上，在实行计划经济的国家中，普遍且长期存在的短缺问题，便是生产（供给）结构跟需求结构脱节的证明。另一方面，即便政府有办法收集如此分散而且琐碎的信息，但是由于委托代理关系链条过长也必然会存在信息失真和扭曲的问题，以失真和扭曲的信息来指导企业的生产和运作，必然导致浪费和产业结构扭曲的结果。其三则是计划经济体制对约束问题的解决措施：既然社会主义国家是以共产主义的精神来激励工厂劳动人员，那么就可以用共产主义精神来约束工厂劳动人员。只要劳动人员还是“经济人”，不仅激励是不可行的，约束也是不可行的。在这种体制下，存在着严重的委托—代理问题,工厂的资产没有人看管和监督,不用说增值,就是保值也不可能做到。以上三个方面实际上指的是一个经济体制有效运作需要解决的激励问题、信息问题和约束问题。这三个问题如果解决不好,就很容易引起资源配置的低效率。罗来武等(1999)认为计划经济体制的做法引起了资源配置三个基本的低效率趋势:在产品的提供方面出现短缺;在就业问题上以公平替代效率;在资本资源的配置上并不能使产出结果达到潜在的更高的生产可能性曲线。

计划经济的低效率造成了我国国民经济发展的滞缓,企业缺乏活力以及广大人民收入与生活水平的低下,特别是“文化大革命”后期,我国陷入了严重的经济危机,整个国民经济濒临崩溃。前期的发展成果不但未能加以巩固,反而导致整个国家的发展甚至出现倒退的现象,不但与发达国家的差距在加大,而且与发展中国家的差距也在拉大。这一切使得僵化和极端的计划经济体制的改革势在必行。

1978 年十一届三中全会的召开,实现了从“以阶级斗争为纲”的路线向“以经济建设为中心”的新的路线的转变。邓小平同志在 20 世纪 80 年代初提出的“让一部分人先富起来的”的思想则对计划经济体制下形成的利益格局得以维系的“左”的错误思想形成了强烈的冲击。因为“让一部分人先富起来”包含两层重要的思想:一是承认了个人利益;其二是承认利益分配的差异。前者对于激发个人的积极性、主动性无疑具有重要的作用,后者则针对平均主义或“大锅饭”的分配机制,引入竞争机制,有利于生产效率的提高。总之自十一届三中全会以来,我国经济体制改革的步伐逐渐展开,原来单一的利益格局也慢慢地开始松动。中央首先选择计划经济体制比较薄弱的地区(农村)和比较薄弱的环节(农业)作为改革的突破口,通过实行家庭联产承包责任制,即通过“分田到户”的形式并就相对固定的使用年限作了相关规定,在生产上让农民自主决策、自主经营,在分配上实行“交足国家的,留够集体的,剩下自己的”与承包制相一致的分配方法,极大地激发了农民生产经营的积极性,并较大幅度地提高了粮食及其他农产品的产量,使农村经济重新开始焕发出活力。在国企改革方面,也逐渐开始实行企业承包制。国有企业的“承包制”“利改税”、股份制改造以及指令性计划和配额的取消也使他们更接近于相对独立的利益主体,同时,打破单一公有制体制后,在多种所有制成分并存的情况下,个体私营企业、“三资企业”、乡镇企业等都成了不同的利益主体;一大批事业单位的企业管理和走向市场也使他们产生了强烈的利益主体意识(关海庭,2002)。在中央政府与地方政府的关系方面,中央政府开始采取放权让利的做法,实行"分灶吃饭"的财政包干制,1994 年后则实行了"分税制"等,这些政策措施的出台,大大地削弱了地方政府与中央政府的经济依赖联系,使得地方政府越来越成为相对独立的经济利益主体。

总之,在我国经济体制改革的过程中,随着中央与地方的分权,政府对国有企业的放权让利与发展多种经济成分,以及国民收入分配向居民个人倾斜等,出现了一个与计划经济时期利益统合相反的变动趋势,即利益分解。这种利益分解不仅将原先强制统合到整体利益中去的特殊利益分解出来,而且还形成了不少新的利益主体(洪远朋等,2006)。不但原有尚不明确的利益主体开始浮出水面,越来越明朗,而且在原有的利益主体内部也不断地发生分化。此外,随着经济社会的发展,还出现了许多新的利益主体或利益群体。

二、转轨时期的利益格局与环境问题的关系

中央政府为了解决计划经济体制的低效率问题,在实行经济与政治体制的改革,并有计划、有步骤地建立市场经济体制的过程中,使一些原来尚不明确的利益主体变得明朗化,同时伴随着经济与社会结构的变化,特别是多种经济形式的发展变化,也产生了一些新的利益群体,如个体经营者、私营企业主以及民营经济、"三资企业"中的管理人员、技术人员等。根据第二章的分析,其中对于环境问题具有最直接影响的主体大致可以分为居民、企业与地方政府,这三者之间的利益合作与博弈是造成当前环境问题的一个极为重要的根源。接下来,我们分别就三者围绕着环境问题的关系进行逐个分析。

(一)转轨时期的地方政府与企业的关系

在不同的政治与经济体制下,企业与地方政府的关系存在着很大差别。在计划经济体制下的企业与地方政府的关系是一种简单的隶属关系,它们的利益目标基本是一致的。政府与企业可以看作是一个不可分割的整体,企业隶属于政府,企业本身没有自主决策权,企业与政府间不存在平等的博弈关系。在博弈策略的选择上,企业只有选择"服从而不对抗"的对策,来实现自己利益的最大化,由此形成的博弈结果乃是政府与企业的"父子关系"(刘祖云,2005)。自十一届三中全会以来,我国政府逐步开始了政治与经济体制的

改革，有计划、有步骤地引入了市场经济的竞争机制。从目前来看，我国和大多数国家一样实行的是混合经济体制（只不过计划经济与市场经济各自所占比例不同而已），现行的经济体制中既包含计划经济，也包含市场经济，换一句话来说，目前实行的是双轨制。在这样的经济体制背景下，我国政府与企业之间的关系也具有一些明显的特点，有的学者把这种关系称之为双轨博弈，也就是说在计划经济朝向市场经济的转轨阶段，"政府一方面通过市场调节方式如税收政策来引导企业，另一方面政府与职能部门又利用行政手段来直接干预企业的活动，因而企业在双轨上与政府进行博弈"（彭正银等，2003）。

围绕着环境问题所展开的地方政府与企业之间的关系却与一般意义上的政府与企业的关系又存在着一些区别。一般意义的政府既包括中央政府，也包括地方政府。并且在当前从计划经济向市场经济的转轨过程中，地方政府与企业就环境问题所展开的利益关系包含着博弈与合作。首先地方政府与企业是一种利益博弈的关系。一方面，作为一方公共利益的维护者——地方政府有义务也有责任捍卫当地居民的公共利益，当然也包括本区域居民的环境利益，而企业则是环境问题的主要制造者。因此在这个意义上来说，地方政府与企业存在着某种对立的关系。地方政府对于企业行为的调控或引导主要是通过制定公共政策来进行的，也就是说，政府是公共政策的制定者，企业则是公共政策的实施对象。地方政府作为一方的管理者，它在实现本区域社会福利最大化目标的过程中必定会与企业的环境污染行为产生冲突。在双方利益博弈中，我们假定只有一个地方政府与一家污染企业，在由地方政府与污染企业构成的博弈模型中地方政府有两种可选择的策略：惩罚和不惩罚；污染企业也有两种策略：贿赂并继续污染和不贿赂但自行治理污染。假设该博弈模型的支付矩阵如表 5 - 2：

表 5 - 2　支付矩阵

			地方政府
		惩罚	不惩罚
污染企业	污染	(−8,2)	(7,0)
	不污染	(6,3)	(4,0)

在表 5 - 2 的支付矩阵中，第一个数字代表污染企业的收益，第二个数字代表地方政府的收益，实际上就是社会收益。如−8 代表地方政府进行惩罚

时，污染企业实施环境污染行为的收益为－8，而社会收益为2，在这里需要注明的是，社会收益和污染企业的支出并不是一致的，因为我们知道地方政府实施惩罚也是要付出成本的，所以社会收益中需要扣除实施惩罚所付出的成本部分，同样，其他数字也可以作类似的解释。

很明显，我们从以上的支付矩阵中可以看出，当地方政府对污染企业不惩罚或纵容企业的环境污染行为时，企业选择污染行为，因为污染的收益为7，不污染的收益为4，实施污染行为的企业比不污染所得的收益多出3个单位；当地方政府对污染企业实施惩罚时，污染企业选择不污染，因为企业实施环境污染行为的损失为8，而不污染的收益为6，相比之下，企业选择不污染要比污染多得到14个单位的收益，显然，企业会选择不污染。污染单位的最终选择将取决于它对环保部门惩罚力度的预期，也就是它对风险程度的判别。如果污染企业对地方政府严惩的概率为10％，则污染企业：

不污染的收益＝4×0.9＋6×0.1＝4.2

污染的收益＝7×0.9－8×0.1＝5.5

从以上企业污染与不污染的收益情况的比较来看，企业污染的收益要比不污染的收益多出1.1个单位，因此企业作为理性的经济人，它有着选择污染行为的激励，从而会选择污染。因此为了使企业改变对污染行为的选择，就必须通过加大污染企业对地方政府严惩的预期的方式来增大企业选择污染行为的成本。如地方政府对污染企业惩罚的概率为90％，则污染企业：

不污染的收益＝4×0.1＋6×0.9＝5.8

污染的收益＝7×0.1－8×0.9＝－6.5

当政府加大对企业环境污染行为的严查力度后，即把地方政府对企业的惩罚概率设定为90％后，企业污染与不污染的收益比较就发生了很大的变化，企业如果选择污染行为的话，它不但得不到任何收益，而且还要为之支付成本的6.5个单位，相反，如果企业选择不污染的话，那么它将得到5.8个单位的收益。所以要减少或杜绝企业环境污染行为的话，就必须加大污染单位对地方政府惩罚的预期，增大企业污染的成本。

其次，地方政府除了要保护好当地的生态环境外，它还有另外一个更为重要的责任，就是发展当地经济，解决当地居民的就业问题，提高本行政区域的整体经济福利水平，帮助居民实现增收问题。而企业在这方面则承担着主要的作用，这就使得地方政府与企业除了因为环境污染问题而形成的对抗或冲突的关系外，它们之间还因为对经济利益共同的追求而存在着某种变相共谋的关系。事实上，地方政府在处理与环境问题的相关事件时，常常会因为其与企业的这层共同的利益关系而发生决策行为上的偏差。并且，我们知道，地方政府作为中央政府在基层的代理人，它不但与中央政府存在委托—代理的关系，需要执行中央政府所下达的指令性计划的安排，同时作为地方上的管理者，它又与当地的许多利益集团或利益群体有着千丝万缕的联系。因此，当地方政府作为中央政府的代理人，在执行中央以宏观利益或整体利益为目标的政策时，难免会与其自身所代表的地方利益或局部利益发生冲突，使得地方政府在执行中央政策时会出现行为上的偏差，甚至表面执行，暗里却怀着与中央政府的意志背道而驰的敷衍态度。例如某地有一家大型的造纸厂，经济效益非常可观，并可以帮当地政府解决 5 000 人左右的就业问题，每年还上缴税收 1.5 亿元，除此之外，由于这家造纸厂规模比较大，还带动了当地相关第三产业的发展，但是它有一个很大的问题就是在生产过程中每天要排出几十吨气味难闻的黑色污水，既严重影响了当地的空气质量，同时又给下游地区鱼类的生存、庄稼的成活，甚至居民的生活用水造成了严重影响。从这个例子中可以看出，显然这家造纸厂的经济效益是非常诱人的，对当地经济的发展功不可没。但是中央政府却觉得这家造纸厂尽管创造了良好的经济效益，但却给下游周边地区带来了重大污染，因此责令当地政府关闭这家造纸厂。那么关闭还是不关闭呢？这就体现了地方利益与中央宏观利益的矛盾与冲突，各自的角度不同，地方政府注重本区域狭隘的利益，而中央政府则关心的是整体利益，利益冲突的结果是这家造纸厂可能会在风声紧时关闭整顿，等风声过后，又会重新开张。

总之，由于地方政府基于地方经济增长目标的考虑，而企业也需要不断追求利润，二者经济利益实现上的相互依存和行为目标上的趋同，为地方政府与污染企业在环境问题上形成变相共谋奠定了共同的利益基础。

一方面，正如前面所述，地方政府的利益主要包括地方公共利益与地方政府自身利益。前者指的是本辖区内居民的就业、居民的增收、基础设施的建设、教育、医疗卫生等公共产品的供给；后者则包括政府工作环境、政府绩效、政府官员的晋升等等。一个地方经济利益目标能否实现，在很大程度上取决于该辖区内企业的发展状况，因为企业良好的发展态势可以为当地解决大量的就业问题，从而能实现居民的增收问题和生活水平的提高，同时还能给当地政府带来大量的财政收入以及推动当地相关产业的发展。对于政府官员来说，本辖区经济的发展可能为其日后晋升提供了很好的政绩。正是由于地方政府与辖区内的污染企业存在这种高度依赖的关系，使得地方政府对企业污染行为的任何严格规制无异于对自身利益的取缔，这无论是从地方公众利益还是从地方政府自身特殊利益的考虑，都不是一种理性的选择。一般来说，对辖区企业的环境污染行为，除非污染后果特别严重，以至于引起众怒或上级政府的不满，否则，地方政府是不会轻易对其实施严厉的环境管制措施的(谢丽霜，2006)。

当然环境质量也属于地方政府公共产品的范畴之内，因此环境治理成效也理应纳入地方政府的政府绩效评价体系之内。但是不管环境质量的改善也好，还是恶化也好，很难对其设定一个明确具体的量化标准，并且环境问题的显现或爆发存在着一个时效性的问题，就是说，今天某企业实施了环境污染行为，不一定就能在当天造成环境污染问题，有可能要在五年以后，或者十年以后，等等；同样，环境治理与恢复也很难在短期内取得立竿见影的效果，今天进行环境治理与恢复，其效果有可能要若干年后才能显现出来。因此，环境污染的发生与治理都有着一个时滞问题，而这与当前地方政府官员有限的任期制通常难于保持一致，地方政府官员为了在自己的任期内创造政绩，他就很难不作出不利于生态环境可持续发展的决策行为，因为他缺乏治理环境的动机或激励。

另一方面，对于企业来说，虽然其根本目标就是为了实现自身经济利益的最大化，但是随着经济交往的普遍发展，企业必然要与社会的方方面面发生联系，因此其经济利益的实现也离不开相关利益者的支持，一旦离开了他们的支持，任何企业都难以独善其身，从而也就难以在激烈的市场竞争中占据一席之地。同样的道理，在一个行政辖区内，企业作为地方政府的一员，也必定要受到当地政府的约束。由于企业的利益目标与地方政府的一个重要的利益目标(经济增长)相一致，使得他们之间有了一种天然的利益联系纽带。我们知道，地方政府作为一个地区最具权威的公共权力机构，它是地方制度的供给者，也是地方公共利益的维护者。企业作为该辖区的一成员，通过与地方政府建立良好的关系有助于企业获得良好的资源与支持。而规制俘获理论则说明，产业中的利益集团在适当的时候可以控制或影响规制，就是说如果企业的实力足够强大的话，它甚至可以发挥一个利益集团的作用，影响地方政府的决策，使地方有关产业的规制或立法朝向有利于自己的方向发展。

（二）转轨时期的地方政府与居民的关系

新中国成立以来，我国在相当长的一段时期内实行的都是高度集权的计划经济体制，在这种体制之下，政府在整个社会经济活动中扮演的是一个决策主体的角色，主要通过制定各项计划政策来干预整个社会的经济活动，引导整个国民经济良性发展。对于环境问题，政府采取的解决措施与办法主要是通过制定计划、安排项目、划拨资金并具体组织项目实施、负责设施运行等等。在以强制性为特点的计划经济体制下，政府具有强大的财力、物力和人力的动员能力，这对于解决一些重大而复杂的生态环境问题无疑具有极为重要的意义。但是，计划经济体制下的政府由于承担着整个社会经济的运行重担，在环境治理与保护方面也包揽了大部分的责任和义务，甚至连许多本应由社会和公众承担的责任都推给了政府。结果，整个社会与广大居民也因此对政府产生了很大的依赖，而政府则在越来越复杂化、越来越严峻的环境问题上变得越来越力不从心。按理说，在环境问题方面，地方政府与居民本来并没有直接的利益冲突，地方政府作为一方百姓的公共利益的捍卫者，理论上本来就是为百姓服务的，但是后来却发生了一些变化。自十一届三中全会经济体制改革以来，地方政府与居民的利益主体意识越来越突显出来，各自的利益目标也逐渐发生了分化。地方政府作为公共利益的权力维护机构，其主要目标是公共利益，但公共利益的内容涵盖比较广，环境利益只是其中之一，除此以外，地方政府还承担着发展经济的重任。正是由于地方政府利益目标的多元化，使得不同的公共利益目标之间也会存在着谁先谁后、孰轻孰重的问题，再加上地方政府官员出于对自身私利的追求以及环境问题上的权力寻租关系的发生，这就使得地方政府在环境治理与保护问题上的决策行为存在偏差也就难以避免。事实上，全国各地在环境问题上有关地方政府偏袒污染企业的行为屡见不鲜。例如 1992 年 3 月，南方某省的 A 县引进了亚洲最大的某化工厂，并于 1994 年 1 月 28 日开始全线生产，每年上缴利税 1 500 万元，还解决了当地 500 人的就业问题，原来 A 县财政每年只有 2 000 万元的收入，现在达到一亿多元（化工厂就占三分之一）。但是同时，随着化工厂的开工生产，环境污染问题也随之而来，化工厂周围的空气质量越来越糟，周围的毛竹、果树、花卉枯死，下游鱼虾逐渐绝迹。造成的经济损失合计人民币1 033.144万元。病人也越来越多，周边的居民们经常头痛、恶心、胸闷、皮肤瘙痒，因患癌症去世的居民也呈逐年上升趋势。为此，居民张某某等人代表1 721名当地居民打官司索赔维权，但是由于地方政府以及相关部门的层层阻挠，经过十几年的艰辛努力和上诉才拿到化工厂的684 178.2元赔偿款。对此，该诉讼案的法律援助者——中国政法大学污染受害者法律帮助中心的主任王灿发认为该诉讼案之所以如此旷日持久，其实关键就在于地方政府的不作为甚至阻挠。王灿发还根据其所在中心接手的诸多环境维权案的经验，指出污染企业多半是地方利税大户。一些地方政府为了抓经济建设，会“有意无意”地偏袒企业一方，无形中加大了老百姓维权的成本。而且地方环保部门大多根据政府意志行事，也使得环境问题的解决异常困难[①]。从以上的案例中可以发现地方政府偏袒污染企业的现象屡见不鲜，已成为居民环境维权过程中的常态了。本来地方政府与居民之间就是服务与被服务的关系，却因为环境问题而演变成一种对抗与冲突的关系。从这么漫长的诉讼官司来看，也反映出了居民在环境权益维护问题中的弱势地位。因此要加强居民与地方政府在环境维权中的议价能力，不但要提高居民的知识和能力，而且还得推进环境非政府组织的建设。此外，还可以借助舆论媒体的力量来实现对地方政府部门的监督。

（三）转轨时期的企业与居民的关系

通过前面所述，我们知道，企业与居民的利益关系在计划经济体制下是一致的，也就是所谓的“大河有水小河满”。企业与居民都是以国家利益或大局利益为重，企业的利益也好、居民个人的利益也好，都要仰仗国家的发展，只有国民经济发展了，国家强大了，那么企业与居民的利益才有保障。但是自从中央实行经济体制改革后，逐渐从计划经济向市场经济过渡和转变，企业与居民的利益也随之发生了分化，各自的主体意识逐渐被唤醒，而不同的利益主体由于有着不同的利益目标，因此，各主体之间发生利益冲突在所难免。特别是近些年来，随着经济的迅猛发展，企业的环境污染行为也在不断加剧，大大小小的环境污染问题处处可见，从而也严重地影响到居民的生活

① 注：此案例引自《中国改革》2008年第7期.

与生存环境。企业与居民之间因环境污染问题而引发的纠纷也呈逐年上升趋势，企业与居民的利益博弈也由此展开。接下来我们从博弈论的角度来分析一下企业与居民之间的利益关系。居民作为环境公共产品的消费者，可以分为单个的居民和集体形式存在的居民。因此，居民与企业的利益博弈关系也可以分为以下两种：

(1) 居民(个体)与企业的利益博弈分析。一般来说，根据“谁污染谁付费”的原则，企业在生产过程中的环境污染行为所造成的环境问题应该由企业来承担，但是如果环境污染问题的责任企业没有承担的话，那么就变成了社会成本，即由整个社会共同承担。在实际生活中，环境问题最直接最明显的受害者是污染所在地的周边居民，这个群体是比较松散的一个利益群体或者说一个潜在的利益集团。如果由单个的污染受害者或居民来单独承担环境问题的社会成本的话，那么他所承担的成本必定要大于因环境问题而带来的损失，就是说单个居民参与治理的成本要高于其受污成本，因此他单独参与环境治理对他来说显然不是个理性的选择。这个道理可以很好地解释生活中为什么单个居民很少能够单独参与环境的维权活动中来。接下来，根据经验事实，我们假设单个居民参与环境维权的成本为 20，维权成功的收益为 15，不维权(受污染)的个体损失为 10，企业治理成本为 100。由此得到以下“维权—治污”矩阵博弈模型，附表 5-3。

表 5-3　“维权—治污”矩阵博弈模型

			污染企业
	获益情况	治污	不治污
单个居民	维权	(−20,−100)	(−15,−15)
	不维权	(0,−100)	(−10,0)

显然，从以上的博弈矩阵来看，均衡点应该是(−10,0)，即应采取的均衡策略是(不维权，不治污)，因为对于单个居民来说，选择不维权的损失 10 是最合意的结果，而对于污染企业来说，选择不治污则不需付出任何成本，当然是个很好的选择。因此，污染企业采用“不治污”策略，而单个居民采取“不维权”策略是双方的理性选择，是博弈的一般结果，因而博弈双方均没有单个改变自己策略的经济激励。

(2) 前面我们分析了作为个体的居民单独与污染企业围绕着环境污染问

题而展开的利益博弈关系。接下来分析作为一个整体的居民与污染企业的利益博弈关系。在这个“维权—博弈”模型中我们假定居民的数量为 100 人。得到“维权—博弈”模型。如表 5－4。

表 5－4 “维权—博弈”模型

			污染企业
	获益情况	治污	不治污
所有居民	维权	(－20,－100)	(480,－1 500)
	不维权	(0,－100)	(－1 000,0)

以上博弈虽然是用矩阵博弈的形式表示的，但实际上这是一个三阶段的动态博弈，首先由污染者选择是否污染，然后由受害者选择是否索赔，最后由污染者进行赔付。用动态的博弈理论可以得出这个博弈的均衡解是(治理污染，不治理污染就索赔)，也就是说“索赔—治污”整体博弈的一般结果是污染者治理其污染，而受害者可以用“不治理污染就索赔”策略保障其权益。这显然是一个理想的结果，但问题的关键是如何协调众多受害者的行动，尤其是当受害者无法确认或受害者无法沟通时，集体行动的困境将使受害者面对的是不利的“个体索赔—治污”博弈而不是有利的“集体索赔—治污”博弈(尚宇红，2005)。

第六章　环境治理视域下居民与企业的关系研究

第一节　引言

自改革开放以来，我国国民经济长期以来一直保持着持续快速的增长，并取得了举世瞩目的成就，发展至今，现已成为仅次于美国的世界第二大经济体，但是，随着经济增长，尤其是伴随着工业化和城市化进程的不断加快，随之而来的环境污染问题也变得越来越突出。据 2017 年中国生态环境状况公报统计资料表明，全国 338 个地级及以上城市（以下简称 338 个城市）中，338 个城市发生重度污染 2311 天次、严重污染 802 天次，以 PM2.5 为首要污染物的天数占重度及以上污染天数的 74.2%，以 PM10 为首要污染物的占 20.4%；全国地表水 1940 个水质断面（点位）中，Ⅰ～Ⅲ类水质断面（点位）1 317 个，占 67.9%；Ⅳ、Ⅴ类 462 个，占 23.8%；劣Ⅴ类 161 个，占 8.3%。2017 年，以地下水含水系统为单元，以潜水为主的浅层地下水和承压水为主的中深层地下水为对象，原国土资源部门对全国 31 个省（区、市）223 个地市级行政区的 5 100 个监测点（其中国家级监测点 1 000 个）开展了地下水水质监测。评价结果显示：水质为优良级、良好级、较好级、较差级和极差级的监测点分别占 8.8%、23.1%、1.5%、51.8%和 14.8%。主要超标指标为水总硬度、锰、铁、溶解性总固体、“三氮”（亚硝酸盐氮、氨氮和硝酸盐氮）、硫酸盐、氟化物、氯化物等，个别监测点存在砷、六价铬、铅、汞等重（类）金属超标现象。另外根据 404 个日排污水量大于 100 立方米的直排海工业污染源、生活污染源、综合排放口监测结果显示，污水排放总量约为 636 042 万吨，化学需氧量为 172 414 吨，石油类为 906.3 吨，氨氮为 10 759 吨，总氮为 56 625 吨，总磷为 2 169 吨，部分直排海污染源排放汞、六价铬、铅和镉等污染物。工业化与城市化带来的大量污染排放给人们的生产与生活环境造成了巨大的压力，因环境污染导致的环境信访数量也呈逐年上升的态势，根据国家统计局环境统计年报显示，环境信访自 1995 年 58 678 次(封)一直持续上升到 2015 年 1 768 000 次(封)(包括网络和电话投诉次数)，整整增加了 30 倍，尤其是自 2011 年以来，由于网络及环境举报热线的开通，环境信访次数呈现出井喷式增长。可见，工业化与城市化带来的污染排放不但给生态环境造成了极为严重的损害，而且还给社会和谐稳定带来了极大的挑战。企业在生产过程中大量向外排放的各种污染物是造成环境信访数量急剧上升的直接原因，而不断攀升的环境信访规模，反过来，也势必给排污企业造成压力，二者存在着相互作用的关系。那么彼此相互影响的程度又是如何的呢？有鉴于此，环境信访在本章中主要用于反映居民(与之相对应的是社会学意义的“公民”)与排污企业之间的关系，一般来说，污染排放越大，则环境信访越多，反之，环境信访越多，则污染排放可能也会随之有所收敛。接下来，本书采用向量自回归模型(VAR)就环境治理视域下居民与企业之间的关系进行实证研究。

第二节　文献综述

“信访”具有典型的中国特色，最早源于《信访档案分类方法》(1963 年 12 月制定出台)，之后慢慢被广泛使用。2005 年 1 月国务院出台的《国务院信访条例》对此进行了明确的界定：信访是指公民、法人或者其他组织采用书信、电子邮件、传真、电话、走访等形式，向各级人民政府、县级以上人民政府工作部门反映情况，提出建议、意见或者投诉请求，依法由有关行政机关处理的活动。2006 年国家环境保护总局依据《国务院信访条例》制定了《环境信访办法》，其中提出了“环境信访”的概念，并明确指出，针对违反环境保护法律、法规和侵害公民、法人或者其他组织合法环境权益的行为，公民有权利对此进行检举、揭发、举报与投诉。尽管环境信访提出的时间并不长，但是随着环境污染问题的不断增多，环境信访逐渐引起了学术界的广泛关注。

通过对现有文献的梳理发现，环境信访的相关研究成果虽然不是很多，但却牵涉政治学、法学、社会学、经济学等诸多学科，其中在法学领域主要着重于探讨环境信访在环境纠纷中的价值与作用(徐军等，2008；张兰，2010；陈敏，2011)；社会学领域，张金俊(2014)基于社会文化基础提出了诉苦型环境信访,并认为这种信访方式是农民寻求现代国家权力支持的一种重要策略;而在政治学(公共管理)领域,相关研究成果则主要集中在案例、原因、问题及对策方面(陈添等,2010;付军华等,2013;王勇,2014)。相对规范研究而言,关于环境信访的实证研究则较为欠缺,比较具有代表性的研究成果主要有祁玲玲等(2013)基于2003—2010年省际面板数据对各省市的环境信访行为的研究,其结果表明,当代中国公民的环境信访规模存在着省际差异,环境信访规模还可以从国家环境法制执行能力和社会团体发展规模的因素得到解释,并主张通过提升国家的环境法制执行能力来缓解公民环境信访的压力,同时还强调社会组织在消解公民环境信访对国家政治体系的压力方面的作用;王丽丽等(2016)基于社会心理学中规范激活理论,构建了公民环境信访影响因素的理论模型对环境信访的公民进行了调查研究,结果发现环境信访结果认知正向影响环境信访责任归属,公民的个体规范需要通过责任归属得以激活,从而影响公民环境信访行为的意向;马本等(2017)则采用显示偏好法就环境信访与环境质量需求的关系进行了定量研究,结果发现,居民对于改善环境质量需求要滞后于污染恶化的速度,而对于环境质量的需求则要快于收入增长的速度;而左翔(2016)虽然没有专门针对环境信访进行研究,但利用中国综合社会调查(CGSS2006)家户与城市匹配数据,针对环境侵权、经济增长与居民政治态度的关系进行了实证研究,结果发现,环境污染侵权与否会影响居民对政府权威的认可度,并且环境权益受损的居民对民主制度和司法独立的诉求会随着经济发展水平的提高而呈现出不断增强的趋势。此外,国外一些学者,例如Dasgupta等(2003)和Brettell(1997)就环境污染程度、公民环境保护意识、收入水平、受教育程度和经济发展水平对环境信访的影响进行了研究。

综上所述,随着经济持续增长,因环境污染问题而引发的环境信访已逐渐成为学界诸多学科关注的焦点,但总的来讲,现有成果主要还是以问题、案例分析及对策方面的规范研究为主,而实证研究则明显不足。在实证研究方面,多数学者采用面板数据模型,有的学者则采用结构方程模型法分析了省际环境信访行为的影响因素,也有的学者运用Probit模型分析了环境污染与居民政治态度的关系问题,但结合灰色关联分析法与向量自回归模型针对环境信访与企业污染排放的关系进行研究的成果则较为少见。

第三节 研究设计

一、研究思路

本书主要采用灰色关联分析法和向量自回归模型就环境信访事件与环境污染排放的关系问题进行实证研究。首先,采用灰色关联分析法就环境信访事件与各种主要污染排放量之间的关系进行量化研究,测算出各种污染排放与环境信访事件之间的关联系数,并就关联程度的大小进行排序;其次就工业污染排放与环境信访的关系脉冲响应及方差进行分析。

二、指标的选择

(一)环境信访

环境信访是由环境污染纠纷所引发的利益申诉事件,它是衡量环境变化与社会冲突的重要指标。环境信访之所以发生,究其原因在于企业各种污染排放必然损害了当地居民赖于生产与生活的环境利益,甚至影响到居民的生命与健康问题。而环境信访则是居民对于环境污染反应的主要体现。因此在本书中,采用环境信访的来信(包括网络与电话投诉次数)作为因变量。

(二)污染排放

当前,污染排放仍然是造成环境污染问题的重要因素,并且由于当前大部分污染排放物又主要源于工业生产过程,因此,模型拟选择工业废水排放量、工业废气排放量以及工业固体废弃物排放量作为自变量。

第四节 环境信访与污染排放的关系分析

一、环境信访与污染排放的关系分析

20 世纪 90 年代以来,环境信访数量随着环境污染问题的不断恶化也随之不断攀升,尽管环境信访不可避免会受到居民环境意识、法律维权意识、信

访通道的开放性以及居民对环境污染问题的认知等各种因素的影响，但环境信访与环境污染的关联性还是不容置疑的，尤其与工业污染排放的关系最为密切，因为工业是污染排放的主要源头。那么环境信访与工业污染排放中的三废（工业废气排放、工业废水排放以及工业固体废弃物排放）具体存在怎样的演进过程呢？为了避免不同指标的数据在数量级及计量单位上的差异导致不同曲线的关系不够明朗或不易观察，在此，先给各指标取对数后再将各自的曲线画出，并得到以下图形，具体参见图 6－1、图 6－2、图 6－3。

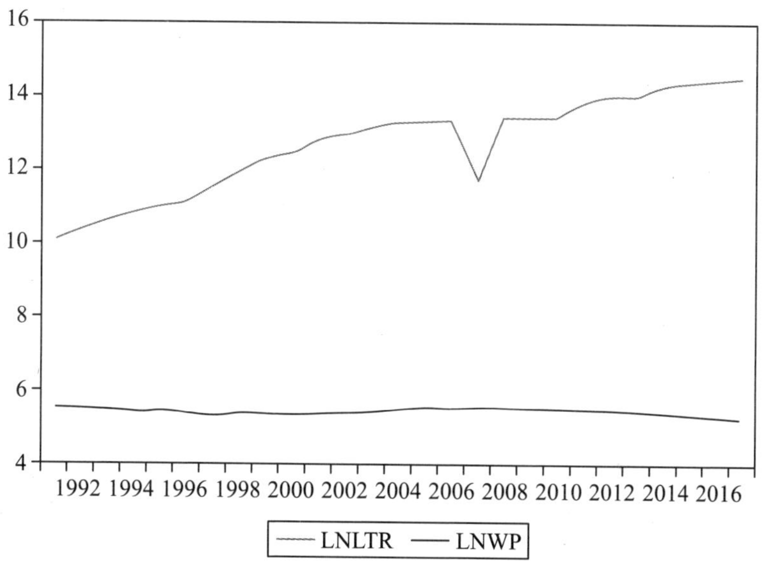

图 6－1　环境信访与工业废水排放量的关系演进过程

通过图 6－1 可知，自 1991 年以来，工业废水排放量一直保持着相对稳定的水平，尽管随着时间的推移，有所下降，但总的趋势不明显；而环境信访则自 1991 年以来一直保持着上升的态势，除了在 2007 年呈明显的断崖式下降外，主要与 2008 年奥运会在我国北京召开前夕政府对环境采取了严厉的管制措施有关。奥运会结束之后，工业废水排放量仍然保持上升的势头，这也从侧面说明，运动式的环境治理模式不可持续，效果不大。

根据图 6－2 可知，环境信访与工业废气排放量自 1991 年总体上保持着不断上涨的态势，并且从两条曲线的倾斜程度来看，环境信访曲线明显要比工业废气排放曲线陡峭很多，说明前者的斜率要明显大于后者的斜率，也就是说，环境信访的增长速度要明显快于工业废气排放量的增长速度。

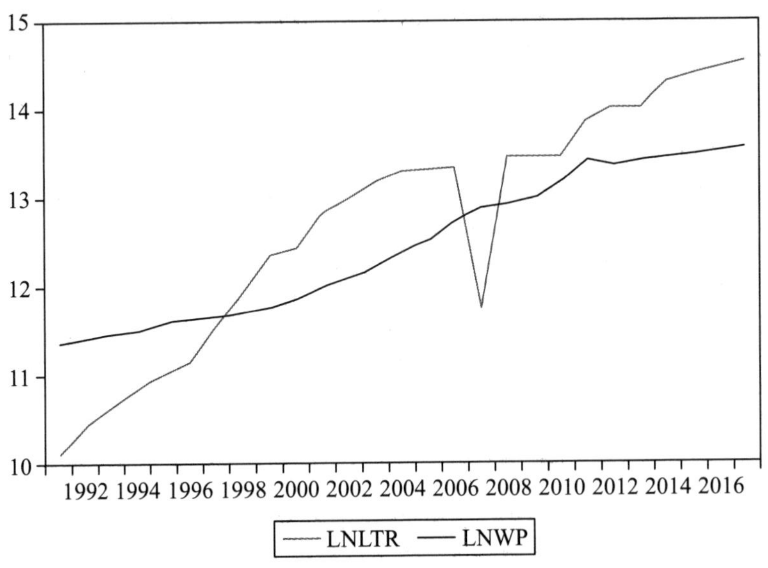

图 6-2　环境信访与工业废气排放量的关系演进过程

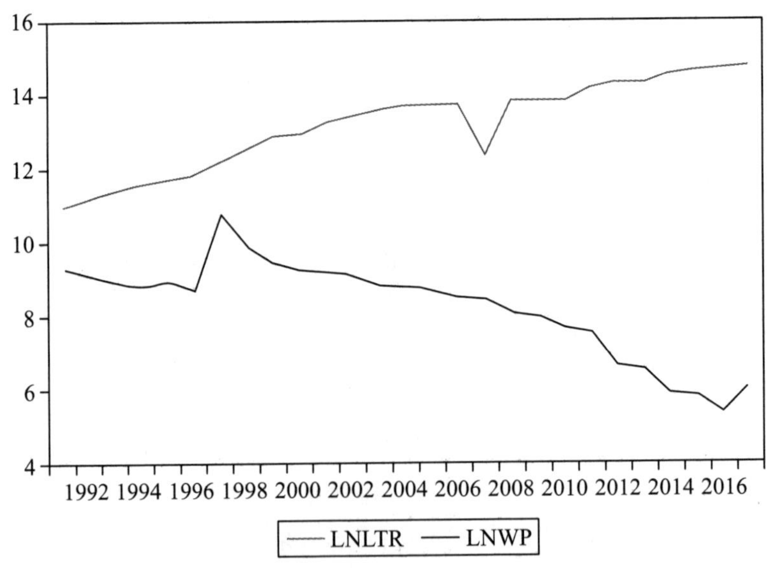

图 6-3　环境信访与工业固体废弃物排放量的关系演进过程

根据图 6-3 可知,环境信访曲线自 1991 年以来,除了 2007 年断崖式下降外,其他年份一直保持着平稳的增长态势,而工业固体废弃物排放量自

1991 年开始缓慢下降，到了 1996 年又开始急速上升，然后自 1997 年开始又呈逐年下降的态势，直到 2016 年又开始小幅上升。

二、环境信访与污染排放的关联分析

正如前面所述，工业是各种污染物排放的主要来源，因此也是造成环境污染问题的最为重要的影响因素。环境信访之所以会呈逐年上升的态势，虽然受到居民经济水平、环境意识、环境维权通道等诸多因素的影响，但也与各种工业污染排放有着必然的联系。那么各种污染排放与环境信访究竟存在怎样的关联程度呢？为此，接下来，将采用灰色关联分析法就环境信访与工业废水排放、工业废气排放以及工业固体废弃物排放的关系进行分析。

（一）灰色关联测度分析法

灰色关联度分析法是基于 20 世纪 80 年代邓聚龙教授的灰色系统理论提出的对系统进行动态分析与比较的方法，其基本原理是通过对参考序列与若干个比较系列之间的几何形状的差异程度来判断二者之间的关联程度。该方法的优点在于对于样本容量大小以及数据的规律性要求不高，一般不容易出现量化结果与定性分析不一致的情况。其具体步骤如下：

1. 首先确定参考数列与比较数列。其中参考数列（即母序列）应为反映系统行为特征的数据序列，而比较数列（子序列）则应由能够影响系统行为的各因素构成。可假设母序列为 $X_0=\{X_0(K)|K=1,2,3\cdots n\}$，子序列 $X_1=\{X_1(K)|K=1,2,3\cdots n\}$，$i=1,2,3\cdots m$。

2. 其次对数据序列进行无量纲化处理。由于系统中各因素序列数据的量纲不同，使得各自之间难以比较，关系到结论的有效性与可靠性，因此，在实施灰色关联分析之前，一般都需要对参考数列和比较数列中的数据进行无量纲化处理。无量纲化处理的方法主要包括 Min-max 标准化与 z-score 标准化等。

3. 计算灰色关联系数。计算参考数列与比较数列在各个时刻（即曲线中的各点）的灰色关联系数 ξ，计算公式如下：

$$\xi_i(k)=\frac{\min_i\min_k|X_0(k)-x_i(k)|+\rho\cdot\max_i\max_k|x_0(k)-x_i(k)|}{|x_0(k)-x_i(k)|+\rho\cdot\max_i\max_k|x_0(k)-x_i(k)|}$$

其中 ρ 为分辨系数，一般在 0～1 之间，通常取 0.5。

4. 计算关联度。由于关联系数是比较数列与参考数列在各个时刻(即曲线中的各点)的关联程度值,所以它的值会有若干个,无法进行整体性比较。因此,需要求出各个时刻的关联系数的平均值,并以该平均值代表比较数列与参考数列间的关联程度。假设关联度为 r_i,其计算公式为:$r_i=\frac{1}{N}\sum_{k=1}^{N}\xi(k)$,其中 r_1 的取值范围为:$0<r_1<1$,该值如果越接近 1,则其关联度越高,反之,若越接近 0,则关联度越差。

5. 按值的大小对关联度进行排序

各因素之间的关联程度,一般通过关联因素间关联程度的大小顺序来解释。

(二) 关联度的测算与分析

根据以上关联系数及关联度的具体步骤,通过计算得到工业废水排放总量、工业废气排放总量及工业固体废弃物排放总量与环境信访的关联度数据,具体参见表 6-1。

表 6-1 环境信访与工业“三废”排放量之间的关联度

	工业废水排放量	工业废气排放量	工业固体废弃物排放量
1991—2000	0.93	0.94	0.94
2001—2010	0.68	0.71	0.67
2011—2017	0.41	0.44	0.40
1991—2017	0.70	0.73	0.70

通过表 6-1 可知,1991—2000 年 10 年间工业废水排放总量、工业废气排放总量及工业固体废弃物排放总量与环境信访的关联度分别为 0.93、0.94、0.94,说明三者与环境信访的关联度均非常接近,其中工业废气排放量与工业固体废弃物排放量与环境信访的关联程度相同;2001—2010 年 10 年间,工业废水排放总量、工业废气排放总量及工业固体废弃物排放总量与环境信访的关联度分别为 0.68、0.71、0.67,说明工业废气排放量与环境信访的关联度还是最高的,而工业固体废弃物排放量与环境信访的关联度则有所下降,并低于工业废水排放量,排在第三位;2011—2017 年 7 年间,工业废水排放总量、工业废气排放总量及工业固体废弃物排放总量与环境信访的关联度分别为

0.41、0.44、0.40，说明工业废气排放量与环境信访的关联度还是位居第1位。而1991—2017年27年间，工业废水排放总量、工业废气排放总量及工业固体废弃物排放总量与环境信访的关联度分别为0.70、0.73、0.70，可见三者对于环境信访的关联程度总体还是非常接近的，其中工业废气排放总量与环境信访的关联度最大，为0.725。综上可知，1991年以来至今，工业废气排放量对环境信访影响最大。

三、环境信访与污染排放的实证分析

前文采用灰色关联测度分析法就环境信访与各种污染排放之间的关联程度进行分析，可以得出各种主要污染排放物与环境信访的关联程度及其排序情况。结合前文环境信访与各种主要工业污染排放的时间序列图以及关联度可知，工业废气排放与环境信访之间的关联性最强，并且二者在时间序列的总体变化趋势上呈现出明显的一致性，而工业固体废弃物排放、工业废水排放与环境信访的变化趋势随着时间的推移而表现出不太一致的情况。为了进一步弄清它们之间的关系，接下来将就环境信访与工业废气排放、工业固体废弃物排放、工业废水排放之间的关系进一步进行实证分析。

（一）平稳性检验

首先为了降低异方差性的影响，将变量进行对数变换；其次，由于现实中的大部分时间序列数据都具有非平稳性，因此，为了避免非平稳性导致的伪回归问题，有必要采用ADF检验方法先对时间序列数据进行单位根检验。得到检验结果如下：

表6-2　ADF检验结果

时间序列	LNLTR	LNGP	LNWP	LNSP	一阶差分DLNLTR	一阶差分DLNGP	一阶差分DLNWP	一阶差分DLNSP
ADF	−1.374 8	−0.116 5	−3.720 4	0.157 7	−7.796 0	−3.722 60	−3.892 7	−6.146 2
1%	−3.724	−3.711 5	−3.761 0	−3.724 1	−3.724 1	−3.724 10	−3.724 1	−3.7241
5%	−2.986 2	−2.981	−3.004 9	−2.986 2	−2.986 2	−2.986 20	−2.986 2	−2.986 2
10%	−2.632 6	−2.629 9	−2.642 2	−2.632 6	−2.632 6	−2.632 60	−2.632 6	−2.682 6

续表

时间序列	LNLTR	LNGP	LNWP	LNSP	一阶差分DLNLTR	一阶差分DLNGP	一阶差分DLNWP	一阶差分DLNSP
概率P值	0.578	0.937 5	0.011 1	0.963 9	0.000 0	0.010 00	0.006 8	0.000 0
结论	不平稳	不平稳	不平稳	不平稳	平稳	平稳	平稳	平稳

从表 6－2 可以得知，LNLTR、LNGP、LNWP、LNSP 的 ζ 检验值均大于 1%、5%、10%的显著性水平下的临界值，说明都未通过平稳性检验，因此都是不平稳数列。但是经过一阶差分之后，LNLTR、LNGP、LNWP、LNSP 的 ζ 检验值均小于 5%的显著性水平下的临界值，说明它们的时间序列都是平稳的。因此它们都是一阶单整序列。

（二）VAR 模型估计

根据 AIC、SC 及 HQ 等信息准则，最优滞后阶数由 AIC、SC、HQ 信息量的最小值决定。相关输出结果参见图 6－4。

VAR Lag Order Selection Criteria
Endogenous variables: LNGP LNLTR LNSP LNWP
Exogenous variables: C
Date: 04/21/19 Time: 16:33
Sample: 1991 2017
Included observations: 25

Lag	LogL	LR	FPE	AIC	SC	HQ
0	-44.53286	NA	0.000571	3.882629	4.077649	3.936719
1	60.45658	167.9831*	4.72e-07*	-3.236526*	-2.261425*	-2.966075*
2	74.92650	18.52151	5.97e-07	-3.114120	-1.358939	-2.627308

* indicates lag order selected by the criterion
LR: sequential modified LR test statistic (each test at 5% level)
FPE: Final prediction error
AIC: Akaike information criterion
SC: Schwarz information criterion
HQ: Hannan-Quinn information criterion

图 6－4　VAR 模型的滞后阶数

根据图 6－4 的信息，可以确定 VAR 模型的最优滞后阶数为 1。因此，可以得到以下 VAR 模型：

LNGP＝0.886 010LNGP(－1)＋0.077 255LNTR(－1)＋0.008 117LNSP(－1)＋0.482 698LNWP(－1)　　(1)

方程(1)的校正可决系数R2为0.995 386，S.E=0.058 052，F的统计量为1 132.499

LNLTR=1.300 377LNGP(−1)+0.360 070LNLTR(−1)+0.198 010LNSP(−1)−3.129 092LNWP(−1)　(2)

方程(2)的校正可决系数R2为0.909 027，S.E=0.422 609，F的统计量为52.459 50

LNSP=−1.121 371LNGP(−1)+0.167 337LNLTR(−1)+0.580 078LNSP(−1)+0.787 563LNWP(−1)　(3)

方程(1)的校正可决系数R2为0.888 540，S.E=0.589 616，F的统计量为41.851 98

LNWP=−0.014 507LNGP(−1)+0.027 325LNLTR(−1)+0.020717LNSP(−1)+0.965 75LNWP(−1)　(4)

方程(1)的校正可决系数R2为0.853 208，S.E=0.035 176，F的统计量为30.514 93

(三) 脉冲效应函数分析

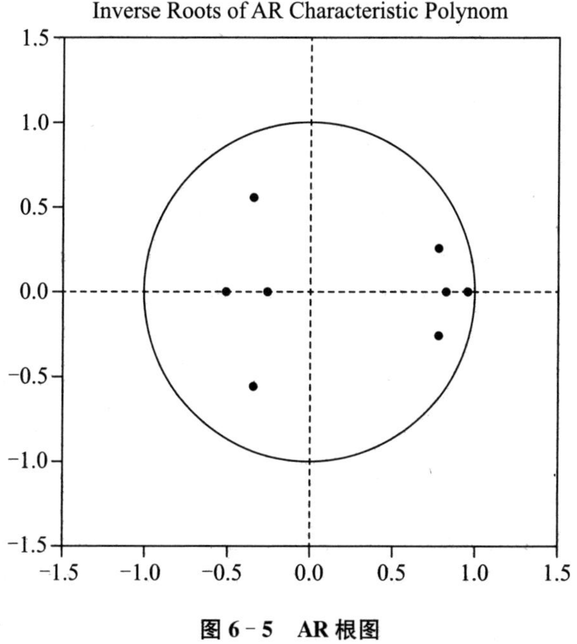

图6-5　AR根图

为了进一步分析各种工业污染排放对环境信访的冲击影响，接下来运用脉冲效应函数来对此进行分析。为了确定能否进行脉冲效应分析，首先还要进行模型的稳定性检验，并得到如下结果，参见图 6－5。

显然，从 AR 根图来看，AR 根均在单位圆内，说明模型满足稳定性条件。可以进一步进行脉冲响应分析，并得到以下结果，参见图 6－6：

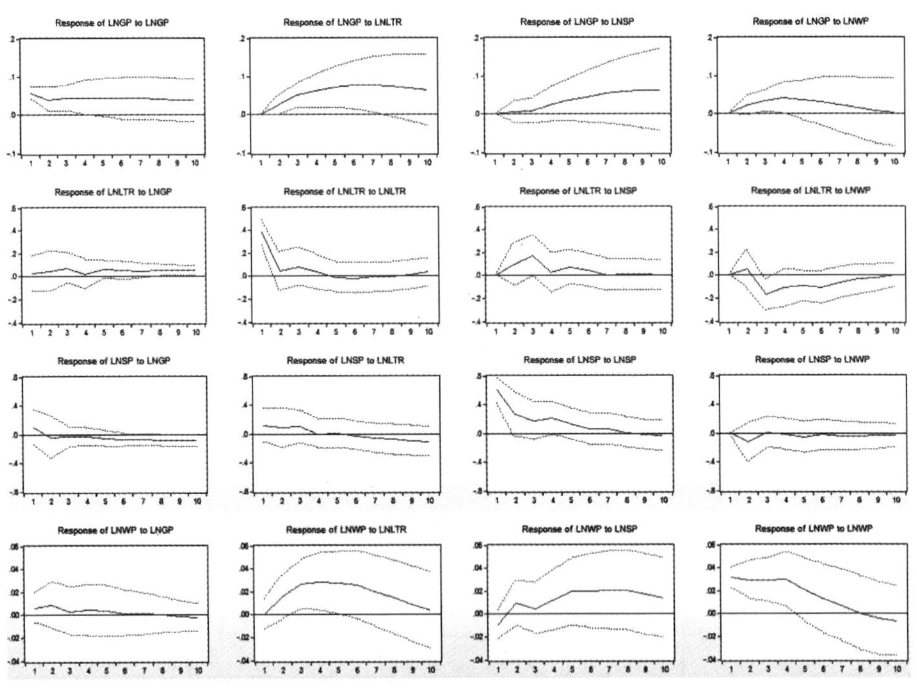

图 6－6　脉冲响应图

建立向量自回归模型之后，为了更好地考察各种工业污染排放与环境信访之间的动态关系，可以采用脉冲响应函数与方差分解来进一步分析，脉冲响应函数主要用于各个变量一个单位方差的变化对其他当前及未来值的影响，而且在 VAR 模型中，任何一个变量的冲击不仅事关自身的变化，而且还会对其他相关变量产生影响。

基于本书的向量自回归模型分别给出工业废水排放量、工业废气排放量以及工业固体废弃物排放量及环境信访对环境信访的脉冲响应函数图。根据图 6－5，横轴表示滞后期对应的样本期为 10 期，实线表示脉冲响应函数，虚线则表示正负两倍标准差的偏离带。

从图 6-6 可知，一方面，从环境信访对于工业污染排放的影响角度来看，当给环境信访一个正方向的冲击时，工业废气排放量(GP)开始出现上升的趋势，到第 3 期后，上升的趋势开始变缓，但仍然保持上升的势头，经过第 5 期后，不再上升，并且保持一个平稳的态势，甚至在第 8 期后呈稍弱下降的趋势。这表明环境信访在前 2 期对工业废气排放的影响不大，但是到了第 3 期，环境信访的作用开始显现出来，并在不断加强，使得工业废气排放的增速开始减缓，到了第 5 期工业废气排放则不再上升，而到了第 8 期，工业废气排放甚至开始下降。对于工业固体废弃物排放而言，当给环境信访一个正方向冲击时，工业固体废弃物排放则从第 1 期开始就出现不断下降的趋势，说明环境信访对于工业固体废弃物排放的控制作用显著。对于工业废水排放，当给环境信访一个正方向冲击时，工业废水排放前 3 期保持快速上升势头，之后 4 至 6 期保持稳定不变，过了第 6 期后则开始出现不断下降的态势。说明环境信访刚开始对于工业废水排放的控制作用不大，但随着时间的推移，环境信访对企业排污的压力增大，使得工业废水排放不再增长，并且后期表现出不断下降的趋势。另一方面，就工业污染排放对环境信访的作用来看，当给工业废气排放一个正方向的冲击时，环境信访前 3 期开始小幅上升，之后开始下降，尔后又开始上升，到了第 5 期后则一直保持在一个平稳的势头。这说明工业废气排放开始造成环境信访数量增长，之后开始发挥作用，最终使得环境信访保持在一个相对稳定的情况，这可能跟政府加强大气污染控制有关，正是由于地方政府对企业加强了环境规制，从而使得居民不必过于借助环境信访来进行维权。当给工业固体废弃物排放一个正方向冲击时，环境信访前 3 期急速增加，之后又快速下降、小幅上升下降的波动，到了第 7 期后保持稳定的态势。说明工业固体废弃物排放在前 3 期使得环境信访急剧上升，而之后出现的下降上升，然后又下降的小幅波动则可能跟地方政府的环境规制松紧程度有关。当给工业废水排放一个正方向的冲击时，在前 2 期小幅上升，之后急剧下降，然后又小幅攀升并逐渐平稳。

（四）方差分析

为了进一步分析每一个结构冲击对内生变量变化的贡献程度，以评价不同结构冲击的重要性，根据前述的 VAR 模型得到相应的方差贡献率，具体如图 6-7。

Variance Decomposition of LNLTR:					
Period	S.E.	LNGP	LNLTR	LNSP	LNWP
1	0.387159	0.543796	99.45620	0.000000	0.000000
2	0.407647	1.821178	90.95402	5.490574	1.734224
3	0.486071	3.623714	66.78469	16.49952	13.09208
4	0.500735	3.569602	63.34867	15.77970	17.30203
5	0.518915	4.879801	59.02718	16.72284	19.37018
6	0.535089	5.450486	55.65785	16.49871	22.39294
7	0.541648	6.100217	54.33292	16.11461	23.45226
8	0.545847	7.058644	53.51616	15.91752	23.50768
9	0.549394	8.001738	52.88729	15.74561	23.36537
10	0.553187	8.890579	52.51956	15.54005	23.04981

图 6－7　环境信访的方差分解

从图 6－7 可知，环境信访(LTR)对自身的贡献率从第 1 期的 99.46%开始不断下降，一直降到第 10 期的 52.52%。说明环境信访刚开始会不断上升，但是随着环境信访的增加，环境信访的维权效果有所减弱，使得环境信访对于自身的影响会有所减弱。从工业废气排放对环境信访的贡献率来看，工业废气排放(GP)对环境信访的贡献率从第 1 期 0.54%，之后不断上升，从第 2 期 1.82%一直上升到第 10 期 8.89%。工业固体废弃物排放(SP)对环境信访的贡献率从第 2 期 5.49%上升到第 3 期的 16.50%，继而在 15%至 17%之间总体保持平稳态势，仅围绕着 16%上下小幅度波动。说明刚开始固体废弃物排放对于环境信访的贡献率影响比较显著，之后相对维持在 16%水平。从工业废水排放(WP)对环境信访的贡献率来看，从第 1 期的 1.73%急剧上升至第 6 期的 22.39%，说明工业废水排放开始对环境信访的影响较为显著，之后呈相对平稳的上升态势，一直上升到第 7 期的 23%后，开始稳定在 23%的水平。最后根据三种工业污染排放对环境信访的贡献来看，工业废水排放与工业固体废弃物排放对环境信访一开始会有明显的影响，但之后均维持在某个稳定的水平，工业废气排放则自第 1 期开始到第 10 期则一直呈现出不断上升的趋势，说明工业废气排放对环境信访的贡献最为显著。

第五节　关于环境污染控制的对策建议

一、优化不合理的产业结构

由于环境污染排放的增加，会导致环境信访数量的攀升，给社会的和谐与稳定带来威胁。从产业结构的角度，可以通过产业结构的优化与调整来对污染排放加以控制。工业作为国民经济增长的主导产业，为一国经济的发展发挥了极为重要的作用，但同时又是污染排放的主要来源，因此，对于工业产业内部结构的优化升级势在必行。一方面，可以通过对传统工业的技术升级与改造来实现原有产业的高级化；另一方面，则可以大力发展有利于生态与环境保护的新兴战略性产业。此外，对于污染排放较为严重的重工业，要加大科研投入，鼓励科技创新，努力实现污染排放的减量化，抑或通过建立生态产业链的方式把上一级的污染排放物作为下一级生产环节的原材料，循环利用废弃资源，进而实现经济效益的最优化。

二、建立通畅的环境申诉渠道

随着经济的持续快速增长，一方面，在工业生产过程中，许多企业为了追求利润的最大化，不顾公共利益，肆无忌惮地不断向外部排放大量污染废弃物，从而导致生态环境问题越来越突出，进而对居民的生活与生产造成了极大的负面影响；另一方面，由于经济水平及整体受教育程度不断提高，居民对于环境质量的需求也在不断提高，居民的环境意识与维权意识也在不断觉醒，由于环境侵权所引发的环境信访、环境群体性事件呈飞速增长。根据社会学家孔德的“社会出气阀”的理论，为了减少环境污染所造成的社会冲突，同样需要有相应的“排气装置”，让居民的环境利益诉求可以有较为通畅的申诉渠道，毕竟，堵不如疏，只有这样，环境冲突或环境矛盾才不至于越积越多、越积越深，才能把环境压力事先得到缓解并释放出来。

三、完善现行的政绩考核机制

虽然近些年来，中央采取了一系列保护生态与环境的政策措施来促进地方环境的治理和改善，但由于现行的GDP政绩考核机制并没有得到根本性的改变，尤其是在一些经济发展相对滞后的地区，地方政府特别迷恋 GDP 的增长，忽视生态与环境的开发活动仍然没有终止，甚至采用隐瞒、谎报的形式。因此，为了有效减少或杜绝这种行为，建议把环境质量考核也纳入政绩考核体制当中，事实上，有些地区已先行采取了一些措施，并取得了不错的效果，如针对地方官员的任期制，采取了生态离任审计的举措。

四、建立完善的市场准入机制

众所周知，企业不断生产并为社会提供产品与服务的最终目的是为了追求利润，而为了实现利润，市场上生产出来的产品和服务就必须顺利地销售出去，也就是马克思所说的"惊人的一跃"，才能保证资本的正常循环，企业也才能得到持续的生存和发展。因此，针对一些屡教不改的污染排放较为严重的企业，有关部门可建立产品的认证制度、信用制度等在内的市场准入机制来限制这些企业的产品进入市场，进而给排污企业实施相应的压力，迫使它们采取相应的措施来减少污染排放。此外，还可以考虑通过征信制度来对排污企业进行限制，把排污企业列入失信企业黑名单的形式进行管理，所谓"一朝失信，处处受限"，在融资、市场准入等各方面对这些企业进行限制。

第七章　环境治理视域下居民与地方政府的关系研究

第一节　引言

改革开放以来，我国国民经济长期以来一直保持高速增长的态势，并取得了举世瞩目的成就，但同时，经济持续的增长也给我国资源与环境造成了巨大的压力。虽然近年来，我国政府非常重视生态与环境的治理与恢复工作，制定和出台了一系列保护生态与环境的政策措施，并取得了显著成效，但从全局来看，长期以来的粗放型增长方式仍保持着旧有的惯性，在短期内仍然难以得到根本改变，各地环境污染事件仍然在不断发生，地方政府为了追求GDP，隐瞒重大污染事件仍不少见，甚至还发生欺瞒中央政府的行为，例如陕西秦岭别墅事件，祁连山矿山事件等。随着环境污染问题不断恶化，各地的环境维权事件也相伴而生，日益增多。总而言之，在粗放型经济增长方式下，经济不可避免地导致环境质量的下降，大大地损害了群众的环境权益，那么各地居民的环境维权行为是否也会通过对政府与企业造成压力，进而影响地方经济增长呢？基于当前以GDP为核心的地方政绩考核体制下，在环境污染问题上，居民作为受损方，其主要行为是环境维权，而地方政府为了保证本区域的就业率及经济的增长，与向外排放污染的企业在经济层面的目标不谋而合，虽然初衷不同，但二者共同的目标是实现经济增长。因此，对于环境维权与经济增长的关系研究将有助于促进居民与地方政府及污染型企业关系的协调与平衡，进而促进环境友好型社会的发展。

事实上，围绕着环境污染问题而展开的居民与地方政府及企业之间的关系研究，近些年来已逐渐进入学术界的视野。尤其自20世纪90年代以来，随着经济水平以及整体受教育程度的提高，公众（居民）的环境保护意识不断增强，公众(居民)参与环境保护的意愿也越来越强烈。从现有文献来看，有关公众(居民)参与环境治理的效果研究大致可以分为两种主要的观点：其一认为公众参与环境治理对于环境质量的提升作用显著。国外的大多数研究表明，公众参与对提升环境规制的强度、遏制环境污染具有重要的贡献。其中Kathuria(2007)通过针对印度古吉拉特邦的环境治理研究发现，大众媒体的舆论传播有利于抑制企业污染排放行为；Cole等(2005)通过对英国空气污染问题的研究，发现公众行为能够有效减少污染程度；吴建南(2016)则认为环境信访、环境NGO组织等各种不同的公众参与方式对于污染排放的作用存在差异；余亮(2019)的研究表明，公众对环境污染的不同感受会影响公众环保参与程度的差异。也有的学者针对环境治理的非正式规制进行了大量的研究。例如，Tietenberg(1998)和Sterner(2002)指出，非正式环境规制在正式环境规制失效时，也可发挥控制污染排放的作用，Longpap Shimshack(2010)基于美国水污染的治理研究发现，公众监督在水环境治理过程中发挥了一种非正式的环境规制的作用，对于水环境的治理具有显著的作用；Feres等(2012)的研究则表明非正式规制对于巴西制造业企业环境绩效和政府规制强度具有显著影响。第二种观点则认为，公众参与环境治理的作用并不显著。由于中西方体制与国情的差异以及公众的环境意识的差异，使得我国公众参与环境治理的作用也存在着显著的不同。其中，韩超等(2016)的研究发现环境信访对于环境治理投资的增加和环境质量的改善并没有发挥应有的作用；闫文娟(2012)则认为公众参与在环境治理中的作用并不显著。此外，也有不少学者对公众环保参与的影响因素进行深入的探讨。其中Guangnano等(1995)的研究发现，公众的环保行为受到生态环境及多方情境的交互影响；Barr(2003)针对英国Exert(埃克塞特)地区的调查研究表明，价值观对于公众环保行为的影响最为显著。

综上所述，尽管国内外关于公众参与环境治理的作用研究存在较大的差异，观点各不相同，但也表明，各种形式的公众参与在环境治理中的影响的确引起了普遍的关注，并且在未来将发挥越来越重要的作用。但综观现有文献可知，尽管研究视角迥异，但更多的是以定性研究为主，采用向量自回归模型就公众参与环境治理的定量研究成果则较为少见。

第二节　环境纠纷与经济增长的关系

在当前粗放型增长方式向集约型增长方式的转变过程中，粗放型增长方式仍然在延续，没有得到根本性的改变。虽然为我国经济增长做出了重要的贡献，但同时，在生产过程中大量污染废弃物的排放也造成了环境持续不断地恶化，给生态环境造成了极大的压力。根据统计资料表明，改革开放以来，由于环境污染所引发的环境纠纷呈逐年上涨的态势。只要粗放型的经济增长方式不改变，环境污染问题短期内恐怕难以得到实质性的改变，环境纠纷仍然层出不穷。环境纠纷与经济增长之间呈现出明显的线性相关关系，参见图 7－1①。从图 7－1 明显可以看出，环境信访 LETR 与国内生产总值 GDP 在样本期间都呈上升趋势，这说明该时间序列极有可能是不平稳的。但近年来，中央政府明显加大了环境治理力度，也给地方政府造成了极大的压力，因

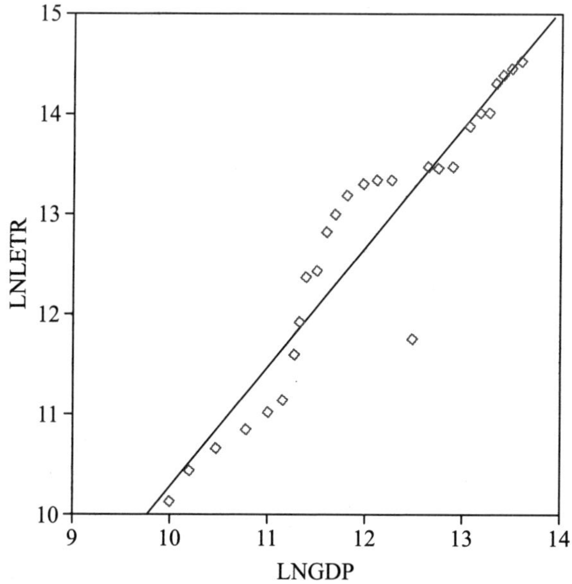

图 7－1　环境信访与经济增长的相关性

① 由于环境信访与经济增长量纲不同，为了缩小二者在图形上的差异，首先将两个指标对数化，再画二者的相关图形。

此环境纠纷的增多必然会倒逼地方政府对一些企业污染排放行为进行整治，这就可能会影响地方经济的增长，尤其是在当前多数企业延续粗放型经济增长模式的前提下，许多地方经济的增长仍然是以牺牲当地环境为代价的。虽然近年来，东部沿海地区由于经济已经发展到一定阶段，地方政府明显加强了环境治理力度，但相对而言，中西部欠发达地区就不同了，许多地方为了追求经济的增长，对于环境污染问题采取的仍然是比较宽松的环境政策。

第三节　研究设计与数据处理

鉴于居民与地方政府及企业之间存在的双向互动关系，因此，本书试图构建向量自回归模型（VAR）来探讨居民与地方政府及企业之间的关系。显然，在环境污染问题上，在现有的环境治理体制下，作为环境污染的受害者，居民针对环境污染往往采用环境信访的行为向环境执法管理部门进行利益申诉；作为环境污染的施害者，企业则通过环境污染向外部转嫁的形式来追求利润的最大化，而在现行的以GDP为核心的政绩考核体制下，作为地方的行政管理机构，地方政府则对于当地的经济增长最为重视，因此，在环境污染问题上，地方政府与企业在经济增长方面具有共同的目标。因此，本书以环境信访作为居民参与环境维权的变量，而国内生产总值是全国所有地方政府地区生产总值的加总，因此以国内生产总值作为经济增长的变量。

一、数据的来源及处理

环境信访与经济增长的数据均源于1991—2017年历年的《中国统计年鉴》及生态环境公报。其中环境信访包括信件、网络及电话投诉次数。此外，为了确保数据的完整性，对于个别年份数据的缺失进行平滑处理。为了降低异方差的影响，对环境信访与国内生产总值分别进行对数化。

二、模型的构建

向量自回归（VAR）模型是由克里斯托弗·西姆斯（Christopher Sims）提出的，是一种常用的计量经济模型，它主要适用于经济学的动态分析，一种不需要有经济理论知识的模型，其通过把系统中每一个内生变量作为系统中所有内生变量滞后值的函数来构造模型。一般而言，VAR模型表示为：

$$Y_t = c + \sum_{i=1}^{p} K_i Y_{t-i} + \varepsilon_t \quad (1)$$

其中：Y_t 是内生变量向量，本书即为 LNLETR 和 LNGDP 两个，p 为滞后阶数，K_i 则表示待估计的系数矩阵，C 为常数项，ε_t 为随机扰动向量。

三、变量的平稳性检验

根据前文的图 7－1 明显可以看出，环境信访 LETR 与国内生产总值 GDP 在样本期间都呈上升趋势，这说明该时间序列极有可能是不平稳的。为了避免构建模型时出现伪回归的问题，首先针以环境信访与国内生产总值进行平稳性检验。采取较为常用的 ADF 方法对两个指标的序列数据进行单位根检验。检验结果如下，参见表 7－1。

表 7－1　ADF 检验结果

时间序列	LNGDP	LNLETR	一阶差分 DLNGDP	一阶差分 DLNLETR
ADF	−0.550 0	−1.374 80	−4.369 4	−7.796 0
1%	−3.769 6	−3.724 00	−3.769 6	−3.724 0
5%	−3.005	−2.986 20	−3.005 0	−2.986 2
10%	−2.642 2	−2.632 60	−2.642 2	−2.632 6
概率 P 值	0.862 9	0.578 00	0.002 6	0.000 0
结论	不平稳	不平稳	平稳	平稳

根据表 7－1 可知，变量 LN(LETR)的 ADF 的 t 检验值大于临界值，存在单位根，因此，时间序列不具平稳性。同理可得出，LN(GDP)的 ADF 的 t 检验也具有单位根，说明时间序列不平稳。因此，难以判断它们之间是否存在协整关系。经过一阶差分之后，从表中可知，DLN(LETR)和 DLN(GDP)的 ADF 值均小于各显著性水平下的临界值，拒绝原假设，表明时间序列平稳。显然，环境信访与国内生产总值的时间序列都是一阶单整序列 I(1)。

四、滞后阶数的确定

根据样本数据计算相应的统计量，得到以下滞后期的检验结果，参见表 7－2。

表 7-2　VAR 模型滞后期确定值检验结果

Lag	LogL	LR	FPE	AIC	SC	HQ
0	−50.745 2	NA	0.233 156	4.219 619	4.317 129	4.246 664
1	26.703 03	136.309	0.000 656	−1.656 242	−1.363 712	−1.575 107
2	40.033 46	* 21.328 69	* 0.000 314	* −2.402 677	* −1.915 127	−2.267 451

注：* 表示在 5%的水平上显著

关于最佳滞后阶数的确定，一般是根据 AIC、SC 及 HQ 等信息准则，以信息量取值最小的准则来判断 VAR 模型的最佳滞后阶数。因此，根据表 7-2 中的数据可确定最优的滞后期为 2 阶。

五、模型的稳定性检验

对于向量自回归模型，在确定最佳滞后期之后，一般来说，还应对 VAR 模型的稳定性进行检验，而 AR 根的确定则是检验 VAR 模型稳定性的常用方式，如果 AR 根落都落在单位圆内，根据图 7-2 可知，所有的点都在单位圆内，由此表明 VAR 模型是稳定的。根据前文可知，模型的最佳滞后期为 2，而变量则有 2 个，因此 VAR 模型有 4 个 AR 根。根据图 7-2，可以判断 4 个 AR 根均在单位圆内，因此，模型是稳定的。

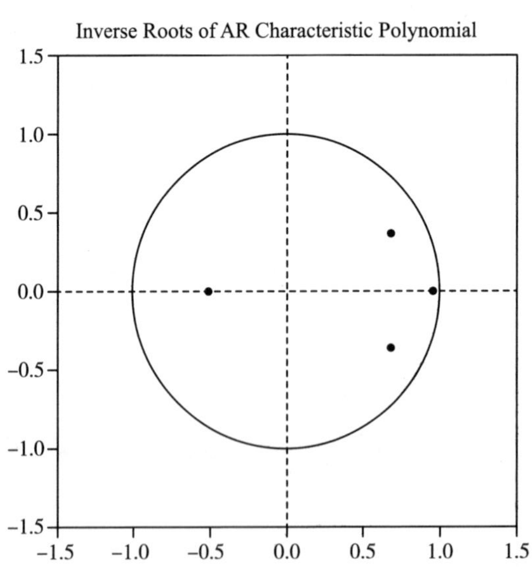

图 7-2　向量自回归模型(VAR)单位根的检验图

六、VAR 模型的确定

根据前面所确定的滞后阶数，因此可以得到相应的向量自回归（VAR）模型如下：

LN(GDP)＝1.744 5×LN(GDP)(－1)－0.808 5×LN(GDP)(－2)－0.007 4×LN(LETR)(－1)＋0.039 37×LN(LETR)(－2)　　(2)

方程(2)的校正可决系数 R2 为 0.998 642，S.E＝0.038 344，F 的统计量为 3 676.241

LN(LETR)＝－1.931 5×LN(GDP)(－1)＋2.550 4×LN(GDP)(－2)＋0.1424×LN(LETR)(－1)＋0.218 8×LN(LETR)(－2)　　(3)

方程(3)的校正可决系数 R2 为 0.902 823，S.E＝0.413 828，F 的统计量为 46.452 72。

七、脉冲效应函数分析

经确定模型稳定性的前提之下，现进一步对模型进行脉冲响应分析，可得到以下结果，参见图 7－3。

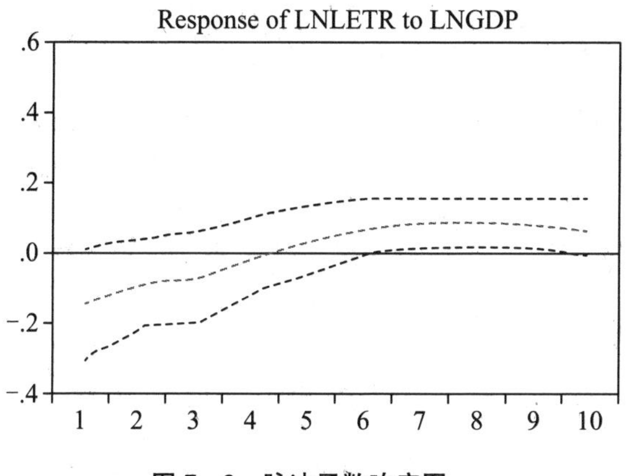

图 7－3　脉冲函数响应图一

运用脉冲响应函数主要用来分析环境信访与经济增长之间的关系，它主要反应的是在接收一个标准差大小的冲击后，对 VAR 模型中变量的影响情况。Response of LNGDP to LNLETR 和 Response of LNLETR to GDP 分别表示经济增长 GDP 变动 1 个标准差对环境信访 LETR 的脉冲函数响应

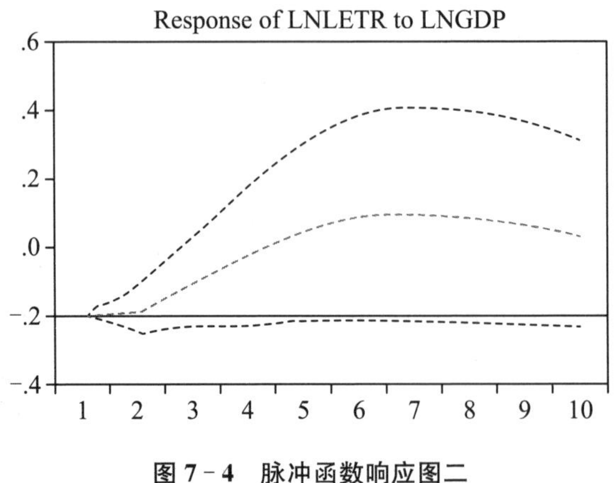

图 7-4　脉冲函数响应图二

图、环境信访 LETR 变动 1 个标准差对经济增长 GDP 的脉冲函数响应图。其中中间的实线表示经济增长 GDP 和环境信访 LETR 受冲击后的走势变化曲线，而上下两条虚线则表示走势的两倍标准误差。

Response of LNLETR to GDP 表明环境信访在受到经济增长的冲击影响后，从第 1 期开始不断呈上升趋势，直至第 7 期才逐渐趋于平稳，并且一直保持相对平稳状态，到了第 10 期甚至开始表现出轻微的下降态势。这说明经济增长在初期几个阶段对于环境信访的冲击起到了一定的作用，这可能是因为在经济发展的初期，政府主要以经济建设为中心，更为重视 GDP 的增长，对于生态环境的管制没有那么严厉，采取的是相对宽松的态度；但到了第 6 期，经济增长对于环境信访的冲击影响开始显现出来，使得原来一直呈上升态势的环境信访不再上升，并且保持相对不变的状态，这阶段可能是因为随着经济发展到一定水平之后，加之随着经济增长而来的环境污染问题不断突现，使得政府开始重视生态环境质量的改善，从对于经济的数量扩张慢慢转向经济的质量提升，即从"实现国民经济又快又好"到"实现国民经济又好又快"的转变，到了第 10 期开始，环境信访的作用明显增强，使得经济增长有所下降，这个阶段虽然经济增长下降不是很明显，但却预示着政府对于环境信访的态度的重大转变，这也说明，政府为了保护生态与环境，甚至不惜下调经济增长速度，实际上我国经济这几年进入新常态后，在中央政府的大力推动下，各地纷纷加强了生态环境的保护工作，特别是经济较为发达的东部沿海地区，纷纷在践行"绿水青山就是金山银山"的绿色发展理念，非常重视如何把当地的生态优势转化为经济优势的问题，通过生态环境质的改善，大力发展旅游业、文化创意产业及高新科技产业等一系列环境友好型产业。

Response of GDP to LNLETR 表明经济增长在受到环境信访的冲击影响后，在第 1 至第 2 期中间阶段保持近于不变的状态，但在第 2 期中间阶段开始呈不断上升的趋势，到了第 7 期达到最高峰，并逐渐开始呈不断缓慢下降的势头。在第 1 至第 2 期中间阶段环境信访之所以在受到经济增长冲击后，并没受到多大影响，这可能是因为经济发展之初环境污染问题并没有表现得很严重，抑或是居民由于受到专业知识方面的限制对于环境污染问题缺乏充分的认知，对环境污染问题的危害性并没有给予足够的重视，所以通过环境信访向政府申诉的并不多；到了第 2 期后半阶段开始，环境信访之所以会表现出不断上升的趋势，则可能是因为随着经济水平及环境认知水平的不断提高，居民对于环境公共产品的需求不断激发出来，同时通过各种渠道获得了越来越多的环境污染信息。至于到了第 7 期后，环境信访之所以呈缓慢下降的态势，可能是因为我国经济进入新常态后政府提出要强调经济质量的提升有关。

八、方差分解

基于 VAR 模型的方差分解是通过分析每一个结构冲击对内生变量变化的贡献程度，进而评价不同结构冲击的重要性。

从图 7－5 可知，在经济增长的误差分解中，从贡献率来看，经济增长对于自身的贡献程度一直在下降，一直下降到第 10 期的 61.03％左右。而环境信访对于经济增长的贡献则一直在上升，到了第 10 期达到 38.97％左右，说明环境信访对于经济增长的影响越来越大。这从侧面说明，随着环境污染问题越来越突出，政府对于环境治理工作的重视程度也在随之不断加强，日益增加环境信访的数量迫使地方政府不得不控制本区域污染性企业的排污行为，进而影响到经济的增长。

根据图 7－5，环境信访的误差分解情况来看，环境信访对于自身的冲击在不断下降，一直从第 1 期的 86.48％下降到第 10 期的 71.48 左右。而经济增长对于环境信访的贡献程度则一直在上升，从第 1 期的 13.52％一直升到第 10 期的 28.52％左右。说明经济增长过程中导致环境污染事件不断增加，从而使得居民环境信访也在增加，可见当前粗放型的经济增长模式在短期内仍然没有得到根本性的改变，因此在经济增长过程中各种污染物的排放对环境的影响仍然非常显著。

Variance Decomposition of LNGDP:			
Period	S.E.	LNGDP	LNLETR
1	0.038344	100.0000	0.000000
2	0.076176	99.85876	0.141238
3	0.110251	96.45659	3.543407
4	0.139207	90.96102	9.038985
5	0.163113	83.97242	16.02758
6	0.182294	77.13627	22.86373
7	0.197443	71.23083	28.76917
8	0.209183	66.65006	33.34994
9	0.218238	63.32767	36.67233
10	0.225317	61.03169	38.96831
Variance Decomposition of LNLETR:			
Period	S.E.	LNGDP	LNLETR
1	0.413828	13.51863	86.48137
2	0.428278	17.61820	82.38180
3	0.443508	19.37679	80.62321
4	0.443767	19.43762	80.56238
5	0.444747	19.79245	80.20755
6	0.449469	21.45180	78.54820
7	0.456791	23.83487	76.16513
8	0.465304	26.12349	73.87651
9	0.473851	27.69153	72.30847
10	0.481616	28.51960	71.48040
Cholesky Ordering: LNGDP LNLETR			

图 7－5　方差分解

第四节　结论

根据前文来看，环境信访与经济增长之间存在明显的线性相关关系。从向量自回归模型可以看出，短期内，经济增长对于环境信访的影响较大，并且呈现出持续的正向拉动作用；长期内，经济增长对于环境信访影响减弱。而环境信访在最初受经济增长的影响不是很明显，但随后所受的影响则呈现出明显加大，之后随着时间的推移又表现在微弱下降的趋势，说明经济增长可能开始从粗放型向集约型慢慢转变，生态产业在近年来得到大力的支持与发展，经济质量获得提升的同时，经济增长对于环境信访的影响略有减弱。基于此，为了改善环境质量，减少环境信访及环境纠纷，促进社会和谐与稳定，建议政府优化与调整产业结构，大力发展生态产业，鼓励科学技术创新，促进增长方式转变。

第八章　环境规制的就业效应研究

改革开放以来，我国国民经济一直保持着持续快速地增长。时至今日，我国已成为世界第二大经济体，经济综合实力也在不断增强，但同时，我国粗放型的经济增长方式似乎仍然没有得到根本改变，伴随着经济增长过程中所带来的环境污染及生态破坏问题依然异常严重。根据环保部专家的研究报告表明，目前，几乎所有污染物的排放量均位居世界前列。针对环境污染，在当前主要以GDP为核心的政绩考核体制下，地方政府为了保证本区域的就业率，一般倾向于对企业采取相对宽松的环境规制，但是自党的十八大以来，中央政府作出了“促进生态文明建设”的战略决策，并制定出台一系列生态与环境保护的政策措施，各地也纷纷对生态环境问题加大了整治力度。那么，随着环境规制的加强，对于就业是否会产生不利影响呢？环境规制与就业是否一定不可兼顾？环境规制与就业究竟存在什么样的关系？对此，本书拟以工业为例就环境规制与就业的关系问题进行实证分析，以期为相关部门制定环境政策提供参考。

第一节　文献综述

一、国外文献综述

20世纪70年代以来，许多发达国家面临着由经济发展引发的一系列严重的环境污染问题，并为了缓解这一问题而大大加强了环境规制的强度。对由此引发的关于环境规制对就业影响的担忧，引起了学术界的关注，学者们从不同的角度对此展开了研究，并取得了丰硕的成果。

早期学者们普遍认为，环境规制会通过两种效应对就业产生两种相反的影响：一为环境规制会通过规模效应减少就业，二为环境规制会通过替代效应增加就业。其中 Kahn 等(2013)研究发现,由于环境规制的就业效应同时会受地区间劳动力流动的空间效应影响,因此碳税的征收导致了不同地区不同程度的就业岗位的减少。1990 年,美国商业圆桌会议发布的研究报告称,《预测清洁空气法案》的修正案将使得至少 20 万的就业岗位消失。然而,与上述研究结果相反的是,Bezdek 等(2005)通过模拟研究发现,公司平均燃料经济性(CAFE)的实施可能创造 30 万的就业岗位。随着研究的深入,许多学者也逐渐发现,环境规制对就业的影响不是简单的增加或减少,由于同时受多种差异性的影响,环境规制对就业的影响结果也不尽相同。20 世纪有学者借用库兹涅茨界定的人均收入与收入不均等之间的倒 U 型曲线,提出了环境库兹涅茨曲线学说(EKC)。2009 年《世界劳工报告》也提出了"双重红利假说",该假说认为适度的环境规制可以增加劳动者的就业机会,由此实现环境规制和就业的双重红利。

此外,国外学者还注意到,环境规制的就业效应与各区域经济发展所处的阶段以及行业密切相关。Eli Berman 等(2001)研究发现,并没有证据表明南海岸航空盆地的环境规制政策导致了大量的就业减少,并指出,这也许是由于该环境规制的对象都是资本密集型产业而非劳动力密集型产业。而 Mengdi Liu 等人(2017)通过对环境规制在中国印染业的就业效应问题的研究发现,严格的排放标准大大减少了国内私人企业所提供的就业机会,但是对于国有企业或外资企业的影响几乎为零。

二、国内文献综述

相对国外而言,国内对于环境规制就业效应的研究稍晚些,并且学者们的相关研究大多围绕着工业领域展开。其中李梦洁等(2014)基于 2003—2011 年工业行业面板数据的实证研究发现,环境规制与就业呈 U 型关系,并且不同污染程度行业的 U 性曲线位置不同,不同技术水平行业的 U 型曲线的位置也不同,而技术升级会促进环境规制与就业实现双赢;王勇等(2013)针对工业行业环境规制与就业的关系研究发现,环境规制与就业存在 U 形关系:当环境规制加强时,会对工业行业的就业产生促进作用,但随着劳动力成本上升,环境规制对就业的影响会随之减弱;孙文元等(2017)则基于工业行业技术进步的视角就环境规制对就业的影响进行了研究,并得出了与王勇等人不同的观点,他们的研究发现,环境规制与就业呈倒 U 型关系,增加环境规制的强度可以促进就业，同时，环境规制也会对就业效应产生积极影响；而李珊珊(2015)则以工业行业省级动态面板数据为样本，就环境规制对就业技能结构的直接影响与间接影响做了分析，发现环境规制对异质性劳动力的就业影响呈U型的动态关系。

除了针对工业行业进行研究外，许多学者还从不同角度采用不同的方法针对环境规制的就业效应问题进行了广泛而深入的探讨。其中陈媛媛(2011)等研究了我国环境规制的交叉价格弹性发现环境规制对于就业有正向的作用；闫文娟等(2012)使用门限回归方法进行研究发现，环境规制对就业的影响绝不是非正即负的，不同门限值的环境规制的就业效应不同。以环境规制本身作为门限值时，当环境规制的强度不超过最小门限值时，环境规制的就业效应为正；当环境规制的强度超过最小门限值时，环境规制的就业效应为负；张俊(2017)的研究则发现，环境规制会通过劳动力供给这一供给侧要素影响FDI的流入，进而影响FDI的就业效应。娄昌龙(2016)则研究了环境规制对不同行业就业的影响，他发现，环境规制的就业效应存在着行业差异，从而呈现出“U型”“倒U型”和“不相关”三种情况；李梦洁等(2014)基于省际面板数据的经验分析，研究了环境规制与就业的双重红利效应对中国现阶段的适用问题，结果发现，现阶段中国总体的环境规制强度仍处于U型曲线拐点的左侧，不能实现环境规制与就业的双重红利。

三、国内外研究述评

综上所述，国内外关于环境规制就业效应方面的研究成果颇丰，并提出了许多颇有价值的理论假说，如环境库兹涅茨曲线学说以及双重红利假说，为我国学者的研究提供了许多可资借鉴的经验。相对而言，国内学者就环境规制的就业效应的研究成果似乎更多地集中于工业领域，当然，也有不少学者套用环境库兹涅茨曲线学说以及双重红利假说对我国环境规制的就业效应进行研究，并采用了各种不同的方法，但总的来说，环境规制与就业的关系仍然存在诸多争议，亟待进一步研究，并且从现有文献来看，基于时间序列数据的研究成果尚并不多见。

第二节　环境规制就业效应的理论分析

环境规制对就业的影响因其产生的效应不同而结果不同。根据Morgenstern 等(2002)的研究思路，我们可以分别从效应角度来分析，一是规模效应，二是要素替代效应。从规模效应角度出发，环境规制政策的推行将不可避免地导致企业成本的增加，削弱了企业的竞争优势，促使企业缩小生产规模，从而减少了就业，环境规制政策对就业产生了负的外部效应。从要素替代效应角度出发，一方面，在环境规制政策推行伊始，企业的生产技术在短期内难以提高，为了达到政策标准，企业将增加生产末端的环境治理活动，从而增加了劳动力的投入，劳动力的需求增加，环境规制政策对就业产生了正的外部效应；另一方面，从长期来看，企业为了降低成本，实现利润最大化，将进行绿色技术投资，在生产过程中引进或自主研发清洁技术，这将会对就业产生两种截然不同的外部性影响：其一，由于企业技术水平提高，自动化机械的引进将减少企业对劳动力的需求数量，从而对就业产生负的外部性；其二，企业在引进或自主研发清洁技术时，将增加投入与之相匹配的技术劳动力，从而对就业产生正的外部性。

为了更好地解释这两个机制对环境规制就业效应的影响，在此引入了 Beman 等(2001)的静态理论模型，将治污减排成本作为准固定要素，其水平大小不随市场变化而变化，由外源性约束决定，而不是单纯由成本最小化条件决定其投入量的大小。同时将可优化配置的劳动、生产材料和资本作为可变生产要素。其成本函数如下：

$$CV = F(Y, X_1, \cdots, X_I, Z_1, \cdots, Z_J) \tag{1}$$

其中 Y 代表产出，X_i代表可变要素投入量，Z_j代表准固定要素投入量，为使企业利润最大化，在一阶条件下，可将三者的近似方程表示为：

$$L = \alpha + \rho_y Y + \sum_{i=1}^{I} \beta_i X_i + \sum_{j=1}^{J} \gamma_j Z_j \tag{2}$$

假设产出 Y、可变要素 X_i，以及准固定要素 Z_j 分别为环境规制 R 的一次函数，则劳动力需求(L) 与环境规制(R)的一次函数关系可以表示为：

$$L = \lambda + \eta R \tag{3}$$

对劳动力函数求一阶导数，得到环境规制对就业的影响机制函数如下：

$$\frac{dL}{dR} = \rho_y \frac{dY}{dR} + \sum_{i=1}^{I} \beta_i \frac{dX}{dR} + \sum_{j=1}^{J} \gamma_j \frac{dZ}{dR} \tag{4}$$

假设企业处于完全竞争市场，则要素市场价格恒定，(4)式中第二项为零，环境规制对就业的影响取决于第一项与第三项的大小关系。其中，第一项可表示环境规制的规模效应，第三项可表示环境规制的要素替代效应。当环境规制增加了企业的成本进而迫使企业缩小生产规模时，$\frac{dY}{dR}$值为负，从而对就业产生负的影响。当企业增加生产末端的环境治理活动或增加绿色科技引入或研发投入，从而增加劳动力需求时，$\frac{dZ}{dR}$值为正，从而对就业产生正的影响。当企业在绿色科技方面的资本投入增加，引起企业自动化水平提高，进而引起劳动力需求减少时，$\frac{dZ}{dR}$值为负，从而对就业产生负的影响。影响环境规制就业效应两个机制可由图 8-1 简要表示：

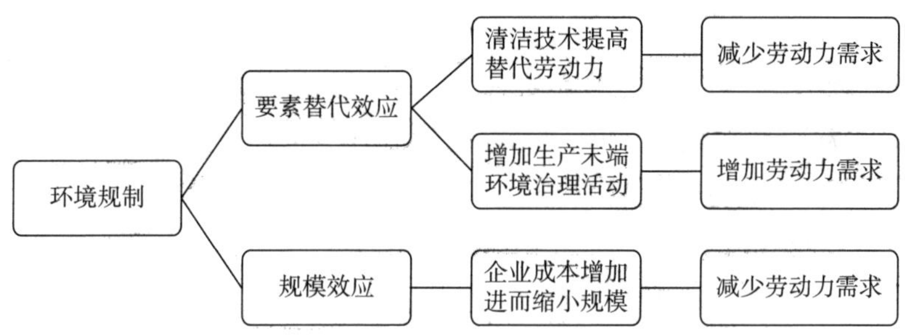

图 8-1　环境规制对就业的影响机制

第三节　模型的构建与指标的选择

一、指标选取

下面通过建立实证模型来探究环境规制政策与就业的关系，模型以第二产业就业人员作为被解释变量，以环境规制作为核心解释变量，并将城镇单位就业人员工资总额、总人口以及普通高等学校毕(结)业生数作为控制变量引入模型。以下变量的数据均来自中华人民共和国国家统计局年度数据或1998—2016 年历年中国统计年鉴。

(一) 被解释变量

根据研究的需要，本书中将就业人数设定为模型的被解释变量，同时由于本书是基于工业行业时间序列数据所展开的，因此将第二产业就业人员人数指代被解释变量。

（二）环境规制指标

环境规制为论文的核心解释变量，然而学界内针对环境规制没有可直接度量的指标，因此学者们对于这一指标的选取各不相同。其中在国外学者中，安特维勒(1998)选取了人均收入水平作为衡量环境规制的内生变量，拉诺伊(2008)采用了治理污染总投资与企业总成本的比值作为环境规制指标，戴利等(1991)选用了厂商受到环境污染稽查的严厉程度作为衡量指标，莱文森(1996)择取了某种污染的治污水平作为代理变量。国内学者中，娄昌龙(2016)等以各省市污染治理投资完成额为治理污染所花费成本，然后设定环境规制强度的计算公式为：环境规制 ERI＝（治理污染所花费成本÷工业产值）×10000；李梦洁等（2016）则选用污染自理设施本年运行费用与工业废水的壁纸作为代理指标；闫文娟（2013）等采用了“污染治理投资与工业废水排放量之比”来衡量环境规制；孙文远等（2017）将人均收入水平和单位工业产值污染进行物价指数平减后作为该衡量指标。考虑到数据的准确性以及可得性等问题，模型选取了工业污染治理完成投资来作为环境规制的指标。

（三）其他控制变量

1. 城镇单位就业人员工资总额。根据环境库兹涅茨曲线假说，在经济发展水平较低的国家，环境污染的程度较轻，随着人均收入的增加，环境污染程度由低趋高；当该国经济发展达到一定水平后，即到达某个临界点或称“拐点”以后，随着人均收入的进一步增加，环境污染又由高趋低，环境质量逐渐得到改善。同时，考虑到数据的可观测性，模型中采用了城镇单位就业人员工资总额作为控制变量之一。

2. 总人口。人口数量对于一个国家来说至关重要，是影响国民经济发展的重要因素。人口数量的增加不仅大大提高了一个国家的产出水平，而且还会对一国的消费产生重要影响。此外，还关系到一国的劳动力供给问题。

3. 普通高等学校毕（结）业生数。一个国家整体的教育水平关系到本国的科技水平和就业结构，并进而对企业面临环境规制时的决策倾向产生重大影响，继而又通过要素替代效应和规模效应对就业产生不同的影响。因此模型中纳入普通高等学校毕（结）业生数作为控制变量之一。

二、模型构建

根据研究需要，现构建计量模型如下：

$$Y=\beta_1+\beta_2X_2+\beta_3X_3+\beta_4X_4+\beta_5X_5+U_i \quad (5)$$

其中 Y 代表第二产业就业人员人数，X_2 代表环境规制，X_3 代表城镇单位就业人员工资总额，X_4 代表总人口，X_5 代表普通高等学校毕(结)业生数。

第四节　模型估计与检验

一、模型估计

根据上述回归模型的设定，利用 Eviews 软件，经数据处理得到结果如下：

Dependent Variable: Y
Method: Least Squares
Date: 04/14/18 Time: 17:09
Sample: 1998 2016
Included observations: 19

Variable	Coefficient	Std. Error	t-Statistic	Prob.
C	-397947.1	96853.35	-4.108760	0.0011
X2	-0.000468	0.000181	-2.579298	0.0218
X3	0.176760	0.037616	4.699108	0.0003
X4	2.964537	0.696586	4.255808	0.0008
X5	12.32439	2.260897	5.451107	0.0001

R-squared	0.956261	Mean dependent var	19537.44
Adjusted R-squared	0.943764	S.D. dependent var	2937.921
S.E. of regression	696.7044	Akaike info criterion	16.15153
Sum squared resid	6795557.	Schwarz criterion	16.40007
Log likelihood	-148.4396	Hannan-Quinn criter.	16.19360
F-statistic	76.51949	Durbin-Watson stat	1.140278
Prob(F-statistic)	0.000000		

图 8－2　Eviews 计算结果

二、模型检验

(一) 拟合优度检验

由上述计算结果可以看出，$R^2=0.956\ 261$，$\bar{R}^2=0.943\ 764$，因此该模型

整体上对样本数据拟合度较高。

（二）t 检验

假设 $H_0:\beta_1=0, H_0:\beta_2=0, H_0:\beta_3=0, H_0:\beta_4=0, H_0:\beta_5=0, H_1:\beta_1\neq 0, H_1:\beta_2\neq 0, H_1:\beta_3\neq 0, H_1:\beta_4\neq 0, H_1:\beta_5\neq 0$。当 $\alpha=0.05$ 时，查 t 分布表可查出自由度为 $n-2$，对应概率为 $\frac{\alpha}{2}$ 的临界值 $t_{\frac{\alpha}{2}}(n-2)=t_{0.025}(17)=2.11$。因为 $t(\hat{\beta}_1)=-4.108\ 76$，$t(\hat{\beta}_2)=-2.579\ 298$，$t(\hat{\beta}_3)=4.699\ 108$，$t(\hat{\beta}_4)=4.255\ 808$，$t(\hat{\beta}_5)=5.451\ 107$，$t(\hat{\beta}_1)>t_{0.025}(17)$，$|t(\hat{\beta}_2)|>t_{0.025}(17)$，$t(\hat{\beta}_3)>t_{0.025}(17)$，$t(\hat{\beta}_4)>t_{0.025}(17)$，$|t(\hat{\beta}_5)|>t_{0.025}(17)$，所以应拒绝原假设 $H_0:\beta_1=0, H_0:\beta_2=0, H_0:\beta_3=0, H_0:\beta_4=0, H_0:\beta_5=0$，而不拒绝备择假设 $H_1:\beta_1\neq 0, H_1:\beta_2\neq 0, H_1:\beta_3\neq 0, H_1:\beta_4\neq 0, H_1:\beta_5\neq 0$。说明环境规制 X_2、城镇单位就业人员工资总额 X_3、总人口 X_4、普通高等学校毕（结）业生数 X_5 对就业有着显著影响。

（三）F-检验

假设 $H_0:\beta_1=\beta_2=\beta_3=\beta_4=\beta_5=0$，$H_1:\beta_1,\beta_2,\beta_3,\beta_4,\beta_5$ 不全为零，在给定显著性水平 $\alpha=0.05$ 的情况下，查 F 分布表可得 $F_\alpha(k-1,n-k)=F_{0.05}(4,14)=3.11$，因为 $F=76.51949>F_{0.05}(4,14)$，所以拒绝原假设 $H_0:\beta_1=\beta_2=\beta_3=\beta_4=\beta_5=0$，而不拒绝备择假设 $H_1:\beta_1,\beta_2,\beta_3,\beta_4,\beta_5$ 不全为零，说明回归方程显著，即列入模型的各个解释变量环境规制、城镇单位就业人员工资总额、总人口与普通高等学校毕（结）业生数联合起来对被解释变量就业有显著影响。

三、模型调整

（一）参数估计与解释变量问题的处理——检验多重共线性

由图 8-2 可以看出，环境规制政策对就业产生的影响途径主要有两种效应：规模效应和要素替代效应，并随着经济发展状况的不同而不同，因此在一国不同经济发展阶段，符号的正负取决于两种效应相抵的结果。X_3 代表城镇单位就业人员工资总额，一方面，就业工资越高，有就业意向的人也就越多，就业人数也就越多；另一方面，工资越高，部分企业会减少就业需求，从而减少成本，进而就业人数减少。两种效应相比较，符号正负取决于哪一种效应更强。该回归结果 X_3 符号为正，说明第一效应作用较强，该符号不存在异常。X_4 是总人口，人口基数越大，就业人数越多。根据回归结果，该系数符号为正，不存在异常。X_5 代表普通高等学校毕(结)业生数，毕业生数越多，符合就业要求的人口基数也就越多。根据回归结果，该系数符号为正，符合经济常识，不存在异常。

为了进一步检验该模型中是否存在多重共线性问题，作辅助回归计算方差扩大因子(VIF)的值，具体参见表 8-1：

表 8-1　各变量解释 VIF 值

被解释变量	可决系数 R^2 的值	方差扩大因子 $VIF_j=\frac{1}{1-R_j^2}$
X_2	0.702 52	1.974 467 569
X_3	0.749 056	2.278 344 9
X_4	0.861 040	3.866 824 725
X_5	0.883 332	4.551 152 22

由于辅助回归的可决系数较低，经验表明，方差扩大因子 $VIF_j \geqslant 10$ 时，通常说明该解释变量与其余解释变量之间有严重的多重共线性，而这里的 X_2、X_3、X_4、X_5 的方差扩大因子皆小于 10，表明该模型不存在严重的多重共线性问题。

(二) 随机扰动项——检验模型的异方差

由上述估计结果，现采用怀特检验的方法对模型进行异方差检验，并运用 Eviews 软件构造辅助函数，结果见图 8-3。

由图 8-3 可以看出，$nR^2=7.112\ 312$，由 White 检验可知，在 $\alpha=0.05$ 时，查 X^2 分布表，得临界值 $X^2_{0.05}(4)=9.487\ 73$，因为 $nR^2=7.112\ 312<X^2_{0.05}(4)=9.487\ 73$，所以不拒绝原假设，拒绝备择假设，表明模型不存在异方差。

Heteroskedasticity Test: White

F-statistic	2.094023	Prob. F(4,14)	0.1359
Obs*R-squared	7.112312	Prob. Chi-Square(4)	0.1301
Scaled explained SS	1.312916	Prob. Chi-Square(4)	0.8592

Test Equation:
Dependent Variable: RESID^2
Method: Least Squares
Date: 04/14/18 Time: 17:11
Sample: 1998 2016
Included observations: 19

Variable	Coefficient	Std. Error	t-Statistic	Prob.
C	10400286	10014635	1.038509	0.3166
X2^2	-4.41E-09	5.05E-09	-0.872243	0.3978
X3^2	2.76E-05	3.60E-05	0.766165	0.4563
X4^2	-0.000519	0.000532	-0.975103	0.3461
X5^2	-0.284429	0.208750	-1.362535	0.1945

R-squared	0.374332	Mean dependent var	357660.9
Adjusted R-squared	0.195570	S.D. dependent var	303016.1
S.E. of regression	271775.2	Akaike info criterion	28.08427
Sum squared resid	1.03E+12	Schwarz criterion	28.33281
Log likelihood	-261.8006	Hannan-Quinn criter.	28.12633
F-statistic	2.094023	Durbin-Watson stat	2.132240
Prob(F-statistic)	0.135880		

图 8－3 white 检验结果

四、实证结果分析

（一）经济意义分析

由图 8－2 可以看出，环境规制与就业间存在着密切的关系，但在我国目前的发展阶段，当环境规制每加强 1 个单位，就业人数则减少 0.000 468 个单位。除此之外，其余解释变量也对就业有着显著的影响，城镇单位就业人员工资总额每增加 1 个单位，就业人数则增加 0.176 760 个单位；总人口数量每增加 1 个单位，就业人数增加 2.964 537 个单位；普通高等学校毕（结）业生数每增加 1 个单位，就业人数则增加 12.324 39 个单位。

（二）变量关系分析

为了进一步探讨环境规制政策与就业之间的关系问题，利用 Eviews 软件绘制了环境规制与就业关系的散点图，参见图 8－4。

由图 8－4 可以看出，环境规制政策与就业间存在着明显的 U 型曲线关系，且存在“门槛”效应。当环境规制强度相对较弱时，即工业污染治理投资较少时，就业数量随着环境规制的增加而减少。由此可见，在环境规制的初期，工业行业的企业偏向于将环境规制的成本转嫁为生产成本，因而采取缩小企业规模的方法来降低企业成本，即缩小该企业对于劳动力的需求。此时，环境规制对就业产生了规模效应，造成就业人数的下降。当环境规制的力度达到一定程度时，即工业污染治理投资达到 20 亿元时，就业人数达到了最低。此数据点作为“门槛”，在此之后，随着环境规制实施力度的增强，就业数量也随之明显地上升。此时，环境规制政策对就业产生了要素替代效应。一方面，工业行业的部分企业倾向于采取加强治污减排力度，增加生产末端的环境治理活动等方式，进而催生了对劳动力的需求，继而导致就业人数的增加；另一方面，部分企业则通过增加研发资本的投入来提高污染治理水平，从而催生环保科技部门及环保产业的劳动力需求。当然，随着环境规制强度

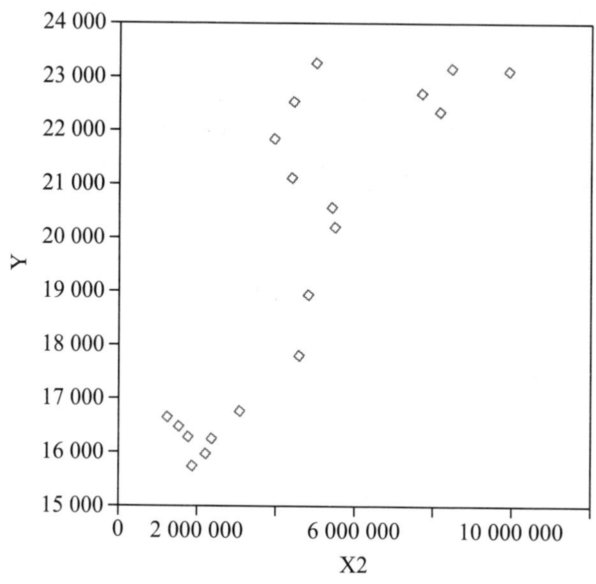

图 8－4　环境规制与就业关系散点图

的增大，环保科技水平的提高也会一定程度上对就业需求产生挤出效应。根据波特假说，即适当的环境规制将刺激技术的革新，从而提高企业的产品质量，使企业重新获得竞争力。此时，工业行业内的企业已获得先进的环境治理技术，以高效的清洁技术代替了部分的劳动力，从而减少了对劳动力需求，使得就业人数减少。

第五节　结论

结合前文的研究可知，环境规制与就业的关系并不是简单的线性关系，而是呈 U 型曲线关系。一方面，在实施环境规制的初期，即当环境规制强度较低时，企业倾向于通过减少劳动力需求的方式来减少生产成本，进而转嫁治污成本，此时环境规制对就业起着消极作用，使得企业对劳动力的需求减少。此时，环境规制与就业的关系处在 U 型曲线的拐点左侧；而当环境规制实施强度提高到一定程度时，企业会转而增加清洁技术研发投资，包括清洁技术在内的科技创新一方面会对劳动力发挥一定的替代作用，势必会降低劳动力的需求，但同时，由于环保科技的创新，也会促进环保产业的发展，进而使得环保产业催生大量的劳动力需求，此时，环境规制对就业就会发挥积极作用，环境规制与就业的关系处在 U 型曲线的拐点右侧。因此，单纯从就业角度出发，建议在不同的经济发展阶段，实行相对灵活的环境规制政策。在经济发展的初级阶段，通过优化产业结构，降低环境规制强度的方式来促进环境的治理与改善；而在经济发展到一定程度时，则可以通过大力加强环境规制，促进科技研发与创新的方式来推进经济的可持续发展。

第九章　农民环境维权集体行动的逻辑

第一节　问题的提出

自改革开放以来，由于乡镇工业经济的快速发展，特别是进入21世纪以来城市化、工业化快速推进但不完善，农业生态化进程缓慢，城乡的环境污染问题突出，与此同时突发性环境事件和群体性事件频发（张祝平，2014）。农村环境质量不断下降以及农村经济水平的逐步提高，农民的需求不再停留在衣食住行等基本层面，农民的环境意识不断增强，不但开始关注自身赖以生存的环境而且也开始维护自身的环境权利了（张金俊，2012）。尽管如此，但从当前来看，环境维权的实践进步主要还局限在城市，由于环境污染以及农村环境恶化所引发的农民环境维权现象仍然是相当棘手的问题（张祝平，2014）。据统计资料表明，2005年全国共发生污染纠纷12.8万件，年均增速28.8%；2005年上半年，参与环境污染性群体事件的人员中，农民占70%以上（陆新元，2005）。环境污染问题所导致的群体性事件说明：农村环境污染的严重性并非单纯停留在限制GDP增长的经济层面，而已经扩散到社会乃至政治层面，成为影响社会安定的一个重大隐患（王军洋，2013）。维护自身赖以生存与发展的环境本是农民基本的合法权益——环境权，但是农民的环境维权行动为何会频频由经济层面演变为关乎社会稳定的群体性事件呢？事实上，近年来，伴随着经济发展而产生的环境权益受损问题已经逐渐显性化、社会化，民众维护合法环境权益问题已经成为新的社会矛盾（高恩新，2014），农民环境维权所引发的群体性事件影响社会稳定已成共识（窦瑞华，2007；朱海忠，2013）。因此，弄清农民环境维权集体行动的逻辑对于改善农村治理，加快美丽乡村建设，促进农村社会的和谐与稳定具有非常重要的现实意义。

第二节　农民环境维权集体行动的困境

自十一届三中全会实行家庭联产承包责任制以来，农民从事农业生产的积极性被大大地激发出来，虽然农村经济不如城市经济发展那么快速，但是农民的物质生活条件确实也得到了大幅度地提升，大部分农村地区的穿衣吃饭问题基本得到了解决，许多经济相对较为发达的地区的农民家庭甚至已经达到了小康生活水平。按理说，农民可以在农村过着日出而作、日落而息的相对较为自由而安逸的生活，但是随着工业化与城市化的不断发展，农民赖以生存的空间不断被侵蚀或被压缩，对于农民的各种侵权行为也不断增加，其中以土地征迁与环境污染领域最为集中。一方面，由于城市化进程中的交通基础设施建设，农村土地在不断地被征迁，更为严重的是农民赖以生计的耕地也在不断侵蚀，有关农地征迁过程中的补偿问题则存在着诸多争议，大大影响了官民或干群的关系；另一方面，由于城市环境管制越来越严厉，城市中的工业不断地向郊区及农村搬迁，使得工业污染也不断由城市向农村扩散，导致农村污染问题日益恶化，严重威胁到农民生命与健康问题。近些年来，由农村环境污染问题导致农村癌症及恶性肿瘤病例也呈逐年攀升的趋势，显然，环境权益受损已经成为当前农民所面临的重要威胁。如果不是因为生存与发展受到根本性威胁，农民一般不会轻易站起来维权，更不会参与到环境群体性事件当中。毕竟农民世代以土地为生，老实本分，维权对他们来说实则是迫不得已的无奈之举，事实上，他们在环境维权过程中面临着诸多难以想象的困境。

一、农民双重弱势地位是环境维权的重要障碍

由于长期以来所形成的城乡结构的影响，使得现有公共资源的分配更多地向城市倾斜，农村在科教文卫发展水平以及公共基础设施建设方面都无法和城市相提并论，这就在客观上造成了农民的弱势：一方面农民整体受教育程度偏低，农民科技文化素质也偏低；另一方面，由于农村经济发展缓慢，使得农民经济条件也相对较差。此外，由于城市经济的影响，造成了青壮劳力，尤其是一些乡村精英的大量外流，这就进一步造成了农村农民群体的弱势。这种双重弱势的地位在环境污染问题上也体现得异常明显：相对于污染者的

强势地位，农民在与排污者协商谈判和抗争中处于劣势，相对于城市居民的强势地位，农民在分配环境保护资源、阻止城市污染转移方面处于劣势（张金俊，2012），例如2002年的S市PX项目事件，在某部属大学教授的推动下，凭借包括十多名院士在内的科技专家以及百余名全国政协委员的社会力量，并整合全市上下各界的社会资源，尤其是S市居民的集体行动，发起了我国著名的“邻避运动”（谢良兵，2017），终于打赢了PX项目之战，把极具环境风险的PX项目拒之于该市之外，但相邻不远的Z市的G镇百姓相对于S市居民而言，则明显处于劣势，他们既没有高校及科研院所的专业知识，也没有S市居民的社会资源，因此，根本没有办法拒绝PX项目入驻G镇。相对城市居民而言，农村居民的环境维权之所以更为艰难，主要在于城市居民的环境意识与维权能力更强，掌握着大量有利的社会资源，并且城市有着更为完善规范的申诉渠道；而农村居民受教育程度整体偏低，他们所掌握的经济资源、社会资源都较为欠缺，这使得他们在环境维权过程中受到很大的制约。农村社会的环境维权成本极高，既要花费大量的人力，更要花费大量的物力，还可能影响乡邻人际格局，这些可能的成本，潜在的巨大代价和难以预期的结果也往往使农民望而却步（张祝平，2014）。

二、农民原子化状态是集体维权的主要困境

环境污染问题是人类所面临的共同灾难，其中居民作为环境公共物品的一个最大的消费群体，也是其中最大的受害者，他们没办法像企业那样还可以在环境污染行为中获得一些经济利益作为补偿。居民作为环境公共产品的消费者，他们有着共同的利益，环境质量的好坏影响着他们的生存质量。居民虽然是一个有着共同利益的群体代名词，但是他们实际上并没有形成一个有组织的利益集团，充其量是一个潜在的利益集团，这样的集团有着一个明显的特点就是规模过于庞大，成员人数太多。在现实生活中，在自身的生态环境利益受到损害时，绝大多数居民并没有率先站出来抗争，而是选择成为“沉默的多数”。其原因主要在于环境利益具有非排他性的特点，集团中每个成员都可以无一例外地分享集体行动的利益，而不论是否参与了环境治理的行动，那么必然会导致每个成员都想采取“搭便车”的行为来坐享其成。特别是在集团规模庞大、成员人数众多的情形下，由于大多数的居民不能采取集体行动，单个居民付出的成本要远大于其可能获得的收益，因此单个的居

民不存在单独行动的激励。对于农民来说,作为弱势群体,采取集体行动共同环境维权的可能性则更低。由于商业经济的冲击与影响,随着农村人口不断外出回流,加上个体更注重自身利益的考虑,使得农村呈现从以往的熟人社会向陌生人社会转变的趋势,甚至以往以家族血缘为纽带的共同体也已不再像以前那样的紧密了,农民的原子化、碎片化与个体化现象日趋严重,这就造成农村自组织能力进一步弱化,使得农民集体环境维权的可能性进一步降低,除非环境污染问题触及他们生存与发展的根本利益。

三、地方政府与企业合谋是制约农民环境维权的外部阻力

地方政府作为地区服务的合法机构,负责地区经济、政治与社会等方面的所有事务,既要保证地区经济的正常运行,促进地区经济增长,同时又要注意保护当地的生态与环境以及社会秩序的维护。但是,在当前以 GDP 为核心的政绩考核体制下,地方政府官员除了公共利益外,还可能会有一些个人利益掺杂其中,毕竟,GDP 是衡量地方政绩的、可以直接量化的最为重要的指标,地方政府官员竞相追逐 GDP,把 GDP 当作加官晋爵的途径,这就促使地方政府与追求经济利润为根本目标的企业合谋提供了可能。事实上,在不少基层地区,由于污染企业带来的就业、GDP 和税收收入的激励,地方政府维护污染企业利益,并与污染企业合谋的现象已较为普遍(左翔等,2016)。正因为追求 GDP 是衡量地方经济增长的一个最为重要的目标,所以如果农民进行环境维权的话,则势必影响到排污企业正常的生产经营活动,进而影响企业对地方政府的财政贡献与地区 GDP 的增长,因此,在这样的情况下,地方政府通常会以“维稳思维”来对待农民的环境维权活动,消极对待农民的环境维权,甚至以强力来压制,最终导致环境群体性冲突的爆发。农民针对企业污染排放所导致的环境侵权行为提出申诉,本是农民正当合法的权益,但是以一些地方政府惯常的“维稳思维”,对于农民的环境维权行为,不但不予以认同,反而遭遇政府“维稳对待”,使得公众不再相信常规的维权方式,转而表现出过激行为,政府越是“维稳”对待,越易滋生民众不满,威胁社会稳定(臧晓霞等,2017)。

以上三个方面是制约农民环境维权集体行动的主要困境,使得农民环境维权之道长且阻。那么,既然农民为自身正当合法的权益进行申辩及维护过程中存在着这么多不利因素,为什么环境维权行为还是不断地发生,甚至有

些地方因此而引发了群体性冲突呢？农民环境维权集体行动的生成逻辑又是什么呢？显然，农民环境维权行为已不能用简单的利己或利他行为来解释。根据亚当·斯密经济人的假设，利己主义是整个社会繁荣的逻辑起点，在他看来，经济人除了自身的利益之外，没有其他别的利益，正因为每个经济人在竭力追逐自身利益最大化的过程中，无意中也促成了整体经济的繁荣，提高了整个社会的福利水平；但另一方面，根据哈丁的理论，利己主义作为个体的理性行为，则会导致群体的非理性，从而引发“公地的悲剧”。如果农民是纯粹利己主义者的话，那么大部分农民在环境问题上都会选择放弃维权，因为单独维权的成本过于高昂；但是如果每个单独的个体都基于个人理性的角度进行决策的话，都不愿挺身而出加入环境维权行动中的话，那么最终则必然导致群体的非理性，即环境污染问题不断恶化，最终使得大家都深受其害，赖以生存的家园最终毁于一旦。可见，个人的理性会带来两种截然相反的结果，其一是整体的繁荣，其二则是公地的悲剧，二者是相矛盾的。因此，农民在环境维权问题上，既要考虑自身的个人利益(利己)，同时也要作出适度的牺牲(利他)，在环境维权伊始，每个个体不得不牺牲自身一部分利益去承担这份维权的风险，以达成集体行动的目标，原子化状态的个体唯有通过结盟方可提高与地方政府协商谈判的地位，为自身争取更多的权益。

第三节　农民环境维权的政治社会结构分析

根据经验现实，显然，农民环境维权行为已不再是个别农村地区发生的偶发事件，而是针对环境污染问题所引发的普遍现象，在全国各地环境污染严重的农村地区均有类似的行为发生，因此，已无法对此进行简单的分析，它与当下的社会、政治及经济结构均有不同程度的关联，因此，有必要把农村环境维权行为置身于更为宏观的政治社会结构背景下来进行深入的探讨。

政治结构机会理论是西方研究社会运动所处的特定政治环境如何影响抗争者的行动策略和组织过程等的政治过程理论(李兴平，2018)。最早由艾辛杰在 20 世纪 70 年代提出，当时他基于美国 43 个城市的抗议活动的研究发现，政治社会结构的开放程度事关抗议活动的发生，一般来说，只有当政治社会结构具有开放和封闭特性时，抗议相对较容易发生。自此，艾辛杰对于抗议活动的研究开创了先河，随后许多学者对此进行了拓展研究，其中詹金斯和佩罗等学者认为运动的组织和政府的态度对于社会运动的影响也至关重要(李兴平,2018)。而麦克亚当(1996)将政治社会结构的概念外延进行了深化,并把政治社会结构细分为政体的开放程度、精英联盟的稳定程度、在精英中有无同盟以及国家镇压的能力与倾向。随后有的学者提出应就政治机会进行区分和确定,例如迈耶等(2004)认为要确定"什么机会"以及"谁的机会"。当然,政治社会结构理论尽管在西方国家的研究越来越多,但该理论毕竟根植于西方的社会情景之中,不一定完全适用于解释我国的农民环境维权行动,毕竟国情不同,政治体制与意识形态均不同,因此,我国学者在借鉴该理论时结合我国国情进行了本土化建构。其中朱海忠(2013)参考迈耶和闵考夫的研究,提出了结构性机会与象征性机会,并就结构性机会与象征性机会根据自身的研究需要进行了细分;而李兴平(2018)则将政治社会确定为政治通道的开放性、有影响力的社会资源、政府间的关系分化、政府处理冲突的理性态度及政治限制等。本书借鉴与参考前人的研究,构建了以中央政府的态度、地方政府与企业的关系、媒体的舆论监督、环境非政府组织、政府管理体制以及社会精英的支持等五个方面作为政治机会结构的分析框架来对农民环境维权行动进行分析。

一、中央政府的态度

自 20 世纪 80 年代以来,中央政府保护生态与环境的力度明显加大,为了推动环境治理工作,构建和谐社会,中央对农民环境维权行为的态度发生了根本性的变化,农民维权不再被认定为"闹事",只是因为其环境权益遭受的侵犯而引起的反应,因而严厉禁止各级政府粗暴对待农民(朱海忠,2013),同时,也采取了一系列的重大举措。首先在组织机构设置方面,1988 年中央设置了副部级的国家环保局;1998 年国家环保局升格为正部级的国家环保总局;2008 年改为国家环境保护部,成为国务院组成部门;2018 年组建中华人民共和国生态环境部;其次在重大战略决策方面,1994 年通过了《中国 21 世纪人口、环境与发展》白皮书,2003 年党的十六届三中全会上,胡锦涛提出了"科学发展观",党的十七大则正式提出"科学发展观";2012 年党的十八大则明确提出要促进现代化建设各方面协调发展,并把"生态文明建设"与经济建设、政治建设、文化建设、社会建设一道纳入"五位一体"总布局;之后关于生态文明建设的思想不断丰富与完善,在中国特色社会主义基本方略中包括了坚持人与自然和谐共生的基本方略;在新的五大发展理念中,绿色是其中一大理念;在三大污染防治攻坚战中就包括了污染防治攻坚战;此外,“绿水青山就是金山银山”重大发展理念的提出更是表明了中央实施生态文明建设、保护生态、治理环境的决心与态度。总而言之,中央关于生态与环境政策的顶层设计为农民环境维权提供了更为有力的合法性,同时,也给地方政府的环境治理工作施加了极大的压力。自 2011 年我国刑法设立污染环境罪后,污染罪案件不断上升,尤其党的十八大后的强力治污,污染犯罪数量更是呈井喷式增长,对污染环境的行为产生了巨大的威慑力。

二、媒体的舆论监督

当前,随着民主法制化进程的不断加快,社会开放程度与社会包容度的提高,传统媒体对政府所发挥的监督作用越来越大,对于各领域发生的社会问题和社会现象也给予了前所未有的关注。传统媒体作为党和政府的发声机构,在发挥官方舆论导向作用的同时,在关注民生问题方面也逐渐成为推动社会进步的一支不可或缺的重要力量,为百姓争取了更多的话语权。尤其是基于互联网的新媒体兴起之后,更是进一步为公众言论自由提供了更好的平台与空间。网络动员相比传统动员,最大的优势就是动员效率高,传播途径多且对传统的权力屏障有所突破(李兴平,2018)。实践证明,现实生活中所发生的很多社会问题和社会现象通过网络的快速传播,获得了社会广泛的关注,赢得了社会的支持,最终促使问题得到了妥善的解决。在农村环境问题上,农民作为弱势群体,由于地方政府与污染企业的合谋,使得农民环境维权的通道受到一定的限制,但是由于有了大众媒体,农民可以借助媒体以新闻曝光的方式来获得社会舆论的支持,或者也可以通过网络投诉通道来扩大社会影响,进而使个体抗争演化成集体行动。

三、政府与企业的关系

在改革开放之前,实行私有化改造之后,我国的企业主要以国有企业为主。当时政府与企业之间的关系较为紧密,同属于体制内的单位,利益较为一致,政府官员与国有企业之间的管理阶层都有相应的层级,并且还可以互换机制,也就是说,相同行政级别的政府官员可以到国企担任同等级别的管理职位,国企管理人员也可以到政府中担任相应的职位。但在改革开放以后，政府与企业不断发生分化，一方面为了减轻政府的财政负担，进行了大刀阔斧般的改革，大量国有企业从政府体制内剥离出来，成为独立核算、自负盈亏的市场主体；另一方面，随着市场经济的发展，民营企业与三资企业数量不断增加。由于政府与企业各自的主体性增强，各自有各自的利益诉求，这就使得政府与企业之间的关系发生了质的变化。尽管如此，但在地方经济发展过程中，在现行的GDP政绩考核体制下，政府与企业之间在经济层面因为有了追求经济增长的共同目标，所以在环境污染问题上面对民众的维权行动又重新结成新的联盟，这也是我国各地环境污染问题之所以难以治理的重要原因。

四、环境非政府组织

改革开放以来，随着经济水平和总体受教育程度的不断提高，我国公民社会也随之迅速发展，其中环境非政府组织逐渐成为环境领域的一支重要的力量。由于环境非政府组织是独立于体制之外的民间组织，其宗旨主要是监督与保护生态环境，因此它实际上也是为公共利益服务的一支生态文明建设的重要辅助力量。相对于普通百姓而言，环境非政府组织更为专业、规范，掌握了更为充分的信息，因此，在生态环境的保护与监督方面要比普通百姓更具有优势；同时，环境非政府组织既不隶属于政府机构，也不同于普通百姓，而是介于二者之间的非营利性民间团体或组织，因此，这就使得环境非政府组织既可以充分利用自身的特点与优势来协调政府与公众及其他治理主体间的分歧，同时它又可以在政府与公众及其他治理主体之间起着缓冲的作用，以防止维权事件的扩大，避免地方政府处理不当从而造成对政府公信力的冲击（王军洋，2013）。事实上，左翔等（2016）基于环境污染对中国居民政治态度的影响研究就曾发现，居民在遭受环境污染侵权后，居民对政府权威的认可度将显著降低。农民的原子化、碎片化状态是环境维权集体行动的重要困境，由于每个个体都是一个独立的个体，并且又较为弱小，使得农民在环境维权时面对强大的资本力量，显得弱小而无助。因此，针对农民面对环境侵权时集体行动的困境，通过非政府环境组织与污染企业进行协商与谈判可以有效避免群体性冲突，提高农民环境维权的成功率。

五、政府管理体制

在十一届三中全会之前，中央政府与地方政府是利益高度一致的整体，社会高度整合，社会动员能力极强，但自从1994年实行分税制以后，中央政府与地方政府的利益关系发生了分化，地方政府的主体性逐渐增强，地方政府除了要服从中央的大局实现中央所要求的宏观利益，同时，还有着地方自身的利益诉求。事实上，自从1994年实行分税制以来，在环境保护的态度方面，中央政府与地方政府之间也存在着不一致的地方，一方面，中央政府为了保护生态与环境，制定和出台了大量的政策法规，大力推进节能减排、保护生态与环境，另一方面，地方政府为追求经济的增长，拼命地招商引资置环境保护于不顾；中央政府反复强调“和谐社会”，要求维护社会的稳定，而地方政府则我行我素，遇到不满则畸形求稳，对老百姓不是化解矛盾、解决纠纷，而是愚弄、哄骗、收买和打压（朱海忠，2013）。有些地方政府为了实现地方自身的利益，在环境污染问题上存在不作为、隐瞒或谎报的行为。例如2016年7月第一轮中央环保督察期间，群众多次举报泰州市泰兴化工园区在长江江堤内侧的一段河道内填埋大量化工废料的污染行为，但泰州市政府则对此应付了事，明知违法掩埋却还百般隐瞒。经群众反复举报后，中央第四环境保护督察组对此非常重视，并于2018年6月20日对江苏泰州市下沉督察发现，中国精细化工（泰兴）开发园区（以下简称“泰兴化工园区”）在长江岸堤内侧填埋的，包括大量危险废物在内的3万多立方米化工废料和其他固废并未如泰州市政府所说的已完成整改，给周边环境和长江水环境安全造成严重威胁。此外，作为地方政府隶属管理机构的环保部门在行政管辖、财政与人事方面均受制于地方政府，因此，地方环境保护部门在对环境污染事件进行执法时也难以保护其应有的独立性。

六、社会精英的支持

正如前文所述，农民整体受教育程度偏低、环境意识与法律意识也相对较为薄弱，使得农民不但对环境污染问题的认知存在局限性，而且在环境维权方面也无所适从。因此，面对资本的强势，农民环境维权恐怕不能没有社会精英的支持，但是在长期社会发展过程中，由于资源和利益的重新配置，造成了社会结构的断裂，使得作为社会弱势群体的农民与社会精英群体的关系也产生了一定的疏离。所幸的是，近些年来，虽然随着经济水平与教育程度的不断提高，农民科学技术水平也在不断提高，法律维权意识也在不断增强，甚至也涌现了一些敢于担当的社会精英，并且随着社会民主进程的不断加快，在社会发展过程中也涌现了大量以知识分子为代表的、有良知的社会精英，这些社会精英不但开始关注社会民生问题，而且还身体力行，积极参与到各项社会事务当中。在近年来发生的许多环境维权事件中，都不乏一些知识精英的身影，为居民环境维权注入一股强大的新生力量。由于知识精英们在“话语权”“专业知识”等方面的优势，他们的介入能够使农民环境抗争事件产生较大的政治效应，进一步提高了这类事件的能见度和影响力(李兴平，2018)。

第四节　关于农民环境维权集体行动的若干思考

中央政府的文件明确指出，环境权是每个公民正当合法的权利，应得到保护，并提出一系列推动生态文明建设的重大举措，因此，农民环境维权行动是在现行体制框架内维护自身合法利益的行为，理应得到正确对待，因势利导，堵不如疏。建议地方政府采取以下几点应对措施：

一、转变惯有的维稳观念，积极应对维权行动

环境权是每个公民应有的合法权利，环境保护与治理很大程度上是为经济发展服务的，环境问题本身不构成对合法性的威胁(臧晓霞等，2017)。当前环境维权事件增多，一方面说明环境权益受损事件不断增加，另一方面则说明政府更加民主和开放了，政治通道更为通畅了，所以居民比以往更敢于维权了。地方政府不应以惯有的“维稳思维”来消极对待农民合理的环境维权行为，进而使合理合法的环境维权行为演变为环境冲突事件。尤其在改革开放之初，地方政府往往以敌我矛盾的思维方式和方法来对待民众维权行动(李兴平，2018)。在当前中央提出实施生态文明建设的重大战略下，地方政府应与中央保持一致，维护整体经济的发展大局，应以人民利益为重，切实保障好居民的环境权益，维护好社会的和谐与稳定。

二、建立通畅的申诉通道，正确疏导环境冲突

农村环境污染所导致的社会冲突，其原因主要在于农民维护自身正当合法权益并未得到地方政府应有的重视和认可，反而以“维稳思维”对待。其实，农民环境维权的目的主要是为了保障自身最基本的环境权益，并不涉及

合法性问题，但是若不能得到正确的处理，反而可能造成农民对于地方政府的信任危机。根据美国社会学家 L.A.Coser 的观点，冲突只要不直接涉及基本价值观或共同观念，它对社会并不具有根本性的破坏作用，反而有利于社会的整合与稳定，但是如果一味地采取压制手段，让冲突长期积累，一旦爆发，对社会结构反而更具破坏性。他主张建立社会安全阀制度，让不断累积的情结得以释放，避免灾难性冲突的爆发。因此，农民正当的环境维权行动，只要不牵涉到合法性问题，应通过建立通畅的利益申诉通道，以便正确疏导不断累积的消极社会情绪，使农民的环境正义得以伸张。通过此举，反而将大大有助于加强程序的合法性和有效性，增强政府的公信力。

三、借鉴“邻避运动”经验，聚集环保正能量

L.A.Coser 在其社会冲突论中指出，冲突是一个重要的社会平衡机制，它具有五项重要的正面功能，它对社会与群体既有内部整合与稳定的功能，同时对新社会与群体的形成也具有促进功能，此外，对于新规范和制度的建立同样具有激发功能。而环境污染问题则是我国当前经济快速发展过程中所涌现出来的新型社会冲突，它使得排污企业与公众之间的关系变得前所未有的剑拔弩张。对于这样一种基于环境所引发的社会冲突，国际环境治理的实践表明，“邻避运动”在生态与环境保护过程中发挥了极其重要的作用。事实上，“邻避运动”加快了环境民主进程，使得公众获得了更多地参与环境监督的权利，并且还促进了新环境保护组织的发展，对于环境制度与政策的完善也发挥了非常重要的促进作用。因此，建议对于环境冲突事件，应合理引导，使得冲突朝积极的方向发展。地方政府应充分利用环境冲突事件向农民普及环境相关知识，提高公众的环境意识与维权意识，培育环境公民，使农民也成为生态文明建设的一支新生力量，更好地与当地政府一道维护好“绿水青山”，进而把“绿水青山”的环境优势转化为“金山银山”的经济优势。

四、环保部门垂直管理，确保环境执法的独立性

在当前的行政管理体制下，环境保护部门隶属于地方政府，其人事权与财政权均受制于地方政府，因此，环境保护部门与地方政府的利益是一致的。而环境保护部门在环境执法时难以做到公平公正，一般倾向于维护地方政府的利益。事实证明，为了实现经济增长的目标，地方政府与污染企业进行合

谋的前提下，环境保护部门通常采取纵容的态度。因此，为了保护地方生态与环境，有必要借鉴海关的做法，把环保部门从地方行政体系中单列出来，在财政与人事方面，均由上级环保部门直接管理，实行从上自下的垂直管理体制，以确保环境管理部门在执法方面的独立性。

第十章　生态示范区的建设问题研究

第一节　基于熵权法的福建生态示范区非均衡发展研究

作为生态良好，森林覆盖率较高的沿海省份及首个国家级生态示范先行区，福建省在政府的主导和推动下，生态示范区建设工作正如火如荼地展开并取得了显著的成效，但由于各地市在自然资源要素禀赋、经济发展水平等方面存在着较大的差异，使得各地市综合生态水平也呈现出明显的不均衡状态，从而影响了福建省生态先行示范区整体的生态建设水平及质量。那么当前，福建省各地市生态建设水平存在什么样的差异呢？又该如何促进全省的生态建设均衡发展呢？基于此，为了缩小各地市的生态建设水平，对福建省各地市生态建设水平进行综合评价具有重要的现实意义。

根据现有文献研究，尚未发现国外有关"生态示范区"的明确提法，但生态示范区的英文说法有 eco-coummunity 即生态社区之意，国外也有人把生态社区译为 eco-city。事实上，根据国际生态城市会议中"生态城市"一词包含了城市、小城镇、邻里之意（Register，1996），可见在国外，生态城市的概念内涵与我国生态示范区的概念相类似，只不过国外关生态示范区的空间范围可能更多地限定在城市或工业区层面。其思想渊源最早可以追溯到 19 世纪末，当时，英国社会活动家霍华德针对工业化和城市化过程中所产生的一系列环境和社会问题提出了"田园城市"的设想，但这些设置了绿带的居住区和开发区的混合物由于缺乏城市应有的活力且资源无法充分利用，因此并没有得到普遍发展。直到联合国教科文组织在 1971 年提出"生态城市（Eco-city）"概念后，生态城市的相关研究才得到大力发展，其中被认为对生态城市概念内涵有关键贡献的主要包括伯克利的城市生态组织（1975）、Paolo Soleri 的《Arcology, the City in the Image of Man》及 E.F.Schumacher 的《Small is Beautiful》等。

与国外关于生态示范区不同的是，我国对于生态示范区的空间范围不仅仅限于城市或工业区层面，还泛指不同层级的范围。国内许多学者对此展开了广泛的研究。其中闫文周等(2009)运用熵权法对生态城市进行了评价研究；甘晖等(2015)研究发现福建省生态建设的成效与经济发展有着密切的关系；李玲等(2015)则对生态文明先行示范区建设的评价指标体系进行研究；施生旭(2015)从经济、社会、环境等不同层面对福建省生态示范区建设水平进行了实证分析；王婷等(2016)的研究则认为福建省生态文明示范区的建设与新型城镇建设有着密切的关系；马红珍(2017)认为生态文明的本质是绿色发展，二者在目标上高度契合；胡卫卫等(2017)研究发现，人均 GDP、环境管理制度、科技的进步和示范区域的布局都对生态发展的效率有着显著性的影响。

综上所述，有关生态示范区的研究已取得了丰硕的成果，国内有关学者根据自身研究的需要，从不同的角度对生态示范区问题进行了广泛的探讨，但根据现有文献来看，基于非均衡发展的视角采用熵权法针对生态示范区的研究成果仍然较为少见。因此，本书接下来拟采用熵权法就福建省 2016 年统计年鉴的数据从自然、社会及经济三个维度对各地市的生态建设水平进行综合评价，并根据研究结论为福建省生态示范区的建设提出相关的对策建议。

一、研究方法

（一）生态示范区评价指标体系的构建

根据科学性、可行性、系统性、整体性及可观测性等原则，结合前人的研究成果及福建生态示范区建设的具体实际，从自然、社会、经济三个层面构建生态示范区的一级评价指标，并在一级指标的基础上衍生出经济实力、经济效益、经济结构等 11 个二级指标，然后在基于二级指标的基础上，再衍生出 29 个三级指标体系。具体参见表 10－1。

表 10-1　福建省生态示范区指标评价体系

一级指标	二级指标	三级指标
经济生态 A1	总体经济实力 B11	当年人均 GDP(元)C111
		城市居民人均可支配收入(元)C112
		农民年人均纯收入(元)C113
	经济实际效益 B12	资金利税率 C121
		社会消费品零售总额(万元)C122
		全社会劳动生产效率 C123
	经济发展结构 B13	GDP 中第三产业比重 C131
		社会固定资产投资额占 GDP 比重 C132
社会生态 A2	当年人口指标 B21	人均占地面积(人/平方公里)C211
		农村人口占总人口比重 C212
		城镇化水平(%)C213
	人民生活质量 B22	城市人均居住面积(平方米)C221
		农村居民恩格尔系数 C222
		城镇居民恩格尔系数 C223
	基础设施建设 B23	人均日生活用水量(升)C231
		人均城市道路面积(平方米)C232
		城市燃气普及率 C233
	科技教育投入 B24	R&D 经费占 GDP 比重 C241
		科教投入占 GDP 比重 C242
	社会保障体系 B25	城乡居民最低生活保障人数(万人)C251
		城乡居民社会养老保险人数 C252
		基本医疗保险人数 C253
		万人拥有床位数 C254
自然生态 A3	城市绿化情况 B31	建成区绿化覆盖率 C311
		人均公园绿地面积 C312
	生活环境质量 B32	单位 GDP 二氧化硫排放量 C321

续表

一级指标	二级指标	三级指标
自然生态 A3	环境治理效率 B33	工业固体废弃物利用率 C331
		生活垃圾无污染处理率 C332
		城市污水处理率 C333

数据来源:根据福建省统计年鉴原始数据计算整理所得

(二) 熵权法的基本原理

本书采用可以度量每个指标在整个体系中所占比重的方法——熵权法对福建省生态示范区非均衡发展问题进行研究,其基本原理是:利用系统中各指标的真实数据,通过计算得到各指标相应的信息熵和权重,然后将各指标的权重加以比较分析,如果指标的信息熵大,则该指标在系统中的权重就小,反之,如果指标的信息熵小,那么指标在系统中的权重就大。与主成分分析法相比,熵权法的特征是以客观性为主、主观性为辅来进行分析的,使用这一方法可以避免人为因素造成的主观影响,因此所得的评价结果更加客观和可信。

二、数据处理

熵权法进行权重计算的步骤具体如下:

(一) 数据的标准化

为了消除不同变量的量纲关系,使它们之间具有可比性,首先需要将各个指标的数据进行标准化处理。在此,采用离差标准化方法,具体公式如下:

$$X_1 = (X - \min)/(\max - \min) \tag{1}$$

(二) 计算各指标信息熵

在模型中用 P_j 表示各指标在整个系统中出现的概率,各指标的信息熵用 S 表示,具体的计算公式如下:

$$S = -K \sum_{j=1}^{n} P_j \ln(P_j) \tag{2}$$

其中,K 为正常数。

（三）确定各指标权重

首先求 $E_j = -K\sum_{i=1}^{m} P_{ij}\ln(P_{ij})$，其中 m 为生态示范区个数，$P_{ij} = \dfrac{X_{ij}}{\sum_{i=1}^{m} X_{ij}}$，正常数 $\mathrm{K} = 1/\ln(m)$；然后求各指标的权重 $W = \dfrac{\mathrm{d}_j}{\sum_{i=1}^{n} \mathrm{d}_j}$，其中 $\mathrm{d}_j = 1 - E_j$；最后根据通过在 Excel 表格中的一系列运算得出一级、二级和三级指标相对应的权重，运算结果如表 10－2 所示。

表 10－2　福建省各地市生态示范区综合评价体系三级指标及权重

一级指标及权重	二级指标及权重	三级指标	信息熵	权重(%)
A1 0.597 906	B11 0.031 097	C111	2.181 365 734	0.009 304 175
		C112	2.142 188 122	0.032 289 167
		C113	2.190 941 257	0.003 686 342
	B12 0.315 089	C121	2.132 980 457	0.037 691 183
		C122	1.894 458 588	0.177 628 839
		C123	2.155 416 776	0.024 528 089
	B13 0.018 510	C131	2.179 554 407	0.010 366 857
		C132	2.164 114 185	0.019 425 434
	B21 0.224 694	C211	1.980 899 602	0.126 915 028
A2 0.395 751		C212	2.178 828 914	0.010 792 494
		C213	2.183 550 61	0.008 022 337
	B22 0.089 433	C221	2.111 274 613	0.050 425 718
		C222	2.196 419 414	0.000 472 379
		C223	2.196 180 004	0.000 612 837
	B23 0.013 538	C231	2.178 318 175	0.011 092 139
		C232	2.168 459 388	0.016 876 159
		C233	2.196 973 454	0.000 147 331

续表

一级指标及权重	二级指标及权重	三级指标	信息熵	权重(%)
A2 0.395 751	B24 0.055 686	C241	2.116 287 576	0.047 484 678
		C242	2.185 288 35	0.007 002 828
	B25 0.124 371	C251	2.106 830 653	0.053 032 931
		C252	2.049 886 297	0.086 441 438
		C253	1.925 008 387	0.159 705 672
		C254	2.180 594 365	0.009 756 728
A3 0.006 343	B31 0.004 286	C311	2.196 592 569	0.000 370 791
		C312	2.193 062 011	0.002 442 123
	B32 0.118 308	C321	2.083 542 68	0.066 695 679
	B33 0.004 989	C331	2.152 340 293	0.026 333 022
		C332	2.197 121 791	0.000 401 001
		C333	2.196 547 389	0.000 397 298

数据来源:根据2016年福建省统计年鉴原始数据整理计算所得

根据表10－2可以看出一级指标在整个评价体系所占权重各不相同,差异很大,其中经济生态指标占比最大,自然生态指标占比最小,社会生态指标占比居中。

三、结论分析

(一)比较性分析

对数据进行标准化处理得到的矩阵与相应的各项指标的权重相乘,然后相加就得到9个城市相应的二级指标和一级指标的指数,分别如表10－3和表10－4所示:

表10－3　福建省各地市生态示范区综合评价体系二级指标指数

指标	福州	厦门	莆田	三明	泉州	漳州	南平	龙岩	宁德
总体经济实力	2 047.1	2 030.6	1 191.1	1 351.1	1 517.9	1 243.3	1 095.7	1 407.6	993.8

续表

指标	福州	厦门	莆田	三明	泉州	漳州	南平	龙岩	宁德
经济实际效益(百元)	66 844	22 798	11 069	8 537	48 398	15 553	9 888	12 949	9 101
经济发展结构(%)	2.146	1.716	2.448	2.599	1.495	2.172	2.629	2.628	1.805
当年人口指标	303.88	1176.9	341.74	128.65	317.05	686.81	225.08	266.45	303.89
人民生活质量	10.138	5.077 9	7.328 1	7.566 7	4.911 7	1.692 6	6.902 0	7.128 2	3.448 3
基础设施建设	3.025 2	2.301 0	1.959 7	2.802 6	2.306 5	2.445 8	2.162 0	2.253 9	1.708 7
科技教育投入(%)	0.11	0.17	0.08	0.06	0.06	0.07	0.07	0.09	0.08
社会保障体系	69.064	58.995	23.973	17.546	60.423	30.494	18.661	30.795	26.334
城市绿化情况(%)	3.45	2.82	3.12	3.62	3.48	3.59	3.22	3.07	3.83
生活环境质量(%)	0.004 5	0.000 7	0.003 1	0.008 9	0.004 7	0.004 2	0.005 3	0.005 0	0.007 1
环境治理效率(%)	6.87	6.52	6.12	6.50	6.86	6.75	6.51	4.82	6.03

数据来源：根据福建省统计年鉴原始数据整理计算所得

表 10－4　福建省各地市生态示范区综合评价体系一级指标指数

指数 城市	经济生态指数	社会生态指数	自然生态指数
福州	2 106 250.0	77.817 30	0.000 496
厦门	718 400.4	272.279 20	0.000 447
莆田	348 795.9	80.451 24	0.000 443
三明	269 047.7	31.803 57	0.000 490
泉州	1 525 004.0	79.224 03	0.000 497

续表

城市＼指数	经济生态指数	社会生态指数	自然生态指数
漳州	490 098.4	158.299 50	0.000 495
南平	311 601.0	53.542 19	0.000 469
龙岩	408 057.7	64.367 60	0.000 378
宁德	286 785.9	71.889 88	0.000 473

数据来源:根据福建省统计年鉴原始数据整理计算所得。

根据表 10－4 的评价结果,对福建省 9 座城市制作生态示范区一级指标折线图,图表的横坐标是 9 座城市,纵坐标是每座城市相对应指数值,具体如图 10－1。

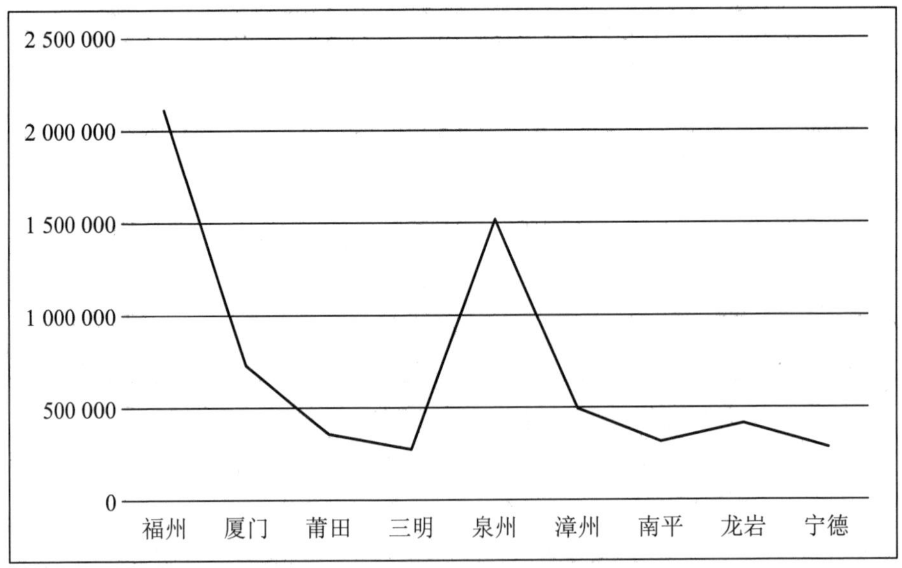

图 10－1 经济生态指数

从图 10－1 上图的经济生态指数折线图可以看出,9 座城市社会生态指数从高到低的排序依次是福州、泉州、厦门、漳州、莆田、龙岩、南平、宁德、三明,福州的经济生态指数最高,泉州位居第二,厦门与莆田的经济生态指数处于第三和第四位,南平、宁德和三明的经济生态指数明显落后于其他城市,说明福州、泉州这两个城市的总体经济实力较强,经济效益较高,经济结构比较完善,南平、宁德和三明的总体经济实力比较落后，经济发展结构不够合理，见图 10－2。

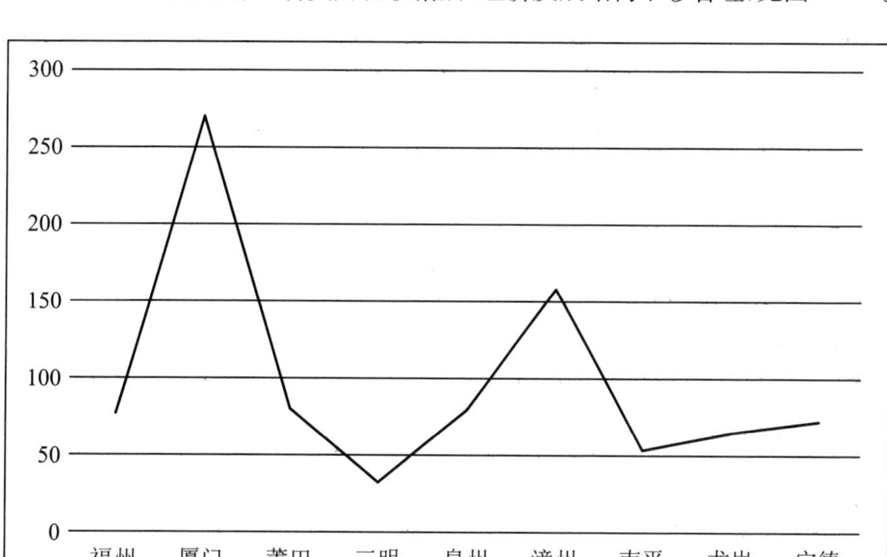

图 10－2　社会生态指数

从图 10－2 的社会生态指数可以看出，厦门的社会生态指数最高，说明基础设施的建设比较全面，人民生活质量较高，其次是漳州、莆田、泉州和福州的社会生态指数大体相当，社会生态指数位于最后三位的城市是宁德、南平和三明，说明科技教育投入较低，社会保障体系方面不够完善。

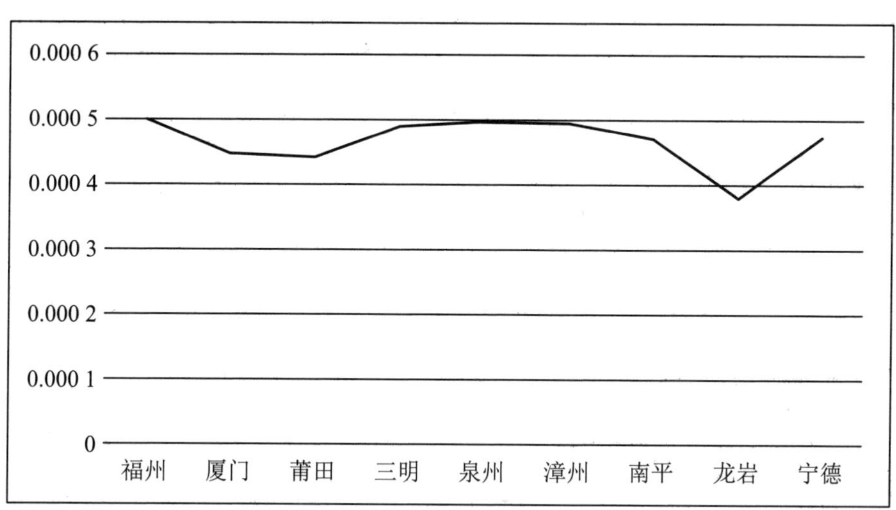

图 10－3　自然生态指数

从图 10－3 的自然生态指数折线图中可以看出，福州、漳州、三明和泉州这四个城市的自然生态指数很高，排名位于前四位，而厦门、莆田和南平的自然生态指数大体相当，从图中可以明显看到龙岩的自然生态指数是最低的。

（二）综合性分析

由于生态示范区的总体发展水平必须要用一个相对综合性的指数来表示，于是采用加权平均法计算福建省 9 座城市生态示范区建设的综合指数，并对城市的指数进行排名。具体的计算公式如下：

$$Dj=\sum_{i=1}^{n}E_iC_i(i)$$

式中，Dj＝第 j 年的综合评价指数；

C_j＝各个城市的单项指标；

E_j＝各个城市单项指标对上层指标的权重。

9 个城市的综合指数具体排名如表 10－5 所示。

表 10－5　生态示范区综合评价体系综合评价指数及排名

城市	综合评价值	排名
福州	1 259 371.0	1
泉州	911 841.0	2
厦门	429 644.0	3
漳州	293 095.7	4
龙岩	244 005.8	5
莆田	208 579.1	6
南平	186 329.5	7
宁德	171 499.6	8
三明	160 877.9	9

根据上述评价体系综合评价指数及排名表，对福建省生态示范区建设水平进行评价：

1. 总体评价

本书从三个复合指标构成的评价体系来看，研究生态示范区的建设水平相对比较复杂，在对国内外生态建设的各项经验以及早些年的学者关于对生态文明建设评价体系研究分析之后，利用真实性较强的数据，将福建生态示范区建设研究从经济、社会、自然三个方面出发，从总体经济实力、经济实际效益、经济发展结构、当年人口指标、人民生活质量、基础设施建设、科技教育投入、社会保障体系、城市绿化情况、生活环境质量、环境治理效率 11 个方面核算衡量的二级指标，以及细分出来的 29 个核算衡量的三级指标，构建福建省生态示范区非均衡发展评价体系，最后通过计算这 9 个城市的综合评价值，分析了福建省生态示范区的非均衡发展情况，福建省生态示范区的生态文明建设总体来说取得了相当的成就，比如生态区的绿化率居全国首位，但是，在整个生态文明发展的过程当中，福建省对生态示范区的建设仍然存在着一些不足，比如省西部地区的经济结构不够合理完善，经济实力和经济效益不能达到基本标准，省中西部地区村镇政府对于建设生态文明的制度不够健全，基础设施不够完善，社会保障制度的建立不全面立体，而且还存在着治理环境力度的不足，部分地区的科技教育投入水平不高，人民的生活环境质量还不够高，对于城市绿化的深度和广度不够全面。

福州、泉州、厦门的生态综合指数排名居于前三位，属于均衡发展区域。其中福州排名第一，居于首位，作为福建省的省会，福州的各项指标水平都比较高，综合评价值为 1 259 371，其中城市人均居住面积指数最高，说明福州是适合居住的城市，生态示范区建设水平处于比较高的层次；泉州的经济水平比较高，经济效益好；厦门的经济生态指数和自然生态指数都较高，作为福建省经济发达城市，第三产业占 GDP 的比重达 58.6%，人均 GDP 最高，城乡居民的人均可支配收入也很高，由此可见这三个城市的生态示范区建设水平相对较高。

漳州、龙岩、莆田这三座城市的生态综合评价值差不多，分别是 293 095.7、244 005.8、208 579.1，作为内陆新兴的发展城市，利用自身的地理环境优势，发展旅游产业，但是与前三位城市相比，龙漳莆的总体发展水平还是不够高，经济效益没有高出全省平均水平，产业结构也不够合理，生态示范区建设水平也不高。

南平、宁德和三明的生态综合评价指数排名位于最后三位，由于宁德、三明和南平的基础设施建设比较落后，经济发展结构不完善，总体经济实力不强，社会保障体系不够好，科技教育的发展水平落后，高新技术产业的发展起点低。因此，相比较福厦泉而言，这三个城市的生态示范区建设水平比较弱。

四、促进生态示范区均衡发展的对策建议

基于前文对福建省2016年各地区生态示范区建设水平的横向比较结论，现提出以下几点对策建议。

（一）推进产业结构调整

政府应提升南平、三明、宁德第三产业的发展水平，调整第三产业结构，推动第三产业完善优化，提高发展部分地区第三产业的速度和质量，完善福建生态示范区的经济发展结构。将第一、二产业利用资源环境、地理位置条件与第三产业结合，利用三明、宁德和南平当地的地理条件优势发展立体农业，将农业发展与生态旅游业、绿色食品业等相关的生态产业结合起来，农村地区可以发展农家乐、度假村等服务形式的产业，政府应当大力发展三明、宁德和南平的生态建设，加快产业结构调整，通过福州、厦门等发达地区的拉动，促进三明、宁德和南平的经济增长，提升经济效益，同时借鉴经验，结合自身的条件优势，将资源高效利用，合理布局产业空间，跟随福建省的整体经济步伐不断前进，确保福建省生态示范区的建设可以实现全面均衡的发展目标。

（二）鼓励科学技术创新

政府推进生态技术的传播推广，实现生态示范区建设技术型发展。福建省三明市和宁德市的科技发展水平落后，缺少与生态产业技术有关的科研人员，不能很好地跟上福建省发展科技生态的前进脚步，对此福建省企业要引进生态产业技术的优秀人才，相关部门要加大对三明、宁德县城农村地区的教育投入，通过引进生态文明建设的高新技术，生产出生态科技产品并在市场上推广投放，将生态技术科研成果运用到生态文明示范区的建设当中，大力培养研究与生态产业相关技术的科技研发人员，发展高新技术产业，提升欠发达地区的科技发展水平，从而实现均衡发展福建省生态示范区的长久目标。

（三）创新生态管理机制

政府在生态示范区设立生态管理机构，成立生态建设管制小组，由主要领导统一组织日常监督工作，建立生态治理责任制和生态修复机制，增强政

府的责任感，要时刻健全政府管理部门生态治理考评制度。建立项目建设和资源开发的环境影响评价制度，综合治理水污染，建立污染治理系统，增强污水处理能力，增强垃圾处理设施，进行城乡清洁，完善民生基础设施建设，提高城市绿化率。政府应该建立环境质量监察应急机制，遇到生态环境问题时要有及时的处理与应对措施。

（四）发展绿色低碳经济

企业要积极引进绿色环保生产技术，大力发展低碳经济。福建省企业要积极主动地树立和强化生态管理理念，提倡绿色生产行动，鼓励企业发展绿色低碳经济产业，加强企业生态文明建设，三明、宁德等地区可以借鉴厦门泉州经济发达城市的发展经验，在发展地区经济的同时，不能忘记环境资源的保护，在引入企业的时候要进行严格的考察和监督，确保企业的生态机制构建完善，严格要求生产技术绿色创新，大力发展绿色低碳环保经济产业，增强经济实力，从而实现福建省生态示范区的经济发展质优速高，实现经济发展与生态建设持相互推进的目标。

第二节 福建省长汀县生态示范区建设的非均衡发展研究

一、问题的提出

随着经济的快速增长，随之而来的环境污染问题对经济的制约作用也变得越来越显著。如何促进经济增长与环境污染协调发展已成为长期以来困扰各国的两难问题，而生态示范区建设作为生态恢复与重建的一种行之有效的方案而备受关注。

在一些较早实行工业化的西方发达国家，生态示范区的建设实际上是从生态工业园和生态城市的建设开始的。生态示范区的英文说法有 eco-coummunity 即生态社区的意思。以往国际生态城市学术会议所指的“生态城市”(eco-city)一词实际包含了城市、小城镇、邻里之意(Register，1996)，可见在国外，生态城市类似于我国生态示范区的概念。其思想渊源一般认为源于 19 世纪末英国社会活动家霍华德所提出的“田园城市”的设想，但由于“田园城市”

本身存在着一些缺陷，因此在当时没有得到普遍的发展。直到联合国教科文组织提出“生态城市(Eco-city)”概念后，生态城市的相关研究才得到大力发展。我国生态示范区的研究自 1995 年以来随着生态示范区创建活动的发展也经历了从少到多，逐渐递进的变化。在实证研究方面，针对生态示范区的指标评价体系的成果相对较为集中(马文斌等，2012；施生旭等，2014；赵宏等，2017)。也有的学者，例如李细归等(2015)借助 ARCGIS 和 GOD 等分析工具对中国国家级生态示范区的时空格局及演变规律进行研究；李玲等(2015)运用熵权 TOPSIS 对福州市生态示范区进行评价研究。在理论研究方面，王婷等(2015)结合新型城镇化和生态文明先行示范区建设互动关系探讨了福建生态文明示范区的建设问题；蔡俊煌(2016)从可持续安全观的角度对福建生态示范区建设经验进行总结；卢智增等(2016)则专门就生态示范区建设中地方政府的生态经济责任问题进行了阐述。尽管近年来关于生态示范区的研究获得了较大的进展，但总的来说，无论是理论研究还是实证研究，仍存在一定的不足之处，相关研究还有待于进一步深化拓展。自 1995 年以来至今，我国生态示范区的创建工作取得了显著成效，不同层级的生态示范区数量在不断增长。但在这数量规模不断扩大的情况下，如何提升生态示范区的创建质量或水平呢？当前，摆在我们面前的是一个很现实的问题：一方面是政府公共资源的有限性；另一方面则是生态恢复与重建工作的长期性、复杂性及区域发展的差异性。这两方面的因素共同决定了生态示范区建设非均衡发展的必要性，即生态示范区的建设不宜对所有地区平均用力，而应有重点、有区别地展开。针对不同地区生态示范区创建的实际情况，无论在资金投入、政策扶持，还是在考核目标及任务等方面，也应有所差别。基于此，本书试图以福建省长汀县为例套用非均衡发展理论来解释生态示范区的建设问题。

二、生态示范区建设非均衡发展的必要性

(一) 生态恢复与建设的长期性

在许多西方发达国家，生态环境问题是在长期的人类生产实践活动中相伴而生，逐渐突现出来的，正因如此，所以其危害性一开始不容易察觉，尤其是在工业化早期，当时的科学技术水平还不足以让人们认识到生态危机的严

重性。直到美国卡逊夫人率先在《寂静的春天》中指出，由于化肥和杀虫剂的大量使用，造成了生态失衡和环境污染。这些在长期的农业生产过程中，渗透至土壤和地下水的污染，犹如慢性毒药，难以察觉，而且要将业已造成的农业污染清除并恢复到本初的状态，显然不是短时间就可做到的。在诸多工农业生产活动中所造成的各种污染危机中，有些问题之严重甚至已远远超出世人之想象，例如，切尔诺贝利的核泄漏事故对周遭所造成的核污染恐怕将延续百年之久。西方发达国家在实行工业化的初期，既可以通过掠夺全球资源来支持本国的工业化，同时又可以通过国际产业转移的方式把一些环境污染问题转嫁到环境规制较为宽松的发展中国家。相对西方发达国家上百年逐步出现、分阶段解决的环境污染问题，在我国则在短短几十年时间里集中爆发。因此，相对而言，在未来较长的一段时间内，我国的生态环境恢复与重建任务将更为艰巨。例如，福建省长汀县曾是我国南方红壤区水土流失最为严重的县份之一，该县的水土流失问题在 1940 年就已开始治理，直到新中国成立后至习近平同志任福建省长时期，历时五六十年的艰辛努力，才逐渐实现了从过去的“火焰山”向绿满山、“花果山”的转变。

（二）生态恢复与建设的复杂性

生态环境问题最初被认为是技术问题导致的，只要技术得到提升或改善，该问题即可迎刃而解，然而后来的事实证明，生态环境问题没有那么简单，有的学者，如西方法兰克福学派的代表人物马尔库赛及其学生莱斯则率先把生态危机与资本主义制度联系起来，认为生态危机的根源在于资本主义制度。那么为什么在社会主义国家也会出现环境灾难或公害问题呢？莱斯(1972)把其原因归结为资本主义对社会主义实施冷战的结果，而日本著名的环境经济学家宫本宪一则认为社会主义国家之所以产生公害，是因为大多数社会主义国家处于不成熟的特殊发展阶段，并把环境公害的原因归结为生产关系问题。尽管观点各一，众说纷纭，问题仍然没有得到有效解决。不同国家各有不同的国情，生态环境问题也有着不同的表现形式。我国的生态环境恢复与建设问题也同样呈现出一定的特殊性和复杂性，尽管我国也较早出台了大量的法律法规，但治理起来仍然困难重重，生态环境问题既反映了人与自然的关系，同时也折射出人与人、人与社会之间的关系。因此，环境问题治理难的原因恐怕主要根源于其问题背后纷繁复杂的利益关系，其中包括了地方政府与中央政府的利益博弈问题，地方政府与横向的其他地方政府的利益博弈关系，“唯 GDP”的政绩观下的地方政府与污染企业的利益共谋关系，以及最为突出并且抗争最为激烈的污染企业与公众之间的对立关系。

（三）生态恢复与建设的差异性

生态环境问题既受到自然条件的影响，同时也受到诸多人文社会因素的影响，主要包括不同区域的自然条件、地形地貌、社会文化、风俗习惯、科学技术发展水平以及经济发展水平等诸多因素，正是由于这些因素的共同作用，使得不同地区的生态环境问题既在地区分布格局上存在着较为显著的不均衡状态，同时又在表现形式上呈现出不同的状态，有的危害性也许暂时还没有表现出来，有的则较为严重，甚至有的已经危害到公众的生命健康，严重影响到老百姓正常的生产生活，给社会造成了极大的不稳定。一方面，作为世界制造业大国，我国工业化进程中短时间所爆发出来的生态环境问题不但较为突出，而且在全国范围内普遍存在；另一方面，由于人力和财力以及技术上的限制，使得政府对现有生态环境问题的治理不可能同时全面地展开并且平均用力，而应该逐步地、有步骤、有序地针对重点问题，率先有针对性地展开，通过让一部分工业园、一部分城市或地区的生态环境问题先行得到有效治理，并以点带面形成的示范效应来逐步带动其他工业园、城市或地区的生态建设，最终以星星之火来引起燎原之势，实现生态环境的普遍治理。

三、福建省长汀县生态建设实践探索：基于非均衡理论视角

（一）非均衡发展理论

非均衡发展理论的提出主要基于均衡发展理论的局限性，其目的是为了解释发展中国家的经济增长问题，比较具有代表性的理论主要包括以下几种。

1. 增长极理论

20 世纪 50 年代法国经济学家佩鲁基于产业或部门的基础上率先提出增长极的概念，他认为“增长并非同时出现在所有的地方，它以不同的强度首先出现于一些点或增长极上，然后通过不同的渠道向外扩散，并对整个经济产生不同的终极影响”(Per-roux，1955)。随后罗德温和布代维尔继把佩鲁的增长极概念推及到地理空间和企业之上，使增长极具有三种可能的形式：其一

是具有较强竞争力的企业；其二是经济占支配地位的产业；其三经济发展较好并具有创新能力的地区。这三种类型的增长极既具备吸附资本、技术以人才等生产要素的极化效应，当发展到一定程度时，同时又具有推动生产要素向外转移的扩散效应。

2. 循环累积因果理论

缪尔达尔(1957)认为，经济发展过程在空间上并不是同时产生和均匀扩散的，不同地区间的发展必定存在不平衡或差异问题，在市场力的作用下，发展势头较好的地区倾向于不断强化自身，而发展相对较慢的地区则反而越来越慢，最终这两类地区的差距有可能不断加大。当然还有一种情况可能相反，经济发达地区和落后地区相互作用也可能会产生"回波效应"和"扩散效应"，即"回波效应"表现为生产要素从不发达地区流向发达地区，从而使地区差异不断扩大；"扩散效应"指发达地区生产规模的进一步扩大将变得不经济时，资本、劳动力、技术就自然而然地向落后地区流动，从而使地区差异不断缩小。

3. 空间极化理论

赫希曼在《经济发展战略》(1958)中提出与佩鲁的增长极相类似的"空间极化理论"，他认为"经济进步并不同时在每一处出现，而一旦出现，巨大的动力将会使得经济增长围绕最初出发点集中"。这种基于空间之上的经济极在发展过程中将对周边地区产生"极化效应"和"涓滴效应"。其中"极化效应"会通过吸引周边地区的资源，而"涓滴效应"则会对周边地区的发展产生辐射作用，从而带动周边地区的发展。

4. 核心—外围理论

美国学者约翰·弗里德曼(1966)则提出"核心—外围"理论，在其理论中，他把经济空间划分为核心地区和外围地区，其中核心地区一般指的是经济发展较快、经济效益较高并且具有较强创新能力的地区，而外围地区则指发展相对滞后，经济效益较低的地区。核心地区对外围具有强大的影响力，并且随着核心地区对外围地区的影响不断深化，尤其当经济进入持续增长阶段，边缘区将被纳入统一的国民经济体系，中心和外围的边界将逐渐模糊至消失，从而达到空间经济一体化(彭朝晖和杨开忠，2005)。

(二) 福建长汀县生态建设的非均衡分析

长汀县位于福建省西部，武夷山脉南端，是国家历史文化名城及著名的革命老区，全县面积大约3 099平方公里，总人口40多万。该县的地貌特征主要以丘陵为主，土壤类型主要为红壤和沙壤土。该县属于亚热带季风性气候，常年降水丰沛，年均降雨量达1 700毫米。由于自然条件加上历史的原因，该县曾是我国南方红土地上水土流失最严重的地区之一，早在20世纪40年代初，河田镇便与甘肃天水、陕西长安一起被列为当时全国3个重点水土保持试验区，但因为新中国成立前战乱及经费等原因，并没有得到有效治理。新中国成立后至1982年之间，由于“文化大革命”以及“大跃进”等原因，治理工作时断时续。真正持续有效的治理工作开始于1983年，到了1999年习近平任福建省省长后通过政府的大力支持和巨额的财政投入，长汀县的水土治理工作逐步实现了跨越式的发展。经过三十多年坚持不懈的努力，长汀累计治理水土流失面积1 085.3平方千米，减少水土流失面积658.7平方千米，森林覆盖率由1986年的59.8%提高到现在的79.4%，植被覆盖率由15%～35%提高到65%～91%，实现了“荒山—绿洲—生态家园”的历史性转变。

福建长汀县水土流失治理之所以能取得显著成效，从非均衡发展的理论视角大体可以总结为以下几个方面。

1. 打造龙头企业，培育企业增长极

政府通过财政补贴、税收减免、设施配套等优惠政策大力扶持有利于生态和环境的大型农业企业的发展，尤其是积极引进“盼盼”“远山”等省级农业产业化龙头企业，实行大面积、高标准、规范化综合治理，既促进了当地经济的发展，同时又保护了生态环境，实现了生态效益、经济效益、社会效益有机结合。此外，凭借大型龙头企业雄厚的资金实力和成熟的市场网络体系，通过“公司＋农户”的形式把众多分散的农户纳入公司业务营销体系中，一方面既可以保证农产品稳定的供给，同时还可以帮助农户规避农产品收获后的市场风险；另一方面则可以按照公司生态化生产的要求，把农户也纳入生态化生产体系中，在保证产品绿色化的同时，又可以减少或杜绝化肥农药的使用，大大地保护了当地的生态环境。

2. 发展生态产业，培育产业增长极

长汀县地处闽西北山区，具有一定的自然资源优势，在总结历史遗留的环境与生态教训的基础之上，因地制宜发展特色的生态产业。首先，长汀县通过发展特色种养业、“草牧沼果”循环种养生态农业，不仅使大片水土流失区域快速恢复植被，而且有力地带动了区域的经济发展；其次，根据市场需求及当地的自然气候条件，发展花卉产业。例如国家级生态镇四都镇，为了农民增收，建成了花卉苗木基地、元仕花卉专业合作社、亿森家庭农场等，全镇共有花卉苗木基地 73 万多平方米；第三，利用山区的森林资源，发展生态养殖业，全县共成立养蜂专业合作社 30 多家，养蜂 1.5 万箱，蜂蜜年产量达 23 万斤，年创产值 1 500 万元；第四，利用自然景观以及人文景观资源，大力发展旅游业。注重历史文化传承，开发客家美食文化和红色旅游业，大力开发汀江湿地公园、汀江源龙门风景区、客家山寨丁屋岭景区、归龙山旅游景区等景区的建设。

3. 建设生态产业园、培育空间增长极

实践表明，生态产业园是实现经济增长与环境保护协调发展的重要载体。为了建设产业园，长汀县不断积极探索生态文明建设的新思路，如今已逐步建成自然保护与生态休闲观光区、生态宜居城市与历史文化名城保护区、稀土工业与工贸发展区、省级小城镇综合改革试点区、水土保持与生态文明示范区以及生态保护、生态种植与现代农业示范区等六大功能区。其中庵杰乡自然保护与生态休闲观光区已建成长 200 米生态护岸、千亩竹山、千亩茶园、万亩生态链，形成了一定规模的生态景观带；原来水土流失严重的三洲镇如今已建成万亩杨梅之乡，被列为水土保持与生态文明示范区。此外，长汀县还建立了策武南坑、三洲风流岭“草牧沼果”循环种养生态农业示范区，通过统一规划，硬化道路，种猪供应等系列优惠政策，引导群众发展农业循环经济。

4. 重点突破，充分发挥示范带动效应

长汀县从最为典型最为严重的水土问题着手，把水土流失问题作为政府工作重点进行治理，以点（企业）、线（产业为发展轴）、面（生态产业园）的形式展开全县的生态恢复与建设工作：培育了集经济效益、生态效益及社会效益为一体的生态型龙头企业；扶持了许多生态产业的发展，并且建设了许多以地理空间为载体的各种生态产业园，最后又基于点、线、面组合所取得生态成效的基础上，根据《“十三五”生态环境保护规划》的要求，又开始了全县生态示范区的建设。福建长汀县经过二十几年来的长期不懈的努力，昔日严重的水土流失问题不但已得到非常有效的治理与恢复，而且在全县范围内已建成了兼顾经济效益、生态效益及社会效益的生态农业园，还带动了全县各部门围绕着生态建设展开工作，真正做到了全面有效动员，在全县范围内发挥了良好的示范作用。

四、关于生态示范区建设的若干思考

福建长汀县经过几十年来对几个水土流失特别严重的乡镇坚持不懈的水土治理工作，终于取得了显著成效，并且把生态环境劣势转化为优势，通过培育龙头企业、生态产业以及生态产业园的生态增长极，发挥了重要的示范作用，最终推动了全县生态示范区的建设工作。该县治理水土流失的宝贵经验还得到了中央及福建省委政府的肯定，该县老百姓也从中得到了真真正正的实惠。结合前文的分析，本书从非均衡理论的视角就生态示范区建设问题提出若干构想。

（一）重点突破盘活全局

在生态示范区的建设过程中，一方面是政府公共资源的有限性，另一方面是生态恢复与建设的长期性、复杂性以及生态环境问题的差异性，这两方面的因素共同作用使得生态示范区建设难以全面展开、平均用力，而应该针对问题比较突出、危害比较严重、影响比较广泛的生态环境问题重点展开。这样有利于集中精力，尤其集中有限的资源，发动多元主体的共同参与，最终通过对此类问题的解决，所带来的示范作用更为有效和突出，从而推动了全局良性发展。

（二）实行点线发展模式

根据非均衡发展理论，生态恢复与建设可以通过培育生态意义上的增长极，例如生态企业、生态产业以及生态产业园区。通过这些不同类型增长极的示范效应来推动生态示范区的建设。尤其是生态产业园的建设方面，可以通过借鉴国外先进经验，根据工业生态学理论把产业园内各企业之间建立产业生态链，利用清洁生产技术和循环经济原理，让企业之间实现相互合作，上游产业链的废弃物为下游企业的原材料，环环相扣，提高资源的综合利用效率，最终实现环境污染排放减量化，甚至零排放。

（三）发挥循环累积效应

根据循环累积因果理论，发展势头较好的地区倾向于产生强大的“回波效应”。因此，生态示范区的建设还可以通过建设条件成熟、效果显著的生态增长极的回波效应或虹吸效应，吸引周边地区的资本、人才以及技术等资源来不断强化原有的生态效果，当原有的生态增长极生态水平达到一定程度时，其扩散效应将慢慢显现出来，并向周边生态相对脆弱的地区进行辐射或影响，最终使得核心生态示范区与外围生态示范区之间的边界越来越模糊，最终向核心生态区域与外围生态区域外一体化方向发展。

（四）政府主导多元参与

根据公共产品相关理论，作为公共产品的生态环境质量，一般由政府来提供或保障。因此，要改善区域的生态环境质量，建设生态示范区首先由地方政府来主导，通过政府相关政策的扶持和引导，包括通过和高校科研所引进先进的科学技术、通过与企业的合作可以慢慢实现市场化的方式来促进生态示范区的建设，引导社会资本介入生态环境治理工作，这样可以弥补地方政府治理资金和行政力量的不足，最终市场和计划互为补充，相得益彰，发挥各自应有的作用。

第十一章　完善利益协调机制，促进环境治理与恢复

由于国情、制度、经济发展程度、科学技术等因素的不同，我国的环境治理方式与西方发达国家也存在着很大的不同。相对而言，西方国家不但经济发达，国民受教育程度与经济生活水平也比较高，而且环境保护意识较强，环境非政府组织建设也颇为成熟，由环境非政府组织发起的环境运动甚至还有力地推动了国家政治体制的改革。因此，西方发达国家环境治理方式的一个重要的特点是自上而下与自下而上相结合，即国家行动与草根运动相结合，可以说是全民重视。而我国由于居民的整体环境保护意识还不是很强，加上种种现实条件的限制，环境非政府组织的建设仍然处于初级阶段，因此，我国的环境治理与恢复工作主要还是由政府来主导和调控的。虽然自 20 世纪 70 年代以来，我国政府已经开始意识到了环境问题的严重性，并出台了一系列关于环境治理的公共政策法规，但是还存在诸多不完善的地方，基于市场激励的环境公共政策还比较少，目前主要还是依靠行政管制型政策居多。此外，由于国内经济发展相对滞后，人们生活水平还不高，中央与地方财政相对独立等，使得我国的环境治理与恢复问题异常复杂，背后牵涉一连串的利益关系链条，包括中央与地方、地方与地方、地方与企业、企业与企业、企业与居民、政府部门与部门之间，甚至环保相关部门与企业之间也存在着钱权交易的利益关系。这些围绕着环境问题而衍生出来的利益关系主体各自有着不同的利益目标，也正是由于这些与环境问题相关的利益主体之间无休止的利益博弈或讨价还价导致了我国环境治理工作的复杂性与艰巨性，特别是由于人的机会主义倾向、有限理性以及社会资源与财富的有限性，使得各经济主体在环境问题上的利益冲突不可避免。如果说发达国家环境治理面临的主要困难在于如何协调市场与政府的分工，缩小市场与政府之间的真空地带的话，那么，我国环境治理首先面临的却是经济体制的不断完善问题——这是

解决环境问题的基本前提，也是目前我国环境治理所面临的巨大挑战。因为经济体制是经济政策生成的组织环境，决定着经济政策的基本特点和倾向。我国目前正处于由计划经济向市场经济的转轨时期，这种转轨时期的特殊经济状态一般被称为“过渡经济”，它是一种介于计划经济与市场经济之间而又是以市场经济为导向的一种特殊经济类型，其基本特点是市场机制的不完备性与不稳定性。因此，在过渡经济时期，由于经济体制的内容不断发生变化，政策主体为克服各种向市场经济转轨的障碍，阻止已失效政策的继续运行，就必须不断制定一系列新的政策措施；但是由于“过渡经济”内在不稳定的特性，任何试图纠正市场或政府失灵的新的政策往往会再次产生新的失灵，或者由于新政策的实施会引起其他更严重的问题而使新政策无法出台。同时，由于我国转型时期不同市场利益主体的利益冲突比较复杂，它既有各主体不同偏好和选择所引起的一般利益矛盾，又包含着来自“转型”引发的特殊利益矛盾，即由于企业转型、市场转型、政府转型等原因导致市场利益规范和协调机制失灵，利益冲突激化。在这种形势下，就很有必要通过利益的自我引导机制和社会协调机制，建立有效、合理的利益均衡机制，促进经济增长方式的良性循环，以达到保护人们基于自身利益需求的正当合理性的同时，又使人们之间的利益冲突得到有效的协调。而利益协调一般可以分为两种形式：其一是当不同经济主体的利益相互对立，难以调和时，则可以通过不同经济主体力量制约的形式来实现不同利益的均衡；其二则是通过利益共容的形式来实现不同经济主体的利益一致，形成一股合力。显然后者是最优的选择，但由于种种条件的限制，现实中很难全面推行或实现。接下来，根据前文的分析，基于利益关系协调的角度出发分别从三个方面来探讨环境治理的实现路径或对策。

第一节　改善居民的弱势地位，增强其环境维权的能力

根据前面对环境问题中居民的地位与角色分析可知，环境利益事关每个居民的切身利益，因此，可以说每个居民都有着关心与保护环境的强烈动机和愿望，但是因为自身内在的原因以及外在客观条件的制约，居民关心和保护环境的动机和愿望并没有很好地在行动中得以体现，尤其是居民在维护自身环境利益时与企业在利益博弈中明显处于劣势。因此，要改善环境质量，

就非常有必要改变居民在环境治理中的弱势地位，增强居民参与环境治理、维护环境权益的能力。接下来本书试图从居民参与环境治理的各种主客观影响因素着手，具体可以从以下几个方面来进行探讨。

一、加强环境宣传教育

当前很多环境问题都是在对周围环境造成生态破坏、环境污染的重大事故后，才引起居民以及政府的关注的，而这时往往已造成了重大的经济损失与人员伤亡，甚至周边的环境还出现了一些难以逆转的生态环境灾难。之所以会这样，其中一个重要的原因就是居民的有限理性，也就是说是居民的知识和能力影响或限制了他们对环境污染信息的认知和获取，从而使得居民对于可能发生或已经发生的生态环境问题的严重性认识不足，进而影响到他们参与环境治理的积极性与主动性。此外，许多居民对于自身享有哪些环境权益也缺乏足够的认识。因此，为了提高居民对于环境问题的认识，增强居民环境利益的维权意识，应采取多种方式加强环境宣传教育，加大环境宣传力度，充分发挥宣传教育的作用，以便增进人们对于环境问题以及环境保护相关工作的认识和了解，获得防治环境污染和环境破坏、保护和改善环境的知识和技能，提高和增强环境意识、环境法制观念、环境政策和环境道德水平，正确认识和处理人与自然环境的关系，以达到动员社会成员共同努力保护人类环境的目的(蔡守秋，2002)。只有通过环境宣传教育，才能把环境保护观、生态文明观、环境法治观和环境伦理等转化为居民的内在素质，进而才能表现为居民身体力行或参与环境治理的自觉行为，为建设资源节约型社会和环境友好型社会而努力。简而言之，环境宣传教育对于环境保护工作起着重要的先导、基础、推进和监督作用，这点已经取得世界各国的共识，我国自 20 世纪 70 年代以来，也相继出台了一系列的相关文件，要求在全国范围内大力开展环境宣传教育，增强公众环境保护意识，提高环境道德伦理水平，强化环境法制观念，推广环保科普知识，使公众逐步形成热爱自然、节约资源、保护环境的社会新风尚，促进人与自然相和谐，推动社会经济与环境保护协调发展。1994 年 3 月，国务院第 16 次常务会议通过的《中国 21 世纪议程——中国 21 世纪人口、环境与发展白皮书》，强调要更新国家教育战略，加强环境与发展的教育和宣传，提高人民群众可持续发展意识和参与可持续发展教育的能力。概括起来，当前我国环境教育主要承担几个重要的任务：首先，环境宣传教育可以使居民获得有关环境问题的相关知识，提高居民对于生态破坏、环境污染等问题的认识，改善居民与企业信息不对称的状况，增强居民参与环境治理的意识；其次，通过环境法律法规与相关政策的普及教育，让居民可以充分了解到自身的环境权益以及如何来维护自身的权益，增强居民参与环境治理、维护环境权益的能力；第三，通过环境宣传教育，促使居民形成可持续消费的心理和习惯，改变居民一些不利于生态环境保护的消费偏好，使居民养成良好的消费行为和消费方式，避免铺张浪费和过度消费，而居民作为最大的消费群体，其良好的消费方式又将引导企业作出有利于环境保护的生产方式，从而起到了一种间接保护环境的作用。

二、促进环境非政府组织建设

在环境问题上，政府失灵与市场失灵都已成为学术界的共识，说明环境问题单纯依靠政府干预与市场调节是没有办法从根源上解决的。从市场调节方面来看，环境问题的外部性一直是市场机制无法解决的顽症；对政府干预来说，由于环境问题发生的广泛性，又不得不使政府面临治理成本居高不下、环保力量严重不足的瓶颈，更重要的是由于政府干预的尺度难以把握，在通过政策对环境问题进行调控时，常常会出现政策失灵或干预过度的情况。事实上，环境质量是一种公共物品，它具有非排他性的特点，环境质量的改善可以让全社会的人获益，同时环境问题的恶化所造成的后果也会影响到所有人。因此，环境问题的解决还需要充分发挥全体居民参与的作用，通过合作、协商、伙伴关系、确立共同的目标等方式实施对环境问题的共同治理。世界上许多发达国家的环境治理经验事实表明：凡是生态环境得到很大改善的国家，都是一些环境组织和环境运动比较活跃的国家。我国政府也一向鼓励和支持环境非政府组织积极参与环境治理的。《环境保护法》第六条就曾规定："一切单位和个人都有保护环境的义务，并有权对污染和破坏环境的单位和个人进行检举和控告。"而1996年8月，《国务院关于环境保护若干问题的决定》则提出了"建立公众参与机制，发挥社会团体的作用，鼓励公众参与环境保护工作，检举和揭发各种违反环境保护法律法规的行为。"我国环境非政府组织建设工作自1994年"自然之友"成立以来，得到了较为长足的发展。据全球绿色资助基金（GGF）中国协调员温波估计，全国大约有1000多个成型的本土环境组织，其中草根组织100多个，学生社团500个，其余的是属于政府背景的环境非政府组织(梁从诫,2005)。同时我们还应当看到,虽然我国环境非政府组织建设得到了很大的发展,但是相对西方发达国家而言,无论在组织数量上,组织规模还是资金实力方面都存在较大的差距。从环境非政府组织的设立方式来看,大部分是自上而下,由政府扶持的官办型民间组织,真正由民间人士发起成立的自下而上的草根型民间组织则为数不多,而且每个组织的会员人数最多也不过几千人,环境保护民间组织的资金数量更是有限。因此,总的来说,我国环境保护非政府组织在环境保护中的作用仍然十分有限。因此,应该给环境非政府组织建设创造更为宽松的空间,简化申请审批程序等等,充分发挥环境组织的社会整合功能,动员更多的居民参与到环境治理的群体中来,为孤立地面对环境问题的分散的居民提供一个更好的表达意见、维护权益的平台。

三、通过强制或选择性激励政策克服集体行动的困境

我们知道,环境问题其实是人类所面临的共同的问题,其中居民作为环境公共物品的一个最大的消费群体,也是其中最大的受害者,他们不像企业那样还可以在环境污染行为中获得一些经济利益作为补偿。居民作为环境公共产品的消费者,他们有着共同的利益,环境质量的好坏影响着他们的生存质量。居民虽然是一个有着共同利益的群体代名词,但是他们实际上并没有形成一个有组织的利益集团,充其量是一个潜在的利益集团,这样的集团有着一个明显的特点就是规模过于庞大,成员人数太多。在现实生活中,在自身的生态环境利益受到损害时,绝大多数居民并没有率先站出来抗争,而是选择成为“沉默的多数”。其原因主要在于环境利益具有非排他性的特点,集团中每个成员都可以无一例外地分享集体行动的利益,而不论是否参与了环境治理的行动,那么必然会导致每个成员都想采取“搭便车”的行为来坐享其成。特别是在集团规模庞大、成员人数众多的情形下,由于大多数的居民不能采取集体行动,单个居民付出的成本要远大于其可能获得的收益,因此,单个的居民不存在单独行动的激励。按照曼瑟尔·奥尔森的观点,由具有相同利益的个人所形成的集团,均有采取行动进一步追求扩大这种集团利益的倾向。那么应该如何强化集团成员扩大集团利益的倾向,避免这种“免费搭便车”的行为,激励居民积极参与环境治理活动呢?曼瑟尔·奥尔森认为可以设计一种称为选择性激励的动力机制,通过对一些积极参与环境治理并取

得良好成效的居民进行奖励，同时，也对那些不参加为实现集团利益而建立的组织，或者没有以别的方式为实现集团利益做出贡献的人实行不同的待遇，即对搭便车的行为进行惩罚。这样既可以提高居民参与环境治理的积极性和主动性，又可以使那些“免费搭便车”的行为不再具有吸引力。此外，还可以对集团成员采取某种强制性的方法来迫使成员采取共同行动。

第二节　实现环境公共政策创新，约束企业环境污染行为

企业是环境污染的主体，如何约束其行为是环境治理过程中的一个最为重要的环节。企业作为追求经济利益最大化的理性人，它们本身又不可能自行收敛其行为，对此，政府就很有必要通过相应的制度安排来对企业的行为进行约束和规范。本书认为可以着重从以下几个方面来展开。

一、完善企业的投融资制度，控制企业的资本来源渠道

在保证企业正常运转所必不可少的四个基本要素（资本、劳动、土地、企业家才能）中，其中资本被誉为“企业的血液”，它关系到企业的生存与可持续发展，是企业生存与发展最关键的要素，即便其他另外三个要素也需要用资本来购买。在企业的生产经营活动过程中，由于监督成本与信息不对称的原因，政府对于企业的生产行为一般来说是很难控制的，但是政府可以从企业的投融资行为进行调控，因为一个企业如果需要不断发展壮大，就需要源源不断地从外界输入资本。因此，控制企业环境污染行为可以由政府通过相应的制度安排从资本方面着手来调控企业的投融资行为，从而进一步达到对企业环境污染行为的约束。

当前我国现行的有关资本的环境经济政策主要表现在两个方面：一是从银行信贷方面着手来约束企业的环境污染行为，这需要国家环保部门与中国人民银行及中国银监会共同合作来实施。这项政策也称为绿色信贷，它首先由国家环保部门向银行系统提供企业环境违法信息，银行系统则根据这些企业具体的环境违法情况对违法企业采取停贷或限贷措施，迫使违法企业为获得银行信贷不得不控制自身的环境污染行为。绿色信贷作为一种遏制污染产业、引导绿色经济的有效手段，最初开始实施于2007年，并取得了良好的成

效。据不完全统计，自绿色信贷政策实行以来，五家大型银行共收回不符合国家节能减排政策的企业贷款 39.34 亿元(俞靓，2008)。二是环保总局(现为生态环境部)通过制定政策措施限制一些规模较大且存在环保问题的企业上市融资，这项政策也称为绿色证券。2007 年开始，环保总局印发的《关于进一步规范重污染企业生产经营公司申请上市或再融资环境保护核查工作的通知》就成功地阻止了 10 家存在严重违反环评和“三同时”制度、发生过重大污染事件、主要污染物不能稳定达标排放，以及核查过程中弄虚作假的公司上市融资。为了进一步规范上市公司的环保核查工作，环保部(现为中华人民共和国生态环境部)还于 2008 年 6 月发布了《上市公司环保核查行业分类管理名录》，明确列举了必须通过环保核查的火电、钢铁、水泥、电解铝、冶金等 14 大重污染行业。这一举措对于抑制污染行业上市融资，推动企业履行社会责任，具有积极的效果(自然之友等，2009)。有关我国资本市场环境监管的问题，国家环保部原副部长潘岳曾指出，当前我国资本市场环境准入机制尚未成熟，上市公司环保监管薄弱，某些“双高”企业或利用投资者资金继续扩大污染，或在成功融资后不兑现环保承诺，环境事故与环境违法行为屡屡发生(李幛喆，2009)。为此，2008 年 2 月，国家环保总局正式发布了《关于加强上市公司环保监管工作的指导意见》，该政策包含了与企业投融资有关的环保核查制度与环境信息披露制度。按照这个指导意见，环保总局联合证监会主要从两个方面来对上市企业的环境污染行为进行约束：其一是环保部把上市公司的环境保护工作执行以及所受到环境行政奖罚情况反馈给证监会，并按照《环境信息公开办法》定期将一些严重超标或超总量排放污染物、发生重特大污染事故、建设项目严重环评违法的上市公司以及未按规定披露环境信息的上市公司名单向证监会通报，相关信息也会向公众公布，由证监会按照《上市公司信息披露办法》的规定予以处理；其二是环保总局还将选择比较成熟的板块或行业开展上市公司环境绩效评估，编制并发布中国证券市场环境绩效指数及排名，为投资者、管理者提供上市公司的环境绩效信息和排名情况(李幛喆，2009)，以便广大股民在做投资决策时可以对上市公司的环境表现进行有效的甄别监督，从而可以更有力地加大融资后环境监管，调控其对资本市场上企业的融资情况，使企业更好地控制其环境污染行为，实现企业生产朝向有利于生态环境保护的方向发展。

二、借鉴国外先进经验、健全企业环境信息公开制度

就世界各国的污染控制实践与政策而言，大体可分为三类，命令—控制型、市场激励型与信息披露型。在过去相当长的一段时间里包括现在，许多国家显然对市场激励型环境公共政策较为推崇，其主要原因在于经济激励手段或者基于市场的政策工具通过市场信号来刺激行为人的环境治理动机要比通过明确的环境控制标准和方法条款来约束人们的行为要显得更为有效。但自 20 世纪 90 年代以来，欧美发达国家的环境公共政策也开始出现了一些新的发展趋势，其中一个明显的变化是许多国家逐渐开始重视基于信息披露的环境政策。其中以美国的《紧急计划生育和社区知情权法案》下的《有毒物质排放目录》(以下简称《目录》)最具代表性，该《目录》于 1986 年颁布，它要求厂商将有毒化学物质的使用、存放和排放信息向当地的紧急情况规划机构报告，这些信息报告制度体现了对规则的遵守和执行，同时也增加了公众对厂商行为的了解；反过来，这将促使厂商改变他们的一些行为(伯特尼等，2004)。总之，环境信息披露制度的实行有利于消费者获得更多更充分的信息，可以很好地改善消费者与生产者环境信息不对称的问题，最终使市场功能得到更好的发挥。在市场经济中，消费需求是拉动经济发展的火车头，是决定生产规模的重要因素，有什么样的消费需求就会形成什么样的产品。环境信息披露制度的作用主要在于通过环境信息的公布来引导消费者对企业产品做出合意的消费决策。政府可以通过加大宣传力度和制定政策等手段，引导消费者的消费方向，使其向生态、可持续消费方向发展(廖福霖等，2007)。具体可以通过污染企业的环境信息公开制度，为居民提供消费参考，引导居民做出有利于生态环境的消费选择，从而进一步迫使企业实行技术创新，采用清洁生产、循环经济等方式。例如，通过对产品加贴标签的方法来提高消费者对产品的信息知晓程度，具体有美国于 1975 年颁布的《能源政策和保护法案》，其中规定了通过加贴标签说明某些电器设备(包括空调、洗衣机、热水器)的能源使用效率和估计的年度能源费用支出。环境信息披露制度的第二个作用在于通过信息报告的公布来促进公众对厂商与环境风险相关行为的了解，进而通过公众与舆论的压力来迫使厂商调整自己的行为。例如，美国的《有毒物质排放目录》就曾要求企业向地方紧急计划部门报告有关危险化学品的使用、贮存和排放的信息。

相对欧美发达国家而言,信息披露制度在我国还处于起步阶段,远远不能满足人们对环境信息的需求。我国的环境信息披露制度存在许多不完善的地方,如整个制度尚不健全,企业信息披露不到位,隐瞒信息的情况较为严重,等等。虽然环保部(现为生态环境部)新近颁布的环境信息披露制度对于上市公司或打算上市融资的公司的环境污染行为起到了颇为积极有效的作用,但是对于占我国多数的中小企业的制约效果则仍然见效甚微。因此,我国应当借鉴西方发达国家的先进经验,努力完善和健全我国的环境信息披露制度,促使企业公布真实有效的环境信息。通过环境信息的披露,一方面可以更好地体现企业对社会负责任的形象,提高公司的社会声誉和公众形象;另一方面也可以通过公众的压力规范企业的环境行为,促进经济的可持续发展。

三、实施环境税收政策、充分发挥市场调控作用

环境税最早源于英国经济学家庇古的《福利经济学》(1920),在书中庇古以环境污染为例来解释外部性问题,他认为环境污染问题是由于私人成本与社会成本的差异造成的,为了弥补二者的差距,他提出应根据污染所造成的危害对排污者征税。后来,人们将这种税称为“庇古税”。由于“庇古税”可以要求排污者承担规制、监控排污行为成本,便成了环境税最初的雏形。进入20世纪80年代以后,环境税种类日益增多,尤其在20世纪90年代中期以来至现在,环境税收政策发展较为迅速,为了保护本国的生态环境,促进经济与社会的协调发展,世界各国,特别是欧美经济发达国家纷纷推行绿色的财政、税收政策来对本国的污染工业进行调控。到了今天,大多数西方发达国家都已建立了较为成熟的环境税收政策体系,环境税因此也成为许多国家环境经济政策中的主要环境污染经济控制手段。事实证明,实行环境税收政策以来,许多国家在环境污染控制方面都取得了可喜的进展。其成效主要体现在以下几个方面:(1) 通过环境税的征收,可以为企业降低污染和技术创新提供长久的激励作用,可以较大幅度地降低企业的环境污染行为,大大改善生态环境。我们知道,环境质量作为一种公共物品,其本身所具有的非竞争性或非排他性决定了其不能单纯由市场机制来解决,还需要由政府采用经济、行政以及法律等手段干预。环境税收政策作为政府所制定的环境经济政策中的一种重要环境污染控制手段,它可以很好地刺激企业或污染者采用新工艺

以减少对污染性原材料的使用，或采用新机器新设备，大力提高生产率，降低其生产过程中所产生的对生态环境的污染排放量。(2) 通过环境税的征收，政府不仅可以大幅度地降低管理成本，而且还可以为政府筹集到一定额度的财政资金。在征收来的环境税中，除了其中一部分用于支付该项税收的收集、管理、监测等执行成本外，政府可以将大部分税收用于生态环境治理与恢复的专项支出，包括对那些在生态环境保护方面具有良好表现，如大量削减排污或实行清洁生产的企业给予相应的补贴或奖励。(3) 环境税收政策的实施还可以优化配置资源，合理调整产业结构，使产业结构更有利于生态环境的保护。从世界各国的经验来看，征收环境税有利于产业结构优化升级，转变传统的经济增长模式，把经济增长的立足点转移到以内涵扩大再生产的轨道上来，使结构调整同环境保护紧密地结合起来，并且能够优化环境与经济间的结构和比例关系。通过产业结构的优化升级，加强产业政策的引导，从而降低结构性污染的障碍因素(蔡守秋，2002)。

环境税收政策除了具有以上作用外，相对其他环境污染控制手段而言，它还有着时间固定、税率固定、程序简便、强制性强等优点，因此能够及时、稳定、足额地筹集到专项资金，用于支持环境保护事业。相对行政管制手段，它的管制成本费用较低，因为不需要像行政管制手段那样要掌握每个污染者详尽的污染信息。

尽管环境税收政策已成为西方发达国家环境污染控制的主要手段，但目前在我国仍然没有真正意义上的以生态环境保护为目的环境税种，即使唯一比较相像的资源税的设置也没有充分考虑到节约资源和减少污染的功能，并且其针对的范围仅局限于矿产资源和盐等。在我国，目前在环境保护领域应用最为广泛的环境经济控制手段是排污收费政策，该政策自 1979 年实施以来，在促进企业环境污染治理、筹集污染治理资金、加强环境保护能力建设和严格环境监察执法起到了很大的作用。但是随着市场竞争的日趋激烈，一些污染企业为了降低经营成本，逃避监管，使排污收费制度在控制污染、保护环境的功效上大打折扣。排污收费制度对治理污染的作用大大弱化，出现了诸多弊端(王宪国，2009)。例如收费标准偏低等等，甚至有些环保部门把排污收费当作为政府聚敛财富的目的，背离了最初环境保护的目的。因此，针对我国国土幅员辽阔，经济快速发展，并且中小企业众多，环境保护力量有限以及监管成本居高不下的情况，实施环境税收政策将有利于我国更好地保护日益恶化的生态环境，促进资源节约型与环境友好型社会的建设。

四、健全生态补偿制度，引导企业自觉实施环境治污行为

近些年来，伴随着我国经济的快速发展，资源与环境问题越来越成为制约我国经济可持续发展的瓶颈，关于如何恢复生态平衡，重建生态环境的生态补偿问题也越来越受到重视。的确，要协调环境相关经济主体之间的利益关系，必然要涉及利益补偿的问题。事实上，关于生态或环境补偿问题，国际上很早就达成了共识。1972 年 6 月召开的首次联合国人类环境大会的会议宣言的第二十二条中就明确提出，各国应该就它们管辖或控制之内的活动对它们管辖以外的环境造成的污染和其他环境损害的受害者承担责任和赔偿问题相互合作，制定相关法规。1992 年的里约热内卢《环境与发展宣言》中的第十项和第十三项条款中都曾提到环境污染和损害的责任与补偿的问题。在我国，《国务院关于落实科学发展观加强环境保护的决定》和《国民经济和社会发展第十一个五年规划纲要》也都曾明确提出，应该尽快建立生态补偿机制。那么何谓生态补偿呢？对此，学术界存在许多不同的定义，国家环境保护总局环境与经济政策研究中心认为生态补偿机制是指为改善、维护和恢复生态系统服务功能，调整相关利益者因保护或破坏生态环境活动产生的环境利益及其经济利益分配关系，以内化相关活动产生的外部成本为原则的一种具有经济激励特征的制度（国家环保总局环境与经济政策研究中心，2006）。国外则把生态补偿制度称为生态系统服务付费制度（Payments for environmental services，简称 PES），即一种通过把非市场化的环境价值转化为财政补贴的方式来达到激励相关利益者提供更多的生态系统服务的制度。生态补偿制度与环境税收相比，二者既有共同之处，同时也存在着差别，相同的在于它们具有共同的理论基础（庇古的外部性理论），而区别在于各自的实施对象不同：环境税主要是针对实施环境污染的责任者，通过对其征税来达到将外部性成本内部化的目的；而生态补偿制度则是针对环境污染问题的受害者而实施的补偿制度。

我们知道，企业在生产活动过程中伴随着环境污染行为，通过环境污染行为，企业把一部分成本转化为外部成本或社会成本，这样，企业在无形中降低了生产成本。因此，一般来说，企业不具有治理环境污染的激励，否则会增加其生产成本或费用。如果要鼓励企业对自身产生的环境污染实行处理的

话，就需要建立补偿制度对企业自觉的治污行为进行补偿，完善中央财政转移支付制度，健全生态补偿财政制度，将环境财政纳入现行的公共财政体系中，在各级政府设立生态环境专项资金，确保专款专用，强化各级政府的环境财政职能，对那些自觉实施环境治理行为的企业应加大生态补偿力度，引导企业实施资源节约型与环境友好型的生产行为。

第三节　弱化地方与企业的利益联系，增强地方环境治理的独立性

在我国的环境治理与恢复工作方面，与西方发达国家相比，也颇具中国特色，即在面临一些严重的环境问题发生时，地方政府经常会与造成污染的企业站在一起，来共同应付环境污染的受害居民。之所以会形成这样的局面，本书认为除了污染企业与相关部门存在着权钱交易之外，地方政府追求经济利益或发展经济过程中，与当地企业之间存在着目标趋同的现象。因此，要很好地改变地方政府与污染企业变相合谋的行为来共同应对本来就业已弱势的环境污染受害居民的情况的话，就要弱化或阻断地方政府与企业之间的利益联结纽带，不但要加强政府绩效的社会舆论监督，而且还要增强地方政府在财政上的相对独立性，以使得地方政府在环境治理工作方面变得公平、公正些。

一、改革传统的政绩评价体制、引入社会评价制度

所谓政绩就是政府绩效，在西方通常被称为“公共生产力”“国家生产力”“公共组织绩效”“政府业绩”“政府作为”等。从其表面意义上来说，它包含着政府所取得的成绩和所获得的效益的意思（甘峰，2005）。在宏观经济研究中，由于国内生产总值（GDP）在衡量和反映一国经济发展和整体经济发展水平方面发挥了极为重要的作用，所以世界上许多国家都把GDP作为衡量政府绩效的一个重要的参考指标。但是由于GDP自身内在的不完善，使得其自从问世以来，一直也在不断地遭受来自学术界的诸多批评和非议。尤其当人们醉心于GDP的增长时，对于随之而来的资源浪费和环境污染并没有给予足够的重视，甚至熟视无睹，由此导致了地球资源的急剧减少和生态环境的不断恶化。对此，引起了世界各国的重视，2002年在南非召开了“可持续发展世界

首脑会议”，会上专门讨论了建立各级政府的“环境保护问责制”的议题，其内容涵盖了绿色 GDP 的衡量指标，公众环境质量评价、空气质量变化、饮用水质量变化、森林覆盖增长率、环保投资增减率以及群众性环境诉求事件发生数量等指标。会议要求将“环境保护问责制”纳入政府官员的考核标准，同时，地方政府对中央政府各项环保法规政策的落实情况也作为指标纳入政府官员考核标准。总之，环境政绩一定要与政府官员任免密切挂钩，尤其是各地各部门的主要管理者要成为环保考核的对象和环保责任的承担人（甘峰，2005）。在各国或各地区的诸多的政绩考核制度中，其中欧盟国家的政绩考核制主要是在联合国制订的“民生指数”的基础上展开的，其内容按重要程度依次包括经济质量、社会绩效、政治绩效。在评价体系方面，欧盟国家对政府官员的考核主要沿用两个评价体系与四个评价原则。两个评价体系中一个是政府内部评价，另一个是社会评价，具体包括地方政府辖区居民的评价、媒体的评价、社会中介机构的评价。而其政绩考核所需遵循的四大原则中，其中有一个重要的原则，那就是公众主体原则，该原则要求把对政府官员评价的主动权、评估结果的使用监督权交给公众，使公众意见成为评价地方官员的重要尺度。这一点与我国 1990 年开始实行的“环境目标责任制”的评价方法有着很大的不同：我国的环境目标责任制主要是由省级范围内上级政府对下级政府评价，类似于欧盟国家中的政府内部评价，而与公众相关的社会评价尚没有充分发挥其应有的作用。从环境政策法规的数量成果方面，其实我国并不逊于西方发达国家，但是我国环境政策法规无论在质量上，还是在执行情况方面，都同西方发达国家存在着相当大的差距。

同许多国家一样，我国长期以来也是一直都是把 GDP 指标作为各级政府官员政绩考核的主要指标之一。可能是由于我国生产力落后，经济不发达的缘故，各地都非常重视经济增长，极度迷信 GDP，当然各地政府这么做一方面主要是出于对地方利益的考虑，另一方面则是地方官员出于加官进爵的需要。在多重利益目标的驱动下，各地在片面追求 GDP 的过程中，无视生态环境的恶化，导致了环境问题的不断发生，各地因环境问题引发的群体纠纷逐年上升。为此，我国政府对环境问题的重视程度日益加大，并于 1990 年制定“环境目标责任制”，把环境保护纳入了地方政府的政绩考核体制，要求地方政府的长官承担主要责任。但事实证明，环境目标责任制的评价由于还是单纯依靠政府内部评价，没有像西方国家那样让公众参与到政绩考核体制中来，所以并没有取得预期的效果。因此，应该改革传统意义上的唯 GDP 论的政府绩效考核体制，建立包含经济发展、社会发展、环境保护等方面在内的综合评价指标体系，对地方政府官员的考核不仅局限于上下级政府内部进行，更重要的是应该引入社会评价，充分发挥公众评价的作用，特别是要充分利用网络、新闻媒体的舆论来实现对政府官员的有效监督。

二、完善现行的财政制度，减轻地方财政对企业的直接依赖性

财政体制即是财政管理体制的简称，指国家在各级政权之间以及国家政权与企业、事业单位之间在财力分配上的权责制度。简单地说，它是处理各级政府之间财政关系的一种制度安排。我们知道，各级政府都有着各自相应的职责，承担着不同的事务，因此也必须要有相应的财力保证。这种各级政府之间的财力分配工作便是由财政体制来完成的。财政体制的核心内容是中央与地方的财政关系。一般来说，不同的利益关系决定着不同的财政体制，反过来，不同的财政体制也反映着不同的利益关系。

新中国成立以来，我国财政体制经历了不断地摸索与改革。在计划经济时期，中央政府与地方政府是一种隶属关系，地方政府无条件服从于中央政府，地方利益与中央利益是一致的，地方政府根本没有自身的经济利益，即使有，也很难得到充分的保证，一切都要以国家利益或大局利益为重。这种服从与被服从的利益格局中，地方政府实际上成了中央政府在地方上的代理机构，一切按中央政府的指令行事。在计划经济时期主要实行统收统支的财政政策，即地方的财政收入统一上缴中央财政，地方所需财政支出统一由中央财政拨付。在这种财政体制之下，下级政府对上级政府可以说是一种绝对服从的关系，中央政府对人、财、物等资源具有高度的动员能力。只不过当时国家的主要任务是国家安全与经济建设，对于环境问题并没有引起足够的重视。否则，这种高度集权、单一的利益格局对于环境治理与恢复有着一定的积极作用。计划经济时期财政体制比较大的不足在于中央代表全部利益主体统一行使财政权利，由于信息搜集成本太大，很难兼顾到各地经济社会发展的具体情况，不利于充分调动地方发展经济的积极性。为此，1980 年 2 月 1 日，国务院发布《关于实行“划分收支、分级包干”财政管理体制的暂行规定》，正式全面推行包干式财政管理体制，扩大地方财政权限。实行“财政包干制”后，地方政府有了一定的财政自主权，并且地方财政不断增加，而中央政府的

宏观调控能力则有所减弱，中央财政开始减少，并出现一些困窘境况。为了改变这一局面，1994 年，中央政府又实行了“分税制”，中央政府的财政集中能力开始越来越强，集中比例越来越高，地方财税收入比例持续下降，收入来源不稳定，正规和稳定的税源趋于枯竭，形成了中央财政宽余、地方财政紧张的局面(周天勇等，2009)。用周天勇教授的话来说就是：“现在的情况是，中央财政形势大好，省级马马虎虎，地级财政较为困难，大多数县级财政已经非常困难，以至于政策到了基层就无“钱”执行，成为影响社会稳定的重大因素。”

因此，实行分税制后，地方政府的财政收入受到很大影响，地方政府的很大一部分财政就不得不依靠当地的企业，而现在的企业大多数是粗放型的、环境污染严重的企业。由于这层关系，使得地方政府与中央政府对环境治理的行为产生差异，地方政府与当地企业发生合谋的行为也就显得很正常。试想想，地方政府一方面要靠地方企业来维持运转的话，另一方面又要对地方企业采取“关”“停”“并”“转”等措施，那么地方财政势必会受到影响，这对于地方政府简直无异于自断财路。因此，这也是导致地方政府与当地企业合谋共同对抗或者敷衍环境污染的受害者的现象层出不穷的根本原因。

因此，要使地方政府在环境问题上做到真正公平、公正，真正地维护居民的环境利益，就需要设法增强地方政府在财政上的相对独立性，减轻地方政府对企业的经济依赖性。具体可以在财政分配方面，改变中国目前分税制度与中央以及各级政府事权不尽衔接的状况，立足现行管理服务重心下移的基本趋势，财政分配结构应当逐步形成两头大、中间小的分配格局，巩固和维护中央财政收入的比重，扩大和提高县乡(镇)财政收入比重，调控和压缩省、地市的财政收入比重(周天勇等，2009)。

第十二章　结论

本书首先通过对相关经济主体参与环境治理的利益动机与约束条件的分析，继而对从计划经济向市场经济的急剧转型时期各相关主体利益格局的变化以及其对环境问题的影响分析。最后得出以下几点结论：

一、结论

（一）居民作为环境问题最直接的受害者，虽然对参与环境治理有着强烈的动机，但是由于种种条件的约束，并没有真正发挥其参与治理的积极性与主动性。事实上，在很多时候，居民群体更多的是沦为"沉默的多数"，其主要原因在于居民参与环境治理的机制尚不完善、不健全。

（二）企业作为理性的经济人，其根本的利益就是经济利益。虽然随着经济社会的发展，企业从20世纪六七十年代开始关注相关利益者的利益，甚至部分企业开始承担起"企业公民"的责任和义务了，但是在总体上，企业仍然缺少治理环境的激励。

（三）地方政府是公共利益的代表者与维护者，其利益目标比较多元化。其中公共利益包括本地区的经济利益、政治利益、社会利益以及环境利益等，但在当前以GDP为核心的政绩考核体制下，地方政府明显偏重经济利益轻环境利益，而企业也是经济利益的忠实追求者，这就使得二者变相合谋成为可能，在这种利益勾兑的关系中，加上地方政府官员本身还存在着对政绩的强烈动机，因此，在环境问题权益维护方面，居民明显地处于弱势。

（四）针对不同的经济体制下居民、企业与地方政府的利益格局与环境问题的关系。本书认为在计划经济体制下，居民、企业与地方政府的利益基本上是一致的，它们实际上从属于一个共同的利益主体——国家或政府，三者在服从国家利益的前提下形成的是一种以国家利益为主导的、单一的利益格局，显然，这种利益格局所具有的高度集权以及对人、财、物的高度动员能力，对环境治理工作的开展有着一定的积极作用，但是由于当时的主要利益是国家安全与经济建设，政府并没有对环境问题给予足够的重视，从而使得环境在不断地恶化。而从计划经济向市场经济的转型过程中，市场激励政策逐渐成为有效治理环境的重要手段，但是总的来说，由于市场发育仍不健全，环境成本尚不能有效地纳入价格当中，进而使得市场机制尚不能很好地发挥环境资源的配置作用；同时，由于社会利益在不断发生分化，使得环境问题牵涉到越来越多的相关主体的利益，加上经济转型中带来的一些不确定的因素，从而也大大增加了环境治理的难度。

（五）结合居民、企业、地方政府围绕着环境问题而展开的利益博弈，本书认为环境问题作为一种经济现象，是三者力量均衡与利益协调的结果。当前环境问题不断加剧与恶化，在某种程度是由于三者利益结构失衡所导致的。因此，主张通过改变三者的利益结构关系的方式来实现他们之间利益的制约与均衡，从而达到促进经济增长与环境治理协调发展的目的。

二、本书有待于进一步完善的地方

结合本次研究，我们认为未来需要加强以下若干方面的研究：

（一）寻求对环境相关主体利益进行定量分析的方法。本书在对环境相关主体进行利益分析时，按理说首先需要对各主体的利益进行定量研究，然后才能够开展相应的利益分析，但在研究中我们发现对各主体的利益进行量化存在很大的困难。因此，这既是本次研究的局限，也是未来研究中需要解决的问题。

（二）本书存在一定的片面性。在计划经济向市场经济转型过程中，环境问题比较复杂，其背后涉及诸多的利益关系，难以面面俱导，仅选定几个与环境问题影响最直接的经济主体进行研究，而对于其他主体关系如中央政府与地方政府、企业与企业、地方政府与环保部门等之间的利益关系没有涉及，使得本书存在一定的片面性。

（三）加强环境相关主体利益研究中的制度因素分析。根据制度经济学的理论观点，经济主体的利益与行为需要由制度来约束，而制度则是由不同经济主体之间力量均衡与利益协调的结果。环境问题作为一个经济现象，既然在某种程度上取决于各相关主体的利益格局，因此要改善相关主体的利益结构，促进环境治理工作。未来需要加强制度因素方面的研究。

参考文献

[1] 艾伯特·赫希曼.经济发展战略[M].曹征海,潘照东,译.北京:经济科学出版社,1991.

[2] 安德森,等.改善环境的经济动力[M].王凤春,等,译.北京:中国发展出版社,1989.

[3] 奥恩斯坦,等.利益集团、院外活动和政策制订[M].潘同文,陈永易,吴艾美,译.北京:世界知识出版社,1981.

[4] 奥尔森.集体行动的逻辑[M].陈宇,郭郁峰,等,译.上海:上海三联出版社/上海人民出版社,2007.

[5] 奥塔·锡克.经济—利益—政治[M].北京:中国社会科学出版社,1984.

[6] 庇古.福利经济学[M].金镝,译.北京:华夏出版社,2007.

[7] 编辑委员会.世界经济文化年鉴:1998—1999[M].北京:中国社会科学出版社,2002.

[8] 伯特尼,史蒂文斯.环境保护的公共政策[M].2 版.穆贤清,方志伟,译.上海:上海人民出版社,2004.

[9] 蔡守秋.环境政策学[M].武汉:武汉大学出版社,2002:350.

[10] 曹凤月.企业伦理学[M].北京:中国劳动出版社,2007.

[11] 陈波,洪远朋.协调利益关系,构建利益共享的社会主义和谐社会[J].社会科学,2007(1).

[12] 陈敏.环境信访制度的完善[J].理论界,2012(3):173 - 176.

[13] 陈庆云,鄞益奋.论公共管理的利益分析方法[J].中国行政管理,2005(5).

[14] 陈添,李令军.基于信访数据分析北京环境问题[J].中国环境管理,2010(2):46 - 50.

[15] 陈晓,李红伟,王时东,等.关于建立湖州国家生态文明先行示范区

运行机制研究[J].湖州师范学院学报,2016(3):16－20.

[16] 陈媛媛.行业环境管制对就业影响的经验研究:基于25个工业行业的实证分析[J].当代经济科学,2011(3):67－73.

[17] 陈征,李建平,郭铁民.政治经济学[M].北京:经济科学出版社,2001.

[18] 陈征.《资本论》解说(1～3卷)[M].第三版.福州:福建人民出版社,1997.

[19] 邓小平文选[M].第二卷.北京:人民出版社,1994.

[20] 丁卫国,谢钰敏.中小企业生态管理研究[M].北京:科学出版社,2007.

[21] 杜闻.财产征收研究[M].北京:中国法制出版社,2006.

[22] 杜宇,刘俊昌.生态文明建设评价指标体系研究[J].科学管理研究,2009(3).

[23] 樊根耀.生态环境治理的制度分析[M].西安:西北农林科技大学出版社,2003.

[24] 冯建华.走有中国特色的环保之路[N].中国社会科学报,2009－08－04.

[25] 弗朗索瓦・佩鲁.略论增长极概念[J].经济学译丛,1988(9).

[26] 福建省统计局.福建统计年鉴[M].北京:中国统计出版社,2016:267－554.

[27] 福建省统计局.2016年福建省国民经济和社会发展统计公报[EB/OL].[2016－2－25].http://www.fujian.gov.cn/zwgk/tjxx/tjgb/201602/t20160225_568759.htm.

[28] 福建省统计局.2015年福建省国民经济和社会发展统计公报[EB/OL].[2015－2－24].http://www.fujian.gov.cn/xxgk/tjgb/201502/t20150224_36808.htm.

[29] 福斯特.生态危机与资本主义[M].耿建新,宋兴无,译.上海:上海译文出版,2007.

[30] 付军华,苏佰礼,张恒.在新形势下如何更好地开展环境信访工作[J].中国人口、资源与环境,2013(5):202－204.

[31] 甘峰.新理性时代:对开发、环境与和谐社会的思考[M].北京:学林出版社,2005.

[32] 甘晖，刘佳，曾小倩.从影响福建 GDP 的经济地理要素看福建生态文明示范区建设[J].福建师范大学学报(自然科学版)，2015(4)：1000－1077.

[33] 高恩新.集体维权行动暴力化的转型逻辑：基于扎根理论的分析[J].社会发展研究，2014(1).

[34] 高彤，杨姝影.国际生态补偿政策对中国的借鉴意义[J].国际瞭望，2006(10).

[35] 宫本宪一.环境经济学[M].朴玉，译.北京：生活·读书·新知三联书店，2004.

[36] 顾金土.乡村污染企业与周边居民的策略博弈[M].//洪大用.中国环境社会学：一门建构中的学科.北京：社会科学文献出版社，2007.

[37] 关海庭.20 世纪中国政治发展史论[M].北京：北京大学出版社，2002.

[38] 郭其友.经济主体行为变迁与宏观经济调控[M].厦门：厦门大学出版社，2003.

[39] 郭铁民，林善浪.中国股份合作经济问题探索[M].福州：福建人民出版社.1999.

[40] 郭兴旺，卢中原.中国城市环境服务业发展研究报告[M].北京：中国言实出版社，2007.

[41] 国家环境保护总局环境与经济政策研究中心."中国建立生态补偿机制的战略与政策框架"研究报告[R]，2006.

[42] 国彦兵.新制度经济学[M].上海：立信会计出版社，2006.

[43] 韩超等.环境治理、公众诉求与环境污染[J].财贸经济，2016(9)：144－161.

[44] 汉密尔顿，杰伊，麦迪逊.联邦党人文集[M].张晓庆，译.北京：商务印书馆，1980.

[45] 何传启.中国生态现代化的战略选择[M].理论与现代化，2007(5).

[46] 赫尔曼·E·戴利.超越增长：可持续发展的经济学[M].诸大建，胡圣，等，译.上海：上海世纪出版社，2006.

[47] 亨利·勒帕日.美国新自由主义经济学人[M].北京：北京大学出版社，1985

[48] 洪大用.中国环境社会学[M].北京：社会科学文献出版社，2007.

[49] 洪银兴.可持续发展经济学[M].北京:商务印书馆,2002.

[50] 洪远朋,等.社会利益关系演进论[M].上海:复旦大学出版社,2006.

[51] 胡培兆.经济学本质论:三论三别[M].北京:经济科学出版社,2006.

[52] 胡卫卫,施生旭,郑逸芳,等.福建生态文明先行示范区生态效率测度及影响因素实证分析[J].生态文明建设,2017(1):10-13.

[53] 黄家骅.中国居民投资行为研究[M].北京:中国财政经济出版社,1997.

[54] 黄如良.企业与居民关系研究[M].北京:中国发展出版社,2006.

[55] 加里·贝克尔.家庭论[M].王献生,王宇,译.上海:商务印书馆出版,1998.

[56] 贾恭惠,何小民,等.环境友好型政府[M].北京:中国环境科学出版社,2006.

[57] BRUE,GRANT.经济思想史[M].邸晓燕,译.北京:北京大学出版社,2008.

[58] 康芒那.封闭的循环:自然、人和技术[M].侯文惠,译.长春:吉林人民出版社,1997.

[59] 柯尔尼洛夫,等.心理学[M].布拉格,1949:426.

[60] 库拉.环境经济学思想史[M].谢扬举,译.上海:上海人民出版社,2007.

[61] 兰思仁,戴永务.生态文明时代长汀水土流失治理的战略思考[J].福建农林大学学报(哲学社会科学版),2013,16(2):1-4.

[62] 李国柱,李从欣.中国环境污染损失研究述评[J].统计与决策,2009(12).

[63] 李建建.中国城市土地市场结构研究[M].北京:经济科学出版社,2004.

[64] 李建平.《资本论》第一卷辩证法探索[M].北京:社会科学出版社,2006.

[65] 李金亮.社会主义市场经济论纲[M].广州:中山大学出版社,2001:64.

[66] 李玲,胡昌婷.基于熵权 TOPSIS 法的生态文明先行示范区建设水平评价:以福州市为例[J].发展研究,2015(10).

[67] 李玲，胡昌婷.基于熵权 TOPSIS 法的生态文明先行示范区建设水平评价：以福州市为例[J].发展研究，2015(10)：6－11.

[68] 李梦洁，杜威剑.环境规制与就业的双重红利适用于中国现阶段吗？——基于省际面板数据的经验分析[J].经济科学，2014(4)：14－26.

[69] 李梦洁.环境规制、行业异质性与就业效应：基于工业行业面板数据的经验分析[J].人口与经济，2016(1)：66－77.

[70] 李丕东.中国能源环境政策的一般均衡分析[D].厦门：厦门大学，2008.

[71] 李青宜."西方马克思主义"的当代资本主义理论[M].重庆：重庆出版社，1993.

[72] 李珊珊.环境规制对异质性劳动力就业的影响：基于省级动态面板数据的分析[J].中国人口·资源与环境，2015，25(8)：135－143.

[73] 李斯特.政治经济学的国民体系[M].陈万煦，译.北京：商务印书馆，1983.

[74] 李纬，刘茜.利益集团及其对国家经济发展的影响[J].生产力研究，2009(4).

[75] 李细归，吴黎，等.中国国家级生态示范区的时空格局演化[J].经济地理，2015，35(8).

[76] 李小云，勒乐山，等.生态补偿机制：市场与政府的作用[M].北京：社会科学出版社，2007：172.

[77] 李新，年福华，等.城市化过程中的生态风险与环境管理[M].北京：化学工业出版社，2007.

[78] 李兴平.转型期农民环境抗争的行为逻辑[J].宁夏社会科学，2018(1)：123－128.

[79] 李永友，沈坤荣.我国污染控制政策的减排效果[J].管理世界，2008(7).

[80] 李彧挥：绿色贸易壁垒及其破解对策[M].海口：海南出版社，2007.

[81] 李幛喆.中国股市发展报告(2008 年)[M].北京：中国经济出版社，2009.

[82] 厉以宁，吴易风，丁冰.经济全球化与西部大开发：兼论西方经济学的新发展[M].北京：北京大学出版社，2001.

[83] 厉以宁，章铮.环境经济学[M].北京：中国计划出版社，1995.

[84] 梁从诫.2005:中国的环境危局与突围[M].北京:社会科学文献出版社,2005.

[85] 廖福霖,等.生态生产力导论[M].北京:中国林业出版社,2007.

[86] 廖福霖.生态文明建设理论与实践[M].北京:中国林业出版社,2003.

[87] 列宁全集[M].第13卷,第27卷,第33卷.北京:人民出版社,1957.

[88] 林梅.社会政策过程中不同政策主体之间的博弈分析:关系及格局:以淮河污染防治为例[J].东岳论丛,2006(6).

[89] 林萍.利益相关者理论综述[J].闽江学院学院.2009(2).

[90] 林卿.农地利用问题研究[M].北京:中国农业出版社,2003.

[91] 林毅夫.中国经济专题[M].北京:北京大学出版社,2008.

[92] 刘俊海.公司的社会责任研究[M].北京:法律出版社,1999.

[93] 刘仁胜.生态马克思主义概论[M].北京:中央编译出版社,2007.

[94] 刘思华.刘思华可持续经济文集[M].北京:中国财政经济出版社,2007.

[95] 刘文辉.环境经济与可持续发展概论[M].北京:中国大地出版社,2007.

[96] 刘祖云.政府与企业:利益与道德博弈[J].江苏社会科学,2005(5).

[97] 柳新元.制度变迁与经济利益[M].西安:陕西人民出版社,2001.

[98] 娄昌龙,冉茂盛.环境规制对行业就业的影响研究[J].重庆大学学报,2016,22(3):44-52.

[99] 卢斌.当代中国社会各利益群体分析[M].北京:社会科学文献出版社,2006.

[100] 卢智增,刘婷芳.生态治理中地方政府的生态经济责任:以桂林市创建全国生态文明建设示范区为例[J].桂海论丛,2016,32(4).

[101] 鲁明中,张象枢.中国绿色经济研究[M].郑州:河南人民出版社,2005.

[102] 陆新元,陈善荣,陆军.我国环境执法障碍的成因分析与对策措施[J].环境保护,2005(10).

[103] 罗伯特·C·格雷戈里.比较经济体制学[M].上海:上海三联出版社,1994.

[104] 罗来武，于果，汪德和.现代经济学与工商管理理论[M].北京：经济科学出版社，1999.

[105] 罗勇，曾晓非.环境保护的经济手段[M].北京：北京大学出版社，2002.

[106] 马本，张莉，郑新业.收入水平、污染密度与公众环境质量需求[J].世界经济，2017(9)：141－171.

[107] 马国贤.政府经济学：走向社会主义市场经济的政府理财理论与政策[M].北京：中国财政经济出版社，1995.

[108] 马红珍.供给侧改革视角下秀山生态文明示范区建设初探[J].长江师范学院学报，2017(1)：14－20.

[109] 马克思，恩格斯.马克思恩格斯全集[M].第1卷，第19卷，第25卷.北京：人民出版社，1965.

[110] 马克思.哥达纲领批判[M]//马克思，恩格斯.马克思恩格斯选集：第3卷.北京：人民出版社，1972：22.

[111] 马文斌，杨莉华，文传浩.生态文明示范区评价指标体系及其测度[J].统计与决策，2012(6).

[112] 马晓明.三方博弈与环境制度[D].北京：北京大学，2003.

[113] 毛泽东选集[M].第五卷.北京：人民出版社，1977.

[114] 缪尔达尔.经济理论与不发达地区[M].达克沃斯出版社，1957.

[115] 摩根索.国家间的政治：为权力与和平而斗争[M].杨岐鸣，等，译.北京：商务印书馆，1993.

[116] 聂国卿.我国转型时期环境治理的经济分析[M].北京：中国经济出版社，2006.

[117] 潘允康.社会变迁中的家庭[M].天津：天津社会科学院出版社，2002.

[118] 彭朝晖，杨开忠.人力资本与中国区域经济差异[M].北京：新华出版社，2005.

[119] 彭近新，李赶顺，张玉柯.减轻环境负荷与政策法规调控：中国环境保护理论与实践[M].北京：中国环境科学出版社，2003.

[120] 彭正银，宋蕾.企业与政府的双轨博弈分析[J].中国软科学，2003(12).

[121] 彭子美.干预经济学：政府干预经济的理论与实践[M].长沙：湖南

科学技术出版社,2000:284-289.

[122] 祁玲玲,孔卫拿,赵莹.国家能力、公民组织与当代中国的环境信访[J].中国行政管理,2013(7):101-106.

[123] 钱德勒.企业的规模经济和范围经济:工业资本主义的原动力[M].北京:中国社会科学出版社,1999.

[124] 曲格平.中国环境问题与对策[M].北京:中国环境科学出版社,1984.

[125] 萨缪尔森,诺得豪斯.经济学[M].12 版.萧琛,译.北京:中国发展出版社,1992.

[126] 萨伊.政治经济学概论[M].陈福生,陈振骅,译.北京:商务印书馆,1963.

[127] 尚宇红.治理环境污染问题的经济博弈分析[J].理论探索,2005(6).

[128] 沈满洪.环境经济手段研究[M].北京:中国环境科学出版社,2001.

[129] 圣佳力.苏浙沪皖共同签署发展草案尝试发展循环经济[J].经济博览,2006.

[130] 盛洪.现代制度经济学(下卷)[M].北京:北京大学出版社,2003.

[131] 施生旭.生态文明先行示范区建设的水平评价与改进对策:福建省的案例研究[J].东南学术,2015(5):69-75.

[132] 施生旭,郑逸芳.福建省生态文明建设构建路径与评价体系研究[J].福建论坛(人文社会科学版),2014(8).

[133] 史世鹏,许正中.经济管理原理[M].中北京:国财政经济出版社,2000.

[134] 史小龙,董理.利益集团政治影响的经济学分析:一个理论综述[J].世界经济,2005(2).

[135] 舒马赫.小的是美好的[M].郑关林,译.北京:商务印书馆,1984.

[136] 斯蒂格利茨.经济学[M].2 版,上册.北京:中国人民大学出版社,2000.

[137] 宋涛.干部经济读本[M].南京:江苏人民出版社,1995.

[138] 孙文远,程秀英.环境规制对长三角地区就业的影响:基于工业行业技术进步的视角[J].生产力研究,2017(9):79-83.

[139] 泰坦伯格.排污权交易:污染控制政策的改革[M].崔卫国,范红延,

译.上海:上海三联书店,1992.

[140] 谭培文.马克思主义利益理论[M].北京:人民出版社,2002:213.

[141] 谭爽.邻避运动与环境公民社会建构[J].公共管理学报,2017,14(2):48-58.

[142] 田翠香,刘祥玉,余雯.论我国企业环境信息披露制度的完善[J].北方工业大学学报,2009(2).

[143] 涂晓芳.政府利益论[M].北京:北京大学出版社,2008.

[144] 王凤.公众参与环保行为的影响因素及其作用机理研究[D].西安:西北大学,2007.

[145] 王国成.企业治理结构与企业家选择:博弈论在企业组织行为选择中的应用[M].北京:经济管理出版社,2002.

[146] 王国刚.中国企业组织制度的改革[M].北京:.经济管理出版社,1997.

[147] 王家清.利益集团理论综述[J].金融经济,2007(12).

[148] 王金南.环境经济学[M].北京:清华大学出版社;1994.

[149] 王军洋.权变抗争:农民维权行动的一个解释框架.社会科学,2013(11):16-27.

[150] 王丽丽,张晓杰.公民环境信访行为影响因素的实证分析:基于规范激活理论[J].中国环境管理,2016(6):81-103.

[151] 王世玲.国内首个生态文明建设指标体系发布[N].21世纪经济报道,2008-07-09.

[152] 王婷,吴吟平.福建省新型城镇化与生态文明先行示范区建设"一体化"发展研究[J].福建论坛(人文社会科学版),2016(10).

[153] 王婷,吴吟平.福建省新型城镇化与生态文明先行示范区建设"一体化"发展研究[J].福建论坛(人文社会科学版),2016(10):208-214.

[154] 王伟光.利益论[M].北京:人民出版社,2001.

[155] 王宪国,徐秀英.我国实施环境税的现状及措施[J].中国环境管理,2009(3).

[156] 王勇,施美程,李建民.环境规制对就业的影响:基于中国工业行业面板数据的分析[J].中国人口科学,2013(3):54-64.

[157] 王勇.我国环境信访问题对策研究:以政府规制理论为视角[J].甘

肃行政学院学报,2014(4):100-109.

[158] 威廉·莱斯.自然的控制[M].岳长龄,译,重庆:重庆出版社,2007.

[159] 吴建南,徐萌萌,马艺源.环保考核、公众参与和治理效果:来自31个省级行政区的证据[J].中国行政管理,2016(9):75-81.

[160] 吴敬琏,张卓元,等.中国市场经济建设百科全书[M].北京:北京工业大学出版社,1993.

[161] 吴宣恭.产权理论比较:马克思主义与西方产权学派[M].北京:经济科学出版社,2000.

[162] 夏光.环境经济学在中国的发展[J].中国人口·资源与环境,1999(1).

[163] 夏光.环境污染与经济机制[M].北京:中国环境科学出版社,1992.

[164] 夏光.环境政策创新:环境政策的经济分析[M].北京:中国环境科学出版社,2002.

[165] 夏光,赵毅红.中国环境污染损失的经济计量与研究[J].管理世界,1995(6).

[166] 夏明文.土地与经济发展:理论分析与中国实证[D].上海:复旦大学,2000.

[167] 项江鸿.湖州市四项举措支持服务生态文明先行示范区建设[J].浙江国土资源,2015(2):62.

[168] 肖巍.中国马克思主义概论[M].上海:复旦大学出版社,2005.

[169] 谢丽霜.西部生态环境的投融资机制[M].北京:中央民族大学出版社,2006.

[170] 谢良兵.厦门PX事件:中国邻避运动的开始[J].中国新闻周刊,2013(3):78-79.

[171] 徐向艺,等.政府、企业与个人经济行为分析[M].北京:中国经济出版社,1993.

[172] 亚当·斯密.国民财富的性质和原因的研究[M].北京:商务印书馆,1972.

[173] 延军平.中国西北地区生态环境建设与制度创新[M].北京:中国社会科学出版社,2004.

[174] 闫文娟,郭树龙,史亚东.环境规制、产业结构升级与就业效应:线性还是非线性?[J].经济科学,2012(6):23-32.

[175] 闫文娟,钟茂初.中国式财政分权会增加环境污染吗[J].财经论丛,2012(3):32-37.

[176] 闫文周,赵彬.基于熵权法的生态城市建设评价[J].统计与决策,2009(2):68-70.

[177] 杨开忠.改革开放以来中国区域发展的理论与实践[M],科学出版社,2010:176-179.

[178] 杨卫泽.宜居生态市建设理论及其评价指标体系研究[D].南京:南京理工大学,2008.

[179] 杨之刚,等.财政分权理论与基层公共财政改革[M].北京:经济科学出版社,2006.

[180] 姚荔青.中国生态环境的政府治理[D].苏州:苏州大学,2006.

[181] 叶文虎.人与自然系统的三种生产理论[J].安徽科技,2004(6).

[182] 伊恩·莫法特.可持续发展:原则、分析和政策[M].北京:经济科学出版社,2002:12.

[183] 易志斌,马晓明.地方政府环境规制为何失灵?[N].中国社会科学报,2009-08-06.

[184] 于进川,邓玲.政府竞争困境对生态文明区域实现的制约与破解[J].求索,2009(8).

[185] 余亮.中国公众参与对环境治理的影响:基于不同类型环境污染的视角[J].技术经济,2019(3):97-104.

[186] 余扬斌.回顾钢铁的"大跃进"运动[J].冶金经济与管理,2009(5).

[187] 俞靓.2007年我国五国有银行发放绿色信贷逾千亿[N].国证券报,2008-02-27.

[188] 臧晓霞,吕建华.国家治理逻辑演变下中国环境管制取向:由"控制"走向"激励"[J].公共行政评论,2017,10(5).

[189] 曾凡银,郭宇诞.绿色壁垒与污染产业转移成因及对策研究[J].财经研究,2004(4).

[190] 张炳,毕军,等.企业环境行为:环境政策研究的微观视角[J].中国人口、资源与环境,2007(3).

[191] 张弛,杨帆.利益集团理论研究[J].学习与实践,2007(8).

[192] 张国钧.邓小平利益观[M].北京:北京出版社,1998.

[193] 张建肖，树伟.国内外生态补偿研究综述[J].西安石油大学学报(社会科学版)，2008(6).

[194] 张金俊.国内农民环境维权研究：回顾与前瞻[J].天津行政学院学报，2012，14(2)：44－49.

[195] 张金俊."诉苦型上访"：农民环境信访的一种分析框架[J].南京工业大学学报(社会科学版)，2014(3)：78－85.

[196] 张俊.供给侧视角下环境规制对福建省制造业 FDI 的影响[J].福建商学院学报，2017(4)：1－6.

[197] 张妮妮.运动和制度在建设生态文明建设中的作用：以德国为例[J].马克思主义与现实，2009(3).

[198] 张维迎.博弈论与信息经济学[M].上海：格致出版社/上海三联出版社/上海人民出版社，2008.

[199] 张雪梅.我国资源环境治理投资机制及决策[D].北京：中国地质大学(北京)，2009.

[200] 张祝平.论农民环境权实现的困境及发展走向[J].社会科学研究，2014(6)：96－103.

[201] 赵彬.学习"长汀经验"促进经济与生态协调发展[J].发展研究，2012(3).

[202] 赵宏，张乃明.生态文明示范区建设评价指标体系研究[J].湖州师范学院学报，2017，39(1).

[203] 赵家祥，李清昆，李士绅.历史唯物主义[M].北京：北京大学出版社，1992.

[204] 中国 21 世纪议程管理中心可持续发展战略研究组.发展的外部影响：全球化的中国经济与资源环境[M].北京：社会科学文献出版社，2009.

[205] 国家统计局.中国统计年鉴(2004)[M].北京：中国统计出版社，2004.

[206] 钟春洋.经济增长方式转变的利益博弈研究[D].厦门：厦门大学，2008.

[207] 钟水映，简新华.人口、资源与环境经济学[M].北京：科学出版社，2007.

[208] 周国银.张少标.SA8000：社会责任国际标准实施指南[M].深圳：海

天出版社,2002.

[209] 周天勇,谷成.中央与地方:财权再分配[J].南风窗,2009(15).

[210] 周玉梅.马克思恩格斯的经济可持续发展思想[J].当代经济研究,2005(5).

[211] 朱海忠.政治社会结构与农民环境抗争[J].中国农业大学学报(社会科学版),2013,30(1):102-110.

[212]《资本论》(1~4卷)[M].北京:人民出版社,1972.

[213] 自然辩证法[M].北京:人民出版社,1971.

[214] 自然之友,杨东平.中国环境发展报告(2009)[M].北京:社会科学出版社,2009.

[215] 自然之友.中国环境的危机与转机(2008)[M].北京:社科文献出版社,2008.

[216] 邹骥.环境经济一体化政策研究[M].北京:北京出版社,2000.

[217] 邹民生,乐嘉春.中国的环境危机与突围的经济路径[N].上海证券报,2007-06-12.

[218] 左翔,李明.环境污染与居民政治态度[J].经济学(季刊),2016,15(4):1409-1438.

[219] ALBERT EINSTEIN. Ideas and Opinions[M]. New York: Dell, 1964:20.

[220] ANDERSEN, M.S. Governance by green taxes: making pollution by prevention pay[M]. Manchester University Press, 1994.

[221] ANDERSON T L, LEAL D R. Free Market Enviromentalism [M]. Boulder: Westview Press, 1991.

[222] ANTWEILER W, COPELAND B R, TAYLOR M S. Is free trade good for the environment? [R]. The American Economic Review, 2001, 91 (4):877-908.

[223] BARR. BARR S. Strategies for sustainability: citizen and responsible environmental behavior[J]. Area, 2003(35):227-240.

[224] BERMAN E, LINDA B. Environmental regulation and labor demand: evidence from the south coast air basin[J]. Journal of Public Economics, 2001, 79(2):265-295.

[225] BEZDEK R H, WENDLING R M, DIPERNA P. Environmental protection, the economy, and jobs: national and regional analyses[J]. Journal of Environmental Management, 2008, 86(1): 63 - 79.

[226] BRETTELL A M. The politics of public participation and the emergence of environmental proto-movements in China[D]. Maryland: University of Maryland, 2003.

[227] COLE MA, ELLIOTT RJR, SHIMMAMOTO K. Indusrial Characteristics, environmental regulationsand air pollution: an analysis of the UK manutacturing sector[J]. Journal of Enviromental Economics & Management, 2005, 50(1): 121 - 143.

[228] DALES J H. Land, water and ownership[J]. CanadianJournal of Economics, 1968(1): 791 - 804.

[229] DASGUPTA P S. The control of resources[M]. Oxford: Basil Blackwell, 1982: 131 - 132.

[230] DASGUPTA S, WHEELER D. Citizen complaints as environmental indicators: evidence from China[J]. Social Science Electronic Publishing, 1997.

[231] DEILY M E, GRAY W B. Enforcement of pollution regulations in a declining industry[J]. Journal of Environmental Economics and Management, 1991(3): 260 - 274.

[232] DONELLA MEADOWS, JORGEN RANDERS, DENNIS MEADOWS. 增长的极限[M].李涛，王智勇，译.北京：机械工业出版社，2006.

[233] ELI BERMAN, LINDA T, M BUI. Environmental regulation and labor demand: evidence from the South Coast Air Basin[J]. Journal of Public Economics, 2001, 79(2): 265 - 295.

[234] FERES J, REYNAUD A. Assessing the impact of formaland informal regulations on environmental and economic performance of Brazilian manufacturing firms[J]. Enviromental & Resource Economics, 2012, 52(1): 65 - 85.

[235] GLORIA E HELFAND, JAMES PEYTON. A conceptual Model of Environmental Justice[J]. social science quarterly, 1999(1).

[236] GRIMBLE R., WELLARD K. Stakeholder methodologies in natural resources management:A review of principles,contexts,experiences and opportunities[J]. Agricultural systems,1996,55(2).

[237] GUANGNANO,DIETZ GUAGNANO G A,STERRN PC,et al. Influences on attitude behavior relationships: a natural experiment with curbside recycling[J]. Environmental and Behavior,1995,27: 699 - 718.

[238] HILLS P,MAN C S. Environmental regulation and the industrial sector in China: the role of informal relationships in policy implementation [J]. Business Strategy & the Environment,1998,7(2).

[239] JOHN FRIEDMANN. Regional Development Policy[M]. MIT Press,1966.

[240] KAHN M E,MANSUR E T. Do local energy prices and regulation affect the geographic concentration of employment? [J]. Journal of Public Economics,2013,101: 105 - 114.

[241] KATHURIA V. Informal regulation of pollution in a developing country:evidence from India[J]. Ecological Economics,2007,63(2 - 3):403 - 417.

[242] KNEESE,ALLEN V.Economics and the environment[M]. Harmoudsworth:Penguin Books,1977.

[243] KUZNETS S.Economic Growth and Income Inequality. The American Economic Review,1955,45(1):1 - 28.

[244] LANGPAP C,SHIMSHACK JP.Private citizen suits and public enforcement:substitutes or complements? [J]. Journal of Enviromental Economics & Management,2010,59(3):235 - 249.

[245] LANOIE P,PATRY M,LAJEUNESSE R.Environmental regulation and productivity: testing the Porter Hypothesis[J]. Journal of Productivity Analysis,2008(2):121 - 128.

[246] LEVINSON A. Environmental regulation and manufactures'location choices: evidence from the census of manufactures[J]. Journal of Public Economics,1996(62):5 - 29.

[247] MCADAM D, CONCEPTUAL ORIGINS, CURRENT PROBLEMS, et al. Comparative Perspectives on Social Movements [M]. Cam-

bridge：Cambridge University Press，1996.

[248] MENGDI LIU，RONALD SHADBEGIAN，BING ZHANG. Does environmental regulation affect labor demand in China? Evidence from the textile printing and dyeing industry[J]. Journal of Environmental Economics and Management，2017(1)：86.

[249] MEYER D S，MINKOFF D C.Conceptualizing Political Opportunity.Social Forces，2004，82(4) .

[250] MORGENSTERN R D，PIZER W A，SHIH J S.Jobs versus the environment：an industry - level perspective[J]. Journal of Environmental Economics and Management，2002，43(3)：412 - 436.

[251] OSTROM E. Are Successful Efforts to Manage Common Pool Problems a Challenge to the Theorise of Garrett Haardin ane Mancur Olson? [R].Working paper，Workshop in Political Theory and Policy Analysis，Indiana University，1985.

[252] OZERNOY V M.Choosing the "best" multiple criteria decision-making method[J]. INFOR，1992 (30)：159 - 171.

[253] PIGOU A C.Economics of Welfare[M]. 4th ed. London：Macmillan，1932：172 - 174.

[254] SMITH FLJ. Market and the enviroment：a cirtical appraisal[J]. Contemporary Economic Policy，1995，13(1)：62 - 65.

[255] STERNER T.The Selection and design of policy instruments：applications to environmental protection and natural resource management[R]. World Bank Working Paper，2002：2212.

[256] TOM TIETENBERG.Disclosure Strategies for Pollution Control [J]. Environmental & Resource Economics，1998，11(3 - 4)：587 - 602.

[257] WANG CL，YOON.K S.Multiple attribute decision making[M]. Spring-verlag，Berlin.1981.

后　记

放眼世界，环境污染其实并非我国经济发展过程中所独有的问题，而是世界大多数国家在发展过程中所必须经历的一道难以跨越的坎，只不过环境污染问题的爆发处于各自不同的历史阶段而已。由于具体国情及体制不同，环境治理难度也存在较大的差异。尤其是对于我国这样一个仍处于发展阶段、具有将近十四亿人口（根据国家统计局资料，截至 2018 年底，我国总人口为 13.9538 亿）的世界上最大的发展中国家而言，其特殊性更是不言而喻。在发展之初，面对十三亿人口的吃饭问题，既要考虑经济增长问题，又要保护好生态环境，委实不易。环境治理问题向来复杂，本书也仅仅从利益视角对我国环境治理问题背后的利益关系进行探讨，但即便如此，仍然不可避免会存在许多不足之处。例如，相关利益主体仅涉及地方政府、企业与居民三方及他们之间的关系，对于中央政府与地方政府、地方政府与相邻的地方政府之间，地方政府与环境管理部门之间的利益关系均没有进行涉及。鉴于笔者才疏学浅，文中一些观点也仅是一家之言，难免存在一定的片面性，若有不妥之处，望见谅并请予指正。

关于书的内容，在此有必要作一个简要的说明。第二、三章部分内容已于 2017 年发表于《生态文明学》中；书中关于利益集团理论内容在 2014 年发表于《长春理工大学学报》（社会科学版）；第八章“环境规则的就业效应研究”是我和学生刘婧族共同撰写，该文 2018 年 9 月投稿，并于 2019 年 4 月在《绵阳师范学院学报》刊出发表；第十章“生态示范区的评价研究”是我和学生刘璐共同撰写，而“非均衡发展视角下生态示范区建设的若干思考”一文则已在《环境与可持续发展》（2018 年 8 月发表）。此外，在书稿撰写之初，还得到许多前辈、同事兼好友的鼓励与支持，其中包括前辈学人王永年研究员、同事兼好友曾正滋、邱维平、龚应军、袁涛等，尤其要感谢曾正滋副教授为此书出版提出了许多宝贵的意见。当然，此书的出版还离不开出版社编审的细心审稿及校对，特在此一并感谢！